红壤坡地侵蚀产沙及养分流失模拟研究

张丽萍　著

科 学 出 版 社

北　京

内 容 简 介

本书系统介绍了红壤坡地侵蚀产沙及养分流失过程试验及规律性结论。书中基于农业土地利用的主要类型及影响侵蚀产沙和养分流失的主要影响因子，从总体试验设计到具体试验安排，从降雨的再分配到坡面径流的产沙，从泥沙分离到泥沙输移，从养分流失到水体富营养化影响，进行了逐步的机理分析和宏观规律的讨论。遵循试验研究为生产建设服务的宗旨，探讨了室内模型试验数据的生产实际应用的转化问题，理清了转化系数的推求思路。最后，在试验数据和研究结论的基础上，总结了红壤坡地水力侵蚀的多方位调控和流域系统宏观的水土流失防护体系的优化设计方法。

本书可供从事土壤侵蚀、泥沙输移、水土保持及生态环境等有关专业领域的科研人员及高等院校相关专业的师生阅读参考，可作为研究生课程的重要参考资料。

图书在版编目(CIP)数据

红壤坡地侵蚀产沙及养分流失模拟研究/张丽萍著. —北京：科学出版社，2019.6

ISBN 978-7-03-061287-8

Ⅰ.①红… Ⅱ.①张… Ⅲ.①红壤–坡地–侵蚀产沙–养分流失–模拟–研究 Ⅳ.①P512.2

中国版本图书馆 CIP 数据核字(2019)第 097574 号

责任编辑：朱海燕 石 珺 / 责任校对：何艳萍
责任印制：吴兆东 / 封面设计：图阅社

科学出版社 出版
北京东黄城根北街 16 号
邮政编码：100717
http://www.sciencep.com
北京中石油彩色印刷有限责任公司 印刷
科学出版社发行 各地新华书店经销
*
2019 年 6 月第 一 版 开本：787×1092 1/16
2019 年 6 月第一次印刷 印张：14 1/4
字数：330 000

定价：158.00 元

(如有印装质量问题，我社负责调换)

前　言

水土保持是我国生态文明建设的重要组成部分，侵蚀产沙过程的控制是江河湖泊治理的根本，坡地养分流失的调控是减少水体富营养化的前提。水土保持措施布设的支撑依据就是水土流失的监测数据，严密而精度高的试验数据是水土保持措施发挥作用的基本保证。

我国红壤主要分布在长江以南广阔的低山丘陵区，总面积约占全国总土地面积的1/5，主要以发育在岩石风化所形成的残积母质层和红色风化壳上的土壤为主。红壤形成的母质条件，决定了其独特的土壤特性，土层较薄，富铝化程度较高。由于红壤地处热带和亚热带，年降水量丰富，水力侵蚀是其主要的侵蚀方式。同时，我国南方红壤区，水热条件优越，是我国主要的粮食和经济作物生产区，在我国的农业和国民经济建设中占据十分重要的地位。但是，由于人类长期对土地资源的过度和不合理开发利用，整个红壤区的山丘坡地生态环境遭到严重破坏，土壤侵蚀不断加剧，土壤养分流失造成的贫瘠化现象十分严重，诱发的水体面源污染程度加重。因此，研究南方红壤区山丘坡地的侵蚀产沙和养分流失过程，揭示不同土地利用方式下的水土和养分流失机理，提出控制水土流失的优化组合措施，能为红壤山丘地区坡地的水土和养分流失的控制提供数据支撑，为红壤山丘地区生态系统的维护、资源的可持续利用和保护提供科学的依据。

针对红壤坡地特殊的环境条件、开发利用特征及存在的水土流失问题，本专著所涉及的研究从土地利用方式着手，采用野外原位人工模拟降雨、径流小区天然降雨观测和室内模型模拟降雨的方法，开展了系列侵蚀产沙和养分流失的单因素和多因素组合试验，研究了不同侵蚀环境条件下的侵蚀产流产沙及养分流失规律，从水力学的角度讨论了产流产沙的力学机制。

本书以浙江省红壤坡地为例，本着遵循自然规律这一科学研究的根基，从红壤坡地土地利用方式转换过程中对侵蚀产沙和养分流失的影响开始思考，分析了不同土地利用情况下水土流失规律的不同机制，重点揭示了典型经济林地和坡面菜地特殊管理背景下的产沙和养分流失特征。科学的研究方法是获得有效试验数据的基础，为了能够探讨不同环境因素对侵蚀产沙和养分流失的影响和作用机制，获得较为精确的试验数据，避免天然降雨可控性的限制，在室内修建了变坡度、变坡长、变植被覆盖度及植被覆盖结构的多种实体径流槽模型，开展了系列单因素和多因素的组合试验。由于林相结构复杂，野外原位人工模拟降雨试验受到限制，本专著关于林相结构部分的试验是在室内径流槽上人工布设和模拟林相结构及覆盖度，采用人工模拟降雨的方式进行，取得了不同林相结构情况下的侵蚀产流产沙数据。本着科学研究为经济建设、生产服务及生态环境优化的宗旨，本专著探讨了室内模拟试验与实地原位侵蚀产沙与养分流失之间的关系，构建了产流产沙的转换模型，推导出转换系数，使得试验数据的实用性更加切合实际。针对性地提出红壤坡地不同土地利用方式下的水土保持措施，从整体观出发优化了相应水土保持措施的组合布设，系统构建了水源地水土保持防护体系框架。

本专著的相关研究和出版得到了水体污染控制与治理科技重大专项“苕溪流域农村污染治理技术集成与规模化工程示范(2014ZX07101-012)”、国家自然科学基金项目“风化花岗岩侵蚀坡地表层流水流动态及携氮磷流失特征研究(41471221)”、“浙江省低丘缓坡水土流失防治对策研究 RI0701”、江西省土壤侵蚀与防治重点实验室开放研究基金项目“红壤坡地不同降雨情况下壤中流水流动态及携氮磷流失研究(JXSB201502)”、永康市水土保持监督管理站“永康市杨溪水源区方山柿基地水土流失面源污染监测项目(H20122709)”等的资金资助。

本专著的系列研究成果是在一个较长时间内完成的，是作者多年来在指导研究生过程中重点成果的集结。作者的历届博士研究生钱婧、付兴涛、吴希媛、王小云、邓龙洲、孙天宇，以及硕士研究生刘俏、张芳芳、王文艳、连琳琳、邬燕虹、范晓娟、费凯等，在试验、测试及专著的编写过程中做出了巨大贡献，对他们表示衷心感谢。

在本专著所涉及的系列研究的试验过程中，得到了浙江省水利厅农村水利水电与水土保持处、浙江省水土保持监测中心、浙江省水利河口研究院、浙江省安吉县水土保持监督管理站、浙江省永康市水土保持监督管理站、浙江省兰溪市水土保持监督管理站、浙江大学农业科学试验站(长兴基地)等单位和部门工作人员的大力支持，在此对他们表示诚挚的感谢。

坡面侵蚀产沙及养分流失过程及机理研究所涵盖的内容极为深广，涉及的研究领域交叉性明显，既有宏观的岩性特征和土地利用对侵蚀产沙和养分流失的影响分析，也有径流携带泥沙和养分流失的机理解释，其综合性很强。本专著尽管得以面世，但所谈的问题不过是其十之一二，作者自知学力有限，书中难免存在疏漏与不足之处，敬请广大读者、各位专家和同行提出宝贵意见。

作　者

2018 年 12 月 12 日于浙江大学紫金港校区

目　录

第1章 红壤坡地开发利用现状与水土流失特征

红壤是一种分布在中低纬度地区的典型的地带性富铁铝性土壤，在全球的分布面积约为 6.4×10^7km^2，占全球总面积的 45.2%。我国红壤主要分布在长江以南广阔的低山丘陵区，东起东海诸岛，西达云贵高原及横断山脉，总面积约为 2.18×10^6km^2，约占国土总面积的 1/5(赵其国，2002；曾希柏，2003)，主要以发育在岩石风化所形成的残积母质层和红色风化壳上的土壤为主，其母岩主要为花岗岩、玄武岩、石灰岩和第四纪红色黏土。红壤区的植被以常绿阔叶林为主，其次为常绿阔叶落叶林和针阔混交林，次生林以马尾松为主，大部分地区年均降水量大于 1000mm。该区的水热条件优越，但人口分布和生产力密度都很高，低丘缓坡大都开发为农耕地，并且复播指数和土地利用率很高。然而，从新中国成立以来，随经济发展过程的演进，红壤区的土地利用方式经历多次变更和反复，不同的时期存在着不同程度的不合理利用现象。加之，红壤坡地土层薄，由易侵蚀的物质构成，致使红壤区存在不同程度的水土流失问题。

本专著以浙江省为例，针对红壤坡地开发利用方式的动态过程、侵蚀产流产沙机理及侵蚀强度等方面开展系列研究。

1.1 浙江省红壤坡地开发利用现状

1.1.1 浙江省红壤区的自然条件

浙江省位于中国大陆的东南沿海地区，全省地貌类型以山地丘陵为主，“七山一水二分田”是浙江省土地资源构成的真实写照，地形高低起伏，陆地面积小，人口密度大，土地资源相对匮乏，丘陵坡地和台地是浙江省耕地资源和未来开发的主要类型，长期存在着不同程度的水土流失问题。

浙江省的气候属于典型的亚热带东部湿润季风气候，温暖湿润，雨量充沛，年降水量在 1000～2000mm，为全国雨量较多的省份之一。雨量的年内分配为双峰型，一年中有两个相对雨季(5～6 月的梅雨汛期和 9 月的秋雨期)和两个相对干季(7～8 月的盛夏干旱期和 10 月至翌年 2 月的冬旱期)。全年内 60%～70%的降水集中分布在 5～9 月，降水的年内分配不均，导致了省内径流年内分配的集中性。浙江省的地带性植被应属于亚热带常绿阔叶林、针阔混交林。但由于人多地少，坡地开发力度大，地表植被类型发生了很大的变化，原始的林地所剩无几，人工植被是主体。虽然植被覆盖率很大，其中，森林覆盖率为 58.31%，若加上其他灌木林覆盖率，则森林覆盖率达到 61.04%，但经济林和单一树种的人工林所占比重很大，将林地水土保持的效益大打折扣。

浙江省陆地上的土壤主要有 10 个类型，其中以红壤面积最大，其是构成丘陵山区的主要土壤类型，也是浙江省水土流失较为严重的土壤类型，侵蚀性红壤与其他的侵蚀性土壤类型的面积约占总土地面积的 70%。形成这些土壤的母质主要为基岩风化壳和第四纪沉积物，其中火成岩风化壳母质是主体，它构成了浙江省土壤类型的母岩，这些风化壳是浙江省典型的地带性土壤——红壤和黄壤发育的母质(全国土壤普查办公室，1998)。由于火成岩原生节理较少，不利于地下水活动，使风化作用向纵深发展受到了制约，又由于火成岩地貌以山地丘陵为主，坡度相对较大，剥蚀作用强烈，不利于风化壳的保存，所以其形成的风化壳厚度相对较薄，限制了沟谷的发育，土壤侵蚀主要以坡面面蚀为主。

1.1.2 浙江省红壤坡地主要开发利用类型

目前对红壤坡地的开发利用，分为两部分，一是已利用土地，包括农用地和建设用地两大类；二是未利用地，主要包括荒草地、裸地、河流水面、湖泊水面、滩涂。在此基础上对农用地和建设用地再进行具体划分，前者包括耕地、园地、林地、其他农用地；后者包括居民点及独立工矿用地、交通运输用地和水利用地。

根据浙江省水土流失监测数据，目前，浙江省的低丘缓坡的利用率已经很高，开发利用的后备资源非常有限。但是，农用地中，林地的数量最多，为 1495702.71hm^2，占总土地资源的 61.89%，特别是存在较多数量的疏林地或迹地(据本次调查，疏林地面积为 369133.3hm^2，迹地面积为 14866.7hm^2)，开发程度相对较低，因此，有较大的进一步治理开发的潜力(表 1-1)。

表 1-1 浙江省低丘缓坡区各土地利用现状面积汇总表

土地利用类型		≤6°/hm^2	6°～15°/hm^2	15°～25°/hm^2	小计/hm^2
农用地	耕地	303464.92	148904.42	72949.62	525318.96
	园地	70320.45	59151.10	40732.82	170204.37
	林地	133269.31	375630.69	986802.71	1495702.71
	其他农用地	21206.42	2243.04	1680.12	25129.58
	小计	528261.10	585929.25	1102165.27	2216355.62
建设用地	居民点及独立工矿用地	72723.22	34152.51	15499.67	122375.40
	水利用地	29392.13	2363.45	3612.27	35367.85
	交通运输用地	4908.13	1624.94	944.09	7477.16
	小计	107023.48	38140.90	20056.03	165220.41
未利用地	未利用土地	4379.82	4288.72	4813.42	13481.96
	其他用地	15462.97	2849.47	3403.07	21715.51
	小计	19842.79	7138.19	8216.49	35197.47
合计		655127.37	631208.34	1130437.79	2416773.50

从各土地利用类型的坡度分布来看，耕地大部分分布在海拔相对较低、坡度较缓的区域，随着坡度的增大，耕地的比例随之下降。居民点等建设用地及其他农用地也主要分布在海拔较低、坡度较缓的区域。超过 60%的林地分布在坡度 15°～25°的区域。

从低丘缓坡土地利用类型现状来看，农用地(包括耕地、园地和林地)数量最多，占总土地资源量的 91.71%；其次是建设用地，占总土地资源的 6.83%，两者合计为 98.54%；其余为未利用的土地资源，仅占总土地资源的 1.46%。由此可见，浙江省低丘缓坡的利用率已相当高，开发利用的后备土地资源十分有限。

浙江省按照不同坡度对低丘缓坡地的各土地利用类型进行分析统计见表 1-2。

表 1-2　浙江省低丘缓坡地不同坡度土地利用类型

土地利用	5°～8°/km²	8°～15°/km²	15°～25°/km²	25°～35°/km²	≥35°/km²	合计/km²	比例/%
坡耕地	164.99	434.32	920.62	641.06	134.82	2295.81	26.51
果园	127.29	285.74	437.60	351.02	136.62	1338.27	15.45
茶园	77.94	210.57	389.73	286.55	84.54	1049.33	12.12
其他园地	39.58	79.24	109.82	85.48	35.80	349.92	4.04
竹林	20.20	110.65	687.77	1650.53	1140.43	3609.58	41.68
其他经济林	0.79	1.89	5.05	6.95	2.57	17.25	0.20
合计	430.79	1122.41	2550.59	3021.59	1534.78	8660.16	100

根据表 1-2，竹林在浙江省种植面积是最大的，达到了 41.68%，其次是坡耕地，比例为 26.51%。在这两种土地利用类型中，竹林主要集中在大于 25°的坡地上，而坡耕地主要集中在 15°～35°。一般这两个坡度范围是最易于发生水土流失的。果园和茶园虽然种植面积不是最大，只占到 15.45%和 12.12%，但是其种植区域也主要集中在 15°～35°，所以水土流失的潜在性也是非常大。综合全省来看，土地利用类型主要集中在 15°～35°，以 25°～35°最多，所占比例超过 50%。

1.1.3　浙江省红壤坡地土地利用类型的动态变化

随着农村经济结构的变化，农民对低丘缓坡地的土地利用方式变动频繁，在一种土地利用方式向另一种土地利用方式变动的初期阶段，往往是水土流失极易发生时期。

各土地利用类型在每次普查中分类均不一致，其中 2003 年浙江省对土地利用现状进行了调查统计，将全省土地利用类型分为九大类，其中，耕地面积占 19.3%，园地占 5.4%，林地占 52.9%，牧草地占 0.014%，其他农用地占 4.6%，居民点及工矿用地占 6.3%，交通运输用地占 0.6%，水利设施用地占 1.4%，未利用地占 9.5%。为此，我们选取坡耕地、园地、林地和其他用地共 4 种土地利用方式进行动态变化的过程分析。

浙江省分别在 1987 年、1997 年、2000 年、2004 年和 2009 年利用遥感技术进行过 5 次水土流失监测，数据以各城市、各侵蚀强度等方面为指标进行统计。

根据浙江省 2004～2017 年统计年鉴数据整理得到水果林地和茶园地 13 年来的变化情况(表 1-3)，表中数据显示，从 2004 年以来，水果林地和茶园地的面积一直在增加，将面积随年限变化的数据的 Excel 拟合得到：

$$y_{水果林} = 2.8308x - 5373.1 \qquad R^2 = 0.8657 \tag{1-1}$$

$$y_{茶园} = 3.906x - 7674.6 \qquad R^2 = 0.9517 \tag{1-2}$$

以上两个计算式表示，茶园地面积的增加趋势高于水果林地，而且其相关性很好。水果林地和茶园地面积的逐年增加，反映出其在林地面积中的比例在增大，但其水土保持功能却远小于天然林地。

表 1-3　水果林与茶园地面积的动态变化

年份	水果林地/km²	茶园地/km²	年份	水果林地/km²	茶园地/km²	年份	水果林地/km²	茶园地/km²
2004	2944.2	1479.18	2009	3180.5	1759.29	2014	3300.9	1956.27
2005	2998.1	1546.50	2010	3209.2	1779.27	2015	3325.4	1945.40
2006	3004.5	1586.71	2011	3208.6	1819.58	2016	3276.6	1969.82
2007	3140.3	1689.22	2012	3214.5	1830.26			
2008	3171.3	1740.94	2013	3214.0	1840.35			

同理，统计得出 1978～2016 年以来 38 年间蔬菜与粮食作物播种面积的动态过程，并将数据绘制于图 1-1 和图 1-2 中。

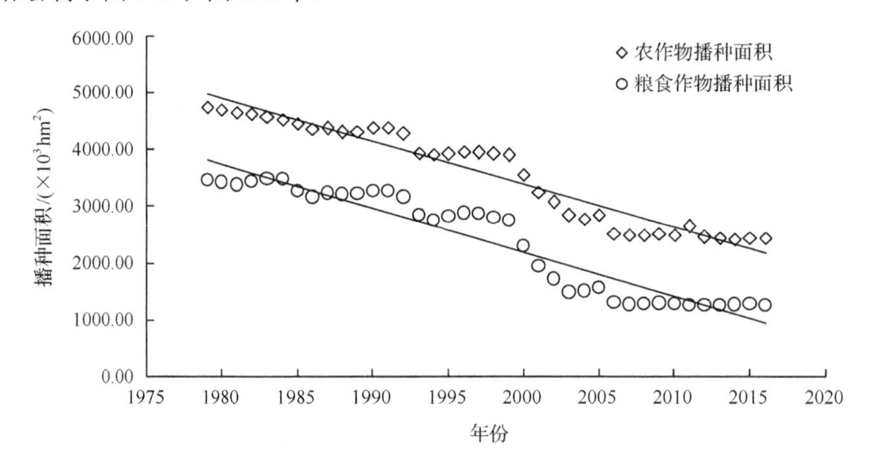

图 1-1　农作物及其中粮食作物播种面积的动态过程

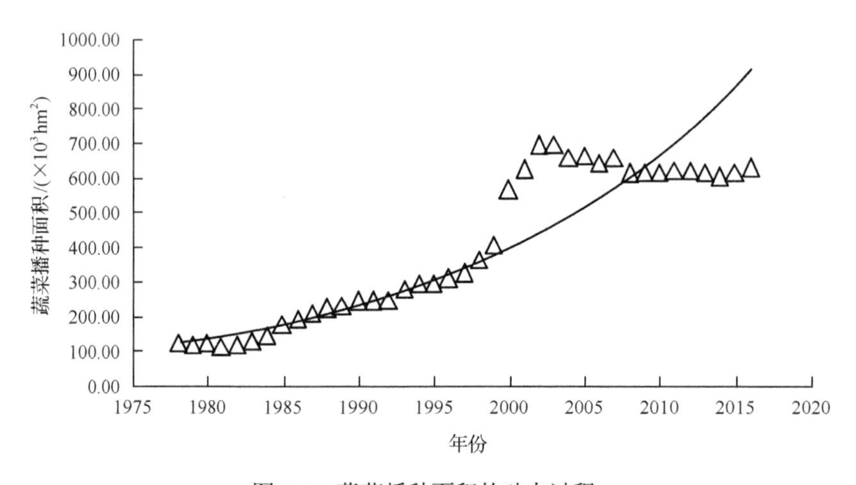

图 1-2　蔬菜播种面积的动态过程

农作物播种面积大幅度下降，主要是由于粮食作物的种植面积在大幅度下降，粮食作物播种面积的下降幅度较农作物播种面积的下降速度快，然而蔬菜作物的播种面积在快速增加，从改革开放的 1978 年到 2003 年，其以指数的方式在增加，随后稳定在 60 万～70 万 hm^2。蔬菜播种面积的增加一定程度上减缓了农作物播种面积的下降速度。

1.2　红壤坡地开发过程中的水土流失特征

浙江省地属南方红壤丘陵区，浙江省独特的“水”“土”和“植物”的时空组合，决定了浙江省水土流失的特征。浙江省的水土流失类型以水力侵蚀为主，局部地区存在滑坡、泥石流等重力侵蚀，沿海地区还有一定程度的风力侵蚀。侵蚀形式有面状侵蚀、浅沟侵蚀、切沟侵蚀，其面积占全省水土流失面积的 95%以上。其中面状侵蚀是浙江省最为普遍的一种侵蚀方式。就水土流失强度而言，以轻度和中度侵蚀为主，占水土流失面积的 91.32%。从水土流失的发展动态来看，从 1987～2016 年的 30 年间，浙江省水土流失总面积减少了 16894.12km^2，平均每年减少 562.47km^2，主要以轻度水土流失面积为主。中度以上水土流失面积在不同的年份波动明显，减少的趋势不明显，强度以上水土流失面积整体呈增加的趋势(表 1-4)。

表 1-4　浙江省水土流失遥感普查面积

年份	水土流失面积/km^2	中度以上侵蚀面积/km^2	强度以上侵蚀面积/km^2
1987	25708.00	7531.00	1085.00
1997	18998.25	8964.65	2194.92
2000	16212.35	6207.85	1156.06
2004	13654.13	5855.37	1185.10
2016	8813.88	6244.80	2009.43

比较 2010 年和 2016 年的水土流失强度等级(表 1-5 和表 1-6)面积的变化，可以清楚地发现各强度等级的绝对面积都有不同程度的减少，占全省土地总面积的比例也在下降，除了轻度侵蚀面积略有增加，但是占水土流失总面积的比例却有所增大。从各强度等级面积减少的绝对数据来看，极强烈与剧烈侵蚀的面积降幅不大，降幅最大的是强烈侵蚀等级的面积，轻度侵蚀的面积反而有上升的态势。

表 1-5　浙江省 2010 年水土流失总体状况

面积类别	水土流失等级					
	轻度	中度	强烈	极强烈	剧烈	小计
面积/km^2	2443.65	4462.45	1479.18	828.46	179.16	9392.88
占土地总面积/%	2.36	4.31	1.43	0.8	0.17	9.06
占水土流失面积/%	26.02	47.51	15.75	8.82	1.91	100

表 1-6 浙江省 2016 年水土流失总体状况

面积类别	水土流失等级					
	轻度	中度	强烈	极强烈	剧烈	小计
面积/km^2	2569.08	4235.37	1016.02	818.31	175.10	8813.88
占土地总面积/%	2.43	4.01	0.96	0.78	0.17	8.35
占水土流失面积/%	29.15	48.05	11.53	9.28	1.99	100

1.2.1 红壤坡地是水土流失发生的主体

红壤为浙江省分布面积最大、范围最广的土壤类型，其分布面积达 3.88×10^{6}hm^2，占全省土壤总面积的 40.06%，主要广泛分布在低山丘陵与台地类型区，是浙江省茶、果等经济特产，玉米、番薯等旱粮作物，以及松、杉、竹等用材林的主要生产基地。

红壤形成的环境条件，决定了其在发育过程中，经历了强风化和强淋溶作用，使其具有黏、酸、瘦等主要特征。浙江省的红壤质地为壤质黏土，黏粒中铁铝氧化物含量较高，而腐殖质含量较低，使得红壤的田间持水量小，凋萎系数大，有效水少，在旱季保水性很差，不适于作物高产。

不同母质发育的红壤，由于风化壳发育阶段不同、矿物组成不同、富铝化程度不同，其在土层厚度和抗蚀性方面形成了明显的差异。由玄武岩等基性岩发育的红壤，其淋溶系数、分布系数、铝化和铁化系数的相对值都高于由花岗岩等酸性岩发育的红壤。

红壤原生植被为亚热带常绿阔叶林，每年凋落于地表的枯枝绿叶干物质，提供了土壤物质循环与养分富集的基础。但由于浙江省人口多，土地面积少，坡地的人为开发利用强度大，目前红壤坡地是浙江省主要的坡耕地分布区，人工植被成为主体，植被稀疏，使得红壤坡地成为浙江省水土流失的主要发生区，从而导致红壤坡地耕层土层变薄，肥力下降，蓄水保水性能极差，水土流失渐趋严重。

2009 年浙江省水土流失遥感普查结果显示，全省共有水土流失面积 13654.13km^2，占全省土地总面积的 12.95%。其中，＜8°的坡地水土流失面积占到 10.3%，8°～25°的坡地水土流失面积占到 57.4%，＞25°坡地的水土流失面积占到 32.3%。地形坡度是水土流失发生的基本条件，根据不同坡度面积的水土流失面积比率(水土流失率)计算，也明确显示全省水土流失区主要集中在 8°～25°的坡地，即主要是红壤坡地分布区。

从水土流失的强度来看，强度水土流失面积 743.37km^2，主要发生在 15°～25°的坡地；极强度水土流失面积 306.50km^2，集中发生在 25°～35°的坡地(表 1-7)。

表 1-7 浙江省不同坡度水土流失各强度水土流失面积

坡度	轻度/km^2	中度/km^2	强度/km^2	极强度/km^2	剧烈/km^2	小计/km^2	比例/%
＜8°	1368.03	42.66	0.04	0.00	0.01	1410.74	10.3
8°～15°	2303.38	516.58	0.03	0.00	0.00	2819.99	20.7
15°～25°	4126.30	212.02	670.25	0.05	0	5008.62	36.7
25°～35°	0.74	2343.69	41.79	287.85	0.03	2674.10	19.6
≥35°	0.31	1555.32	31.26	18.60	135.19	1740.68	12.7
小计	7798.76	4670.27	743.37	306.50	135.23	13654.13	100.0

1.2.2 红壤坡地不同土地利用方式的水土流失强度

浙江省 2009 年和 2004 年红壤坡地的土地利用类型，以及各类型中水土流失的程度与面积，见表 1-8 和表 1-9。

表 1-8 2009 年浙江省不同土地利用方式下按照流失程度的流失面积

土地利用	水土流失面积						
	轻度/km^2	中度/km^2	强度/km^2	极强度/km^2	剧烈/km^2	小计/km^2	比例/%
坡耕地	220.37	487.01	933.43	570.16	84.84	2295.81	22.72
果园	206.35	103.49	9.18	2.53	0.27	321.82	3.19
茶园	132.72	98.51	12.60	2.86	0.14	246.83	2.44
其他园地	46.70	24.98	2.86	0.63	0.17	75.34	0.75
竹林	59.82	189.18	5.11	2.37	0.47	256.95	2.54
其他经济林	1.98	1.38	0.13	0.01	0.01	3.51	0.03
林地、工矿用地等	2418.52	3634.93	513.46	245.03	92.96	6904.90	68.33
合计	3086.46	4539.48	1476.77	823.59	178.86	10105.16	100.00

表 1-9 2004 年浙江省不同土地利用方式下按照流失程度的流失面积

土地利用	水土流失面积						
	轻度/km^2	中度/km^2	强度/km^2	极强度/km^2	剧烈/km^2	小计/km^2	比例/%
坡耕地	264.27	362.69	503.30	197.40	90.48	1418.14	10.39
园地	410.67	114.14	10.12	3.42	0.98	539.33	3.95
林地	6546.12	3928.23	197.55	90.50	37.94	10800.34	79.10
草地	266.86	93.62	6.77	3.08	1.05	371.38	2.72
工矿地	17.95	12.39	2.21	0.62	0.19	33.36	0.24
荒草地	104.02	55.32	4.48	1.61	0.47	165.90	1.22
裸土地	3.36	1.13	0.18	0.13	0.07	4.87	0.04
裸岩地	34.34	25.69	2.69	1.67	0.54	64.93	0.48
其他	151.17	77.06	16.07	8.07	3.51	255.88	1.87
合计	7798.76	4670.27	743.37	306.50	135.23	13654.13	100.00

从表 1-8 可以看出，坡耕地主要发生的侵蚀强度为强度侵蚀和极强度侵蚀，分别达到 933.43km^2 和 570.16km^2。果园、茶园、其他园地、竹林及其他经济林的侵蚀程度均以轻度侵蚀和中度侵蚀为主。林地、工矿用地等的侵蚀虽然也以轻度和中度侵蚀为主，但是其绝对面积大，分别达到 2418.52km^2 和 3634.93km^2，侵蚀危害不容忽视。从全部侵蚀强度来看，林地、工矿用地等的流失面积比例也是最大，达到 68.33%，坡耕地次之，达到 22.72%。

从表 1-9 可以看出，林地的水土流失面积在浙江省总的流失面积里占有绝对优势，比例高达 79.10%，坡耕地次之，比例达到 10.39%。

从表 1-8 和表 1-9 数据可以看出，浙江省坡耕地的侵蚀程度整体呈上升趋势，除了轻度侵蚀和剧烈侵蚀降低，其他三个侵蚀强度的流失面积均有显著增加，并且以强度侵蚀增加最为显著，增幅达到 85.46%。这说明，随着时间推移，2009 年全省流失面积显著下降，但是对于坡耕地来说，却涨幅较大。坡耕地的水土流失是各种土地利用类型中潜力最大的，因此，坡耕地的强度侵蚀比例上升，意味着浙江省的水土流失随着时间的推移而逐渐增大。

从坡耕地总体流失面积来看，2004 年为 1418.14km^2，2009 年则达到 2295.81km^2，增幅达 61.89%，十分明显。从坡耕地占全省流失面积的比例来看，2004 年为 10.39%，2009 年则升为 22.72%，这说明坡耕地在全省各土地利用类型中所占比例提高，严重性增大。鉴于此，浙江省在土地利用类型的合理分配和规划上，需要减低坡耕地的比例，增加果园、茶园等园地，来减少水土流失。

1.2.3　水土流失与土地利用方式动态变化的耦合性

随着农村经济结构的变化，农民对低丘缓坡地的土地利用方式变动频繁，在一种土地利用方式向另一种土地利用方式变动的初期阶段，往往是水土流失极易发生时期。

各土地利用类型在每次普查中分类均不一致，其中 2003 年浙江省对土地利用现状进行了调查统计，将全省土地利用类型分为九大类，其中，耕地面积占 19.3%，园地占 5.4%，林地占 52.9%，牧草地占 0.014%，其他农用地占 4.6%，居民点及工矿用地占 6.3%，交通运输用地占 0.6%，水利设施用地占 1.4%，未利用地占 9.5%。为此，我们选取坡耕地、园地、林地和其他用地共 4 种土地利用方式进行动态变化的过程分析。

浙江省分别在 1987 年、1997 年、2000 年、2004 年和 2009 年利用遥感技术进行过 5 次水土流失监测，数据以各城市、各侵蚀强度等方面为坐标进行统计。本节仅以最新的 2004 年第四次和 2009 年第五次普查结果为根据，进行各土地利用方式的水土流失状况比较，分析水土流失和主要土地利用方式的动态变化的耦合性。

2004 年的水土流失遥感普查统计结果显示，在上述土地利用类型中水土流失面积最大的是林地（79.1%），其余依次为坡耕地（10.39%）、园地（3.95%）。2009 年的水土流失遥感普查统计结果显示，在各土地利用类型中水土流失面积最大的是林地（35.89%），其余依次为坡耕地（22.72%）、园地（6.37%）。

以 2004 年和 2009 年的监测数据为例，经过正交增减统计（表 1-10）发现 2004 年和 2009 年相比较，坡耕地的面积明显增加，增幅达 877.67km^2，占 2004 年的 61.89%，园地也有少量增加，增幅为 104.66km^2，占 2004 年的 19.41%，而林地则是明显减少，减幅达 7173.51km^2，比例占到 66.42%。虽然总的水土流失面积值，2009 年比 2004 年要减少 3548.97km^2，减幅达 26%，但是流失潜力巨大的坡耕地面积增加显著。

结合表 1-8，坡耕地的水土流失程度一般集中在中度和强度，这使得 2009 年的水土流失程度显著增加。

表 1-10 2004 年第四次监测和 2009 年第五次监测结果的对照表

	水土流失面积/km²				
	坡耕地	园地	林地	其他用地	合计
第五次	2295.81	643.99	3626.83	3538.53	10105.16
第四次	1418.14	539.33	10800.34	896.32	13654.13
差值	877.67	104.66	−7173.51	2642.21	−3548.97

1.2.4 浙江省水土流失特征及成因

1. 水土流失特征

浙江省水土流失的特征可总结为以下几个方面(廖承彬和魏天儒，2013；廖承彬，2010)。

(1)低丘缓坡地水土流失面积广、强度大、类型多样。浙江省“七山一水二分田”的地貌格局，加之人多地少的现状，决定了低山缓坡地是开发利用的主体。伴随着国家经济发展的大趋势，依据不同的坡度和土壤性状，进行经济林经营是主要方式。土地利用方式转型的过渡期，是水土流失较为严重的时期，而经济林地和坡耕地是主要的水土流失区。

(2)水土流失面积小而强度大，强度水土流失空间分布分散。浙江省水土流失面积占全省土地总面积的比重很小，且历年在下降，但是强度以上的水土流失面积的减小幅度不明显，反而有增加的趋势。这些强度水土流失类型的分布多集中在工程建设施工地、坡地开发区，分布分散而时间集中。

(3)人为诱发性的水土流失突出。浙江省的经济发展在全国名列前茅，基础设施建设和坡地开发利用强度大、时间集中性强，地表扰动严重，所诱发的水土流失问题突出，动态变化速度快。施工过程中临时弃土量多而分散，在雨期易造成短时集中的强度水土流失。

(4)潜在侵蚀危险性大。浙江省红壤坡地的母质主要为火成岩风化的残积层、紫色页岩的风化物及第四纪红土，这些母质的结构性差，而且土层较薄，抵抗侵蚀的能力很差，一旦在开发利用过程中不注意水土保持，则容易被侵蚀，造成严重的土壤粗化及石漠化。

2. 水土流失的主要成因

造成浙江省红壤区水土流失的成因包括红壤形成的特殊母质和人为的诱发作用，结构松散的母质在人为的诱发作用下，造成的水土流失是主要原因。从诱发因素上，在动态变化过程方面，浙江省的水土流失都具有其特殊的内涵，分析其原因是浙江省水土流失治理的基础。

坡地土地利用的转型和经济林地的大规模开发是导致水土流失比重大的原因之一。植树造林，提高植被覆盖度是治理水土流失的主要措施。然而从历年的水土流失调查发现，浙江省却出现了林地水土流失面积比重大的特殊现象。究其原因是近10多年来，大力发展经济林的影响。

经济林的经营和管理决定了其不同于一般的天然林和其他用材林。一是经济林的单一性和单株生长的空间生理需求特点导致其林相结构简单、郁闭度低，截流能力差，限制了其控制水土流失的能力；二是林下锄草、施肥、灌溉、剪枝等人为干扰频率高的管理特点，造成林下地面裸露、土壤板结入渗能力下降，失去了减少地表径流的作用；三是经济林的更替周期短，尤其是果树林的更替更为突出。在林地转换的初期植被覆盖度很低，基本上无覆盖，水土流失最为严重。

坡耕地是导致水土流失的主要类型之一。随着城市化的快速发展，加之浙江省特殊的地理位置，决定了城市化发展的趋势必然要由近及远向周围丘陵山区渗透。在扩展和渗透的过程中，城市周边地区就成为人为活动强烈、土地利用转型最快的地带，房地产开发上山、工业园区进沟、交通建设劈山开路、建材部门挖山取材、菜地爬坡、水田上山等活动迫使土地利用方式转型的过程，必然会诱发不同程度的水土流失，进而加重了水土资源的污染。由于经营蔬菜的收益高于粮食作物，从经济效益的角度考虑，近年来，菜地上山的趋势很明显。菜地的管理方式明显不同于粮食作物，菜地周期短，人为的中间管理频繁，所诱发的水土流失明显。

据浙江省土壤侵蚀潜在危险性分析评价，浙江省56.69%的耕地面积属于低潜在侵蚀危险性区域，而林地则不同，50.43%的林地处在高潜在侵蚀危险区域，40.63%的林地分布于中潜在危险性区域，园地(菜地和果园)面积的68.2%都分布在中高潜在危险性区域(廖承彬和陈锡祥，2007)。

开发建设项目是强度水土流失面积波动的根本原因。浙江省水土流失特征的形成，与经济发展、特殊的地形条件、水土保持工作的历史有密切的关系。自20世纪80年代以来，浙江省大力开展了以小流域为单元，山、水、田、林、路相结合的水土流失综合治理，全省水土流失面积大幅度减少。但随着浙江省工业化和城市化进程的加快，各种类型的资源开发建设项目不断上马，开发建设项目诱发的水土流失已成为浙江省新增水土流失的主要来源之一。

开发建设项目诱发水土流失的主要方式可概括为三大类(张丽萍等，2002)：第一类，工程建设占用大量土地，一方面在建筑周期内，建筑工地闲置、堆放建筑材料造成的水土流失；另一方面建筑材料的获取，在原材料产地大量堆放弃土石碴造成的水土流失。第二类，道路建设是经济突飞的关键。在道路建设过程中，开挖边坡，构筑人工边坡，破坏原始下垫面结构，从而造成严重的水土流失。第三类，随着城市化的发展，劳动力的转型，城市人口的增加，城市边缘土地利用方式发生了很大的变化，在土地利用转型的过程中会诱发水土流失。

1.3 红壤坡地侵蚀产沙及养分流失过程研究的重要性

1.3.1 研究意义

“绿水青山就是金山银山”的两山理论，为目前的生态环境建设提出了高目标，指明了建设的方向。然而，生态环境建设，实现绿水青山的目标，水土保持工作是基础工作，其发挥着先锋作用。水土保持措施布设支撑依据就是水土流失的监测数据，严密而高精度的试验数据是水土保持措施发挥作用的保证。

红壤是亚热带地区典型的地带性土壤，我国红壤主要分布于南方地区，涉及面积$2.18\times10^6km^2$，占国土总面积的22.7%。其中山地丘陵红壤面积约有$1.06\times10^6km^2$，这中间低丘岗地的面积就有$4.3\times10^5km^2$。红壤分布区是我国热带和亚热带经济及粮食作物的重要生产基地。然而，这类土壤黏粒含量大，通透性差，pH一般为5～6，属于微酸性土壤，有机质含量少，蓄水保肥能力和抗侵蚀能力均较差，水土流失较为严重。所以合理开发利用这类土地，改善土壤性质，防治水土流失，提高其肥力和生产力具有重要的实际意义。

浙江省70%以上的山丘区，高程500(浙北)～800m(浙南)以下的丘陵红壤面积分布相当广泛，构成了浙江省面积最大的土壤资源类型，面积达$3.88\times10^6hm^2$，占浙江省土壤资源总面积的40.06%。这决定了其合理开发利用红壤坡地的重要性。然而，浙江省丘陵红壤分布区是全省水土流失最严重区，约占全省水土流失面积的77%。由此可知，合理开发利用红壤坡地，防治红壤坡地水土流失，提高土壤肥力，是建设浙江生态省，维护生态安全的关键。

1.3.2　研究内容

针对红壤坡地特殊的环境条件、开发利用特征及存在的水土流失问题，本专著采用野外实地与室内实体模型的人工模拟降雨相结合的方法，开展红壤坡地侵蚀产沙和养分流失过程的模拟试验研究，从坡长、坡度、雨强、植被覆盖度等影响因素着手，通过多因素组合试验，研究了不同环境条件下的侵蚀产流产沙及养分流失规律，从水力学的角度讨论了产流产沙的力学机制。

遵循自然规律是科学研究的根基，基于自然环境背景，水土流失在不同土地利用情况下，针对水土流失规律不同的机制，开展了不同土地利用情况下，红壤坡地水土流失及养分流失特征的研究。

本着科学研究为经济建设、生产服务及生态环境优化的宗旨，本专著探讨了室内模拟实验和实地真实侵蚀产沙与养分流失之间的关系，构建了产流产沙的转换模型，推导出转换系数，使得试验数据的实用性更加切合实际。

同时，针对性地提出了红壤坡地不同土地利用方式下的水土保持措施，从整体观出发优化了相应的水土保持措施的组合布设。

1.3.3　研究方法

红壤坡地侵蚀产沙及养分流失过程的研究和水土保持措施的设计，涉及土壤学、水文学、水力学、水土保持学、生态学、工程学等众多学科的基础知识，要应用流体计算的方法计算产沙产流量，要应用工程学的方法设计水土保持措施，要应用统计分析的方法研究不同土地利用方式水土流失的动态变化，要应用土壤学的测试方法分析土壤理化特性及养分流失特征值，这就决定了其研究方法的多样性和交叉综合性。然而，合理而科学的研究方法是取得研究成果的起点，如何能够设计出既能监测侵蚀产沙及养分流失过程，又能反映土地利用的实际情况，是本研究能否实现的关键点。

1. 实验站径流小区的原位观测及人工模拟降雨的方法

鉴于经济林地和坡耕地室内模拟的限制性，研究采用了两种方法：一种是采用天然降雨的径流小区的原位监测，定时定点进行样品采集和测试，为了能监测坡度、雨强对侵蚀产沙及养分流失的影响；另一种是采用野外原位人工模拟降雨的方法，进行控雨强、控时间模拟试验，研究降雨径流与水土流失的定量关系，分析不同雨强、不同历时、不同坡度情况下的水土流失强度。

2. 室内人工模拟降雨的试验方法

由于天然降雨的随机性和不可控制性，试验过程环境变化的偶然性，针对一些影响侵蚀产沙及养分流失的关键性因子，进行了室内坡面实体物理模型的人工模拟降雨试验，监测了坡长变化、坡度变化、植被覆盖度变化、林相覆盖层结构变化等方面的侵蚀产流产沙及养分流失特征。

3. 生态工程的系统设计方法

土壤抗蚀性能和机理研究、侵蚀产沙规律特性分析的目的是为水土保持措施的合理规划、布局和设计提供依据。应用坡面径流动力特征和土地利用方式下的产沙强度，结合坡面生态特性，应用 AUTOCAD 设计相应的坡面水土保持系统工程。通过对养分流失特性的监测，能为水体面源污染的控制提供科学的依据。

主要参考文献

廖承彬. 2010. 浙江省水土流失的时空动态研究. 中国水土保持, 29(7): 60-63.

廖承彬, 陈锡祥. 2007. 水土保持在维护浙江省生态安全中的作用. 水土保持通报, 27(3): 171-174.

廖承彬, 魏天儒. 2013. 红壤坡地不同树种林下水土流失特征研究. 水土保持通报, 33(2): 198-202.

全国土壤普查办公室. 1998. 中国土壤. 北京: 中国农业出版社.

曾希柏. 2003. 红壤化学退化与重建. 北京: 中国农业出版社.

张丽萍, 张锐波, 柳云龙. 2002. 城市扩建诱发水土流失的空间地理场分析. 水土保持通报, 22(6): 20-22.

赵其国. 2002. 红壤物质循环及其调控. 北京: 科学出版社.

第2章 试验设计

科学研究离不开科学的试验观测、数据积累和分析，但是不同的研究领域，其试验平台、方法及规模要求不同。坡地土壤水力侵蚀、泥沙运移和养分流失过程属于地球系统地表过程的主要组成部分，坡地侵蚀产沙过程的试验监测要素既包括土壤性质、地形条件、植被特性，还要求控制降水要素，其过程复杂，在自然界中观测的可控性较差，而室内模拟试验监测的物理模型平台要求规模较大，既不同于经典的物理化学试验，也区别于微生物的培养观测。坡地侵蚀产沙过程的试验监测系统性明显，跨学科观测特点突出，其试验设计的合理性及考虑要素的综合性都对试验结果的分析起着非常重要的影响。

目前，坡地水力侵蚀产沙的试验监测研究主要采用两种方法：一种是在实地标准径流小区进行天然降水状态下的场降水产流产沙量研究，在此基础上进而计算年径流模数和侵蚀模数。但是依靠天然降雨收集相关数据存在很大的局限性，第一方面，降雨的一些特征参数(雨强、雨量和降雨历时)稳定性较差。第二方面，坡地土壤侵蚀的主要影响因素(坡度、坡长、植被覆盖度和土地利用方式)的可控性较差。第三方面，监测数据收集的周期长，特别是在干旱少雨的季节。另一种是采用人工模拟降水的方式(野外原位和室内)，通过控制研究要素，进行设计情况下的场降水产流产沙特征研究。

本书在系列试验监测研究中，针对不同的监测对象和控制要素，依据土壤侵蚀原理、水文学、水力学、泥沙运动力学和农业面源污染等理论，主要采用野外原位和室内人工模拟降雨试验，开展了控制要素情况下的红壤坡地产流产沙和养分流失特征的研究。

2.1 降雨装置和雨强的选择

2.1.1 降雨设备

降雨装置是本试验中非常重要的部分，试验选择中国科学院水利部水土保持研究所生产的可调控、高扬程大水量、变雨强的、压控双向侧喷式的、可移动的人工模拟降雨装置(图 2-1)，单一组(2 个支架)可覆盖面积 4m×6m。在坡长加长设计试验中，可用两组装置，其面积可覆盖 4m×12m。装置由喷头系统(美国 V-80100)、驱动系统、动力系统、供水系统 4 部分组成，分为喷头、喷管、压力表、调节阀、三个侧向支撑钢架、接配导水干管和潜水泵等。其中喷头是由 1 组不同孔径的孔板、1 个固定孔板的螺母、1 个碎流板、1 根固定碎流板的联杆组成。喷管由连接在一起的可伸缩钢管组成，一端安装喷头，另一端接导水干管，在与导水干管相接的一端有调节阀和压力表，在喷头孔径固定时，可通过调节阀门，变动压力得到不同的雨强。喷管由三个侧向支撑钢架固定，喷头离地面高 6m，喷出的水流沿抛物线爬高 1.5m，这样水滴距地面具有 7.5m 的自由降落高度，可满足最大试验雨强的大雨滴达到终速。根据试验测量，每个喷头降雨到达地面的扩散角可达到 140°，将支架两个一组对称放于试验小区两侧适当距离处，使整个小区处于喷头的降雨重叠区，以保证小区内降雨空间分布基本均匀。通过控制喷头及水压得到不同雨强，径流小区四周均匀分布 10 个直径 85mm，高 200mm 的雨量筒，通过雨量筒内降雨的平均深度除以降雨时间得到雨强。

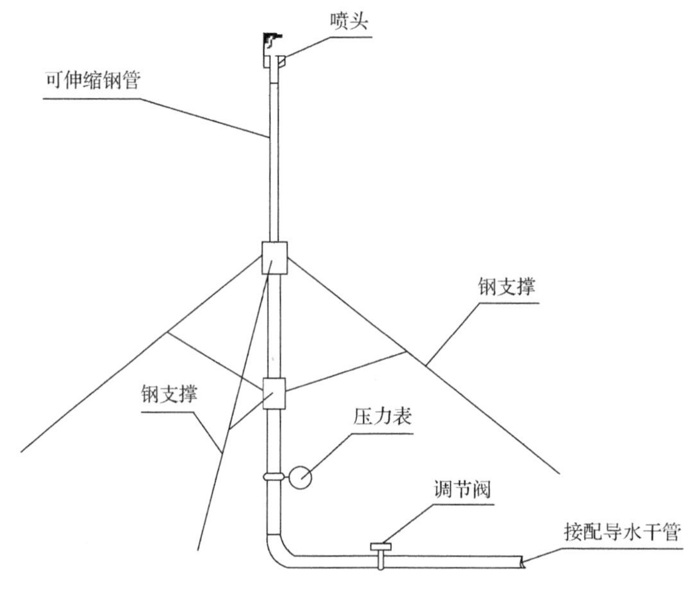

图 2-1　人工模拟降雨装置示意图

2.1.2　雨强设定

雨强的设计是依据不同研究区地方气象站多年气象资料统计而确定的。从气象气候学的角度来讲，在宏观上主要根据雨量和降雨历时来划分降雨的强度等级(表 2-1)。针对特定研究目标的专项来考虑，雨强大小的划分是根据单位时间内雨量来确定的。在水土流失控制和土壤侵蚀研究领域，一般用 30min 的雨量来确定雨强的大小，进而探讨侵蚀性雨强的临界，即侵蚀性雨强。

表 2-1　雨强的常规性划分

雨强等级	12h 雨量/mm	24h 雨量/mm
小雨	0.2～5.0	＜10
中雨	5～15	10～25
大雨	15～30	25～50
暴雨	30～70	50～100
大暴雨	70～100	100～200
特大暴雨	＞100	＞200

根据浙江省气象资料及省内区域差异，计算不同试验区的多年平均雨量、雨强和场降雨历时，设定相应试验的雨强和历时。同时考虑了浙江省降雨的年内分配特性，梅雨季节和台风雨的影响。具体雨强的设定，在后面的章节中将有针对性地进行论述。

无论是原位人工模拟降雨试验，还是室内径流槽人工模拟降雨试验，在试验前都要进行雨强的标定。标定过程采用双控方式。首先是根据设备说明书中采用孔板孔眼的大小与压力表组合(表2-2)来确定大致范围的雨强。然后，用塑料布覆盖径流槽，进行雨强的精度标定。在标定雨强时，将一定数量的雨量筒均匀分布在坡面上，雨量筒数量的布设可根据试验场地的大小来确定。一般情况下，2m坡长的试验径流小区周围布设12个雨量筒，4m坡长布设18个，6m坡长布设24个，依此类推。雨量筒布设好以后，打开控制开关，得到20min降雨时间内坡面各处雨强，计算坡面平均雨强。根据实测雨强的大小，通过控制喷头孔径大小和调整水压得到试验所需的雨强。一般以对喷为主，随着坡长的增加，相应增加降雨设备的数量。

表2-2　降雨设备雨强调节数据表

雨强/(mm/h)	立杆水压/MPa	挡水孔板/mm	均匀度/%	喷头立杆坐标(距轴线)/m	降雨面积/m^2	喷头组合形式
10	0.10	3.00	69	3.00	3.4	单喷
20	0.10	5.00	69	3.00	3.4	单喷
30	0.28	6.00	83	3.00	3.4	单喷
40	0.10	9.00	85	4.00	3.5	单喷
50	0.10	11.00	82	4.50	3.4	单喷
60	0.16	7.00	76	3.50	3.8	对喷
70	0.10	12.00	90	3.70	3.4	对喷
80	0.16	8.00	88	3.50	3.5	对喷
90	0.17	9.00	87	3.50	3.6	对喷
100	0.10	12.00	92	3.50	3.8	对喷
110	0.10	12.00	92	4.50	3.6	对喷
120	0.12	12.50	96	4.50	3.6	对喷
130	0.12	13.00	100	4.50	3.5	对喷
140	0.14	12.50	93	3.50	3.6	对喷
150	0.14	13.50	90	3.50	3.6	对喷
160	0.15	13.00	88	4.50	3.8	对喷
170	0.15	13.50	87	4.50	3.6	对喷
180	0.15	14.00	88	5.00	3.6	对喷

2.1.3　降雨均匀度计算

一般情况下，天然降雨的均匀系数在80%以上，试验测定的降雨均匀系数(CU)值在80%～90%是可以接受的(Neff，1979)。目前很多研究者(Esteves et al.，2000；Sobrinho，2008)广泛应用的降雨均匀性测定方法为Christiansen(1941)提出的均匀性系数CU(百分数)。其计算公式为

$$CU = 100 \times \left| 1 - \frac{\sum_{i=1}^{i=n} \left| x_i - \overline{x} \right|}{n\overline{x}} \right| \tag{2-1}$$

式中，$\bar{x}$ 为平均雨强$\left(\bar{x}=\frac{1}{n}\sum_{i=1}^{n}x_i\right)$；$x_i(i=1,2,3,\cdots,n)$ 为第 i 个观测值；n 为观测值数目。通过对试验实测资料计算，在本书涉及的系列研究中所有的试验要求降雨均匀系数均在85%以上。

2.2　降雨径流场地的设置

2.2.1　野外原位试验径流小区的设计

针对经济林地室内径流槽试验的限制，经济林坡地侵蚀产沙的模拟研究采用野外原位试验研究，试验设计采用两种方式：一种是根据自然坡地的形态，由当地水土保持监督管理站负责设计径流小区，面积规模不同于标准径流小区（$100m^2$），依地形来确定，在径流小区出口端设定沉沙池，收集每次天然降雨的产流和产沙水样，同时量测径流量和含沙率。另一种是野外原位人工模拟降雨试验径流小区的设计。在原位选定坡面相对平整，微地形干扰较小的区域作为试验径流小区，在小区边界由高出地面 10cm，入土深度 10cm 的不锈钢隔板密封，小区下端设置可嵌入地表的钢制集水槽，以保证小区内的径流全部汇入出水口的径流桶内。由于林间空地设置径流小区连续性的限制，变坡长和坡度时只能分散设置，但各小区下垫面条件基本相似。由于坡耕地与经济林坡地的面积可控性较好，所以针对坡耕地的野外原位试验，可以根据自己试验要求，选择适宜的坡地，设计特定面积、特定坡度及特定种植作物进行布设。

2.2.2　室内人工模拟降雨试验径流槽的设计

基于坡地土壤侵蚀产沙和养分流失的主要影响因素的考虑，首先，根据水文学和水力学边界影响程度设计径流槽的几何尺寸；再通过研究需要设定坡度和坡长的变化范围，同时附设植被覆盖及特定植物的习惯性施肥量。

径流槽的设计有三种：第一种是固定坡度而改变坡长的形式，其径流土槽坡长按特定等差数值来增加（图 2-2）。第二种径流土槽是根据人工降雨装置有效降雨面积自行设计的固定径流槽面积，这种径流槽采用的是液压或者气压变坡式钢制径流土槽（获得国家授权专利 ZL 201610710187.3）。由钢板焊接组成，坡度在 0°～30°可以灵活调节（图 2-3）。第三种径流土槽的设置是用于模拟植被的立体覆盖特征而设计的，用的是定滑轮组合式径流土槽（获得国家授权专利 ZL 201520056256.4）（图 2-4）。

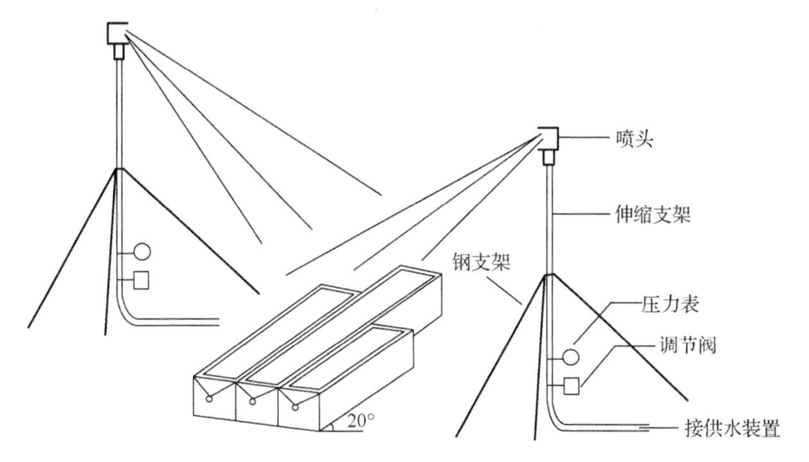

图 2-2 室内变坡长径流土槽

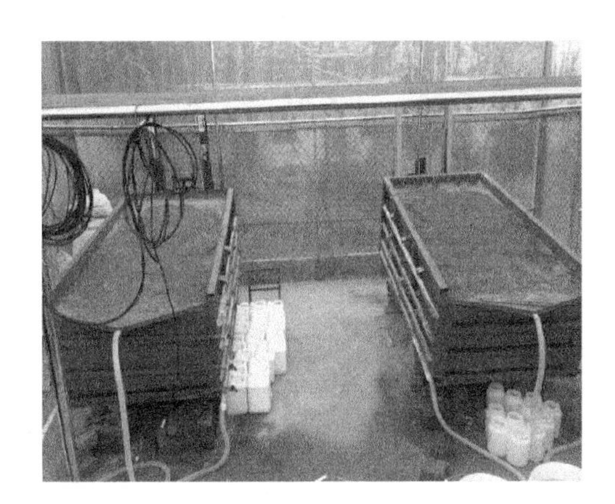

图 2-3 液压式变坡径流土槽

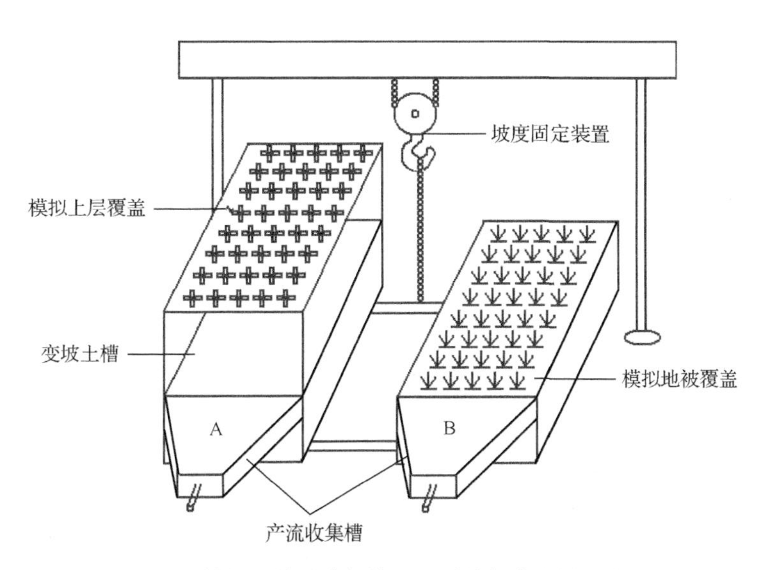

图 2-4 模拟地被覆盖与林冠层覆盖径流土槽示意图

A、B 表示不同径流

2.3　试验用土要求

无论是在野外还是在室内，试验用土特性的测试和结构控制都非常严格。

在野外原位试验时，首先，在试验区域内，按照“之”字形分点分层采集土样，在土壤垂直深度上，从表层向下每 5cm 采集一个土壤样品。

2.3.1　径流槽试验用土的填充要求

在室内人工模拟降雨试验时，径流土槽所填充的试验用土，都采取原状土搬迁的方式操作。首先，根据室内径流槽的面积，对所要搬迁的土壤在原地划分一定的区域，用环刀在原地实施分层(5cm)采集土壤样品，备以测试土壤的理化性质，采集深度为 60cm，即 12 层。其次，在划分一定的区域对分层采集装袋运到室内。最后，室内土槽装土。装土前，在槽底垫 5cm 厚的细沙，并铺上透水纱布，以保证土壤的透气透水性接近天然状况，然后根据野外土壤含水量、填土体积和容重在纱布之上逐层填入 45cm 厚的试验土壤，填土工程中要注意不时踏实土层以使其尽量接近土层在自然状态下的紧实状态，尤其是土槽的边缘要用力压实。土槽装填完成后静置一段时间，使槽内土壤沉实到接近自然状态，用环刀法测定槽内土壤容重，如果接近自然状态下的容重，则可以进行人工模拟降雨试验。

2.3.2　试验用土的主要测试指标

根据研究内容和要求，测定试验土壤的理化特性。一般要测试的指标有：土壤酸碱度(pH)、土壤有机碳含量(SOC)、土壤容重(环刀法)、土壤的机械组成结构、土壤总氮(TN)、土壤铵态氮(NH_4^+-N)、土壤硝态氮(NO_3^--N)、土壤总磷(TP)、土壤可溶性磷(DP)等指标。人工模拟降雨试验前测试土壤的含水率。土壤样品测定方法如下所述。

(1)含水量：称量法。

(2)pH：用酸度计测定。

(3)土壤容重：环刀法。

(4)土壤机械组成：比重计法和吸管法。

(5)土壤有机碳含量(SOC)：用重铬酸钾容量法-外加热法。

(6)土壤中的 TN：参照 GB11894—89 的碱性过硫酸钾消解紫外分光光度法。

(7)土壤中的 TP：参照 GB11893—89 的钼酸铵分光光度法。

(8)土壤中的 NO_3^--N：参照 GB11894—89 的经滤膜后紫外分光光度法。

(9)土壤中的 NH_4^+-N：参照 GB/T8538—1995 的靛酚蓝比色法。

(10)速效磷：异丁醇萃取-钼蓝比色法。

(11)土壤样品中团聚体稳定性采用干筛法和湿筛法，具体步骤如下：

干筛法：四分法取风干土样 150g，由上至下分别依次通过孔径为 2mm、1mm、0.5mm、0.25mm、0.106mm 的套筛，然后称量各级干筛团聚体并计算各级干筛团聚体在全土质量中的百分含量。

湿筛法：是以干筛法测得的各级粒径的团聚体的百分比含量配成 50g 风干土样，将套筛（由上至下为 2mm、1mm、0.5mm、0.25mm、0.106mm）固定于振荡架上，并将振荡架放置于已加水至一定高度的水桶中。将 50g 土样均匀地播撒在套筛上，以振荡速度为 30 次/min、振荡 30min 开启振荡器，然后慢慢使套筛离开水面，用洗瓶将每个套筛上的团聚体洗入事先已称量的蒸发皿，沉淀 30min，倒掉上清液，置于 60℃烘箱中烘干并称量，计算各级团聚体在全土中的百分含量、团聚体的破坏率、团聚体分散度（PAD）、＞0.25mm 水稳性团聚体百分含量（WSA＞0.25mm）和平均质量直径（MWD）。

2.4 试验过程和指标测试

2.4.1 试验过程

在所有设施达到试验要求后，根据标定好的雨强开始人工模拟降雨试验。每次降雨试验过程中，记录初始产流时间，产流以后按照设定时间（2～5min）等时间间隔用 1L 的标有刻度的聚乙烯瓶采集径流和泥沙，自产流开始进行持续降雨（30～90min）。每场降雨收集的径流样品需先测定体积（水样+所含泥沙），同时，测定所有的径流量。然后在室温 25℃下静置 4～5h 进行沉淀，待沉淀后取上清液进行各种指标的测定。有关径流样品中氮、磷的各项指标含量必须在 24h 内完成测定。

2.4.2 测定指标

径流及泥沙样品主要测定指标有：径流量体积（水样＋所含泥沙），径流中的总氮（TN）、硝态氮（NO_3^--N）、氨态氮（NH_4^+-N）、总磷（TP）、可溶磷（DP）、颗粒态磷（PP）和总有机碳（TOC）；含沙率、总产沙量，泥沙中的总氮（TN）、总磷（TP）、总有机碳（TOC）；泥沙的机械组成；径流小区土壤样品主要测定含水量、干筛法团聚体、湿筛法团聚体和机械组成。具体的测定方法如下所述。

1. 径流样品测定指标

(1) NO_3^--N：经滤膜后紫外分光光度法（参照 GB11894—89）。

(2) NH_4^+-N：靛酚蓝比色法（参照 GB/T8538—1995）。

(3) TN：碱性过硫酸钾消解紫外分光光度法（参照 GB11894—89）。

(4) DP：过 0.45μm 滤膜后，测定同总磷测定。

(5) PP：总磷的含量减去可溶磷的含量。

(6) TP：钼酸铵分光光度法（参照 GB11893—89）。

(7) TOC：多功能 N/C 分析仪（Flash EA 1112，ThermoFinnigan）。

(8) 径流量 V（水样＋泥沙）的测定：在静置后的塑料瓶上按照刻度读取数值，记为试验中所要测定的径流量 V。这种方法测定的径流量实为径流和泥沙的混合总体积。

2. 泥沙样品测定指标

(1)泥沙重量(W_s)的测定方法：在有关氮、磷的各项指标都已测定完毕后，将水样倒掉，剩余的泥沙转移至坩埚内，放进 105℃烘箱恒温烘 8h，然后称量坩埚+土量，记为 W_1；干净的坩埚质量记为 W_2；W_1-W_2 计算得出烘干泥沙的质量，即为所要测定的泥沙质量 W_s。

(2)泥沙中的 TN、TP、TOC 及泥沙的颗粒组成的测定方法同“1.径流样品测定指标”。

2.5 本章小结

上述试验设计是本书研究系列中通用的设计要求，针对不同的研究目的和研究对象，要在通用要求的基础上，针对性地进行改进、加设辅助指标、提高监测序列，具体详见后面的章节。

主要参考文献

Christiansen J E. 1941. The uniformity of application of water by sprinkler systems. Agricultural Engineering, 22: 89-92.

Esteves M, Planchon O, Lapetite J M, et al. 2000. The“Emire”large rainfall simulator: design and field testing. Earth Surface Process and Landforms, 25: 681-690.

Sobrinho T A. 2008. A portable integrated rainfall and overland flow simulator. Soil Use and Management, 24: 163-170.

第 3 章　红壤坡地降雨产流过程模拟

坡面径流是坡面物质运移的载体，径流特性严重影响坡地的侵蚀产沙和养分的流失。然而，坡面径流的形成过程主要取决于两个方面：一方面是降雨特性，降雨是产生径流和土壤水蚀的先决条件，不同的雨强与径流量和侵蚀量关系非常密切。降雨特性主要包括雨强、降雨历时和降雨的频度。另一方面是下伏地表的特性，包括坡地地貌形态、坡度、汇水面积、植被覆盖度和土壤的物理特性。降雨和地表特性的随机组合，致使坡面径流形成过程的复杂程度差异很大。红壤地区坡地主要以基岩风化的残积物和坡积物为主，其上发育的土壤受基岩母质的影响很明显，土壤的理化性质随侵蚀的严重程度而发生变化，同时，径流产生特性还随土地利用方式的不同而发生变化。

3.1　坡地降雨的再分配原理介绍

降水是地表淡水资源的主要来源，是地表水循环的关键环节，与地表水文过程和各种水文现象的关系非常密切。降到地表的水在各种外力作用下，经过土壤入渗、土壤蒸发、植物蒸腾和地表径流形成 4 个主要分量来进行重新分配(张妙仙，2012)。

在自然界，根据水分平衡原理，降水到达地表后，要扣除植物蒸腾、土壤入渗、土壤蒸发和由于地形影响的填洼所需要的水量，剩余降水才能形成坡面径流。因此，在计算一个地区长时间内的产流时，一般要用水分平衡原理和降雨径流经验相关法来实现(式 3-1)(Maidment，2002；范世香等，2012)。

$$P = R + E + I_{\mathrm{m}} \tag{3-1}$$

式中，R 为径流量(mm)；P 为雨量(mm)；E 为雨期的蒸发及蒸腾量(mm)；I_{m} 为流域填洼蓄水和土壤入渗量(mm)。

式(3-1)所示，主要反映的是流域在长时间序列的计算表达。如果在一个特定的坡面，其流域填洼蓄水部分可以忽略，其 I_{m} 项只表示土壤的入渗量，用 I 来表示。如果在人工模拟降雨过程中，由于试验降雨历时较短，植物的蒸腾量和土壤蒸发量也可以忽略不计。则坡面径流的产生主要取决于雨强和土壤的入渗特性。在这样的简化设计下，降雨在地表的分配主要有两个分流过程即土壤入渗和坡面径流。因此，降雨再分配有其本身特定的描述参量：径流比率和同期入渗速率。通常情况下，这两个参数的特征规律描述是可以较为全面和准确地反映其对应的降雨再分配过程的。

在径流过程的研究中，涉及土壤入渗和雨强，就会延伸出两个很重要的概念，即超渗产流和蓄满产流。蓄满产流又称为饱和产流，当雨强小于土壤的入渗强度，只有当雨量使得包气带达到饱和时，才能形成坡面径流。蓄满产流多发生在潜水位较高、包气带较薄而下渗能力较强的湿润地区。超渗产流又称为非饱和产流，当雨强大于土壤的入渗强度，超过入渗量的那部分降雨便可形成坡面径流。超渗产流多发生在潜水位较低、包气带较厚而下渗能力较小的地区。蓄满产流与超渗产流的区别在于：蓄满产流取决于雨量，而超渗产流取决于雨强，与雨量的大小关系不大(张丽萍和张妙仙，2000)。

坡面下渗的水流在土壤中遇到不连续不透水层界面，下渗水流在不连续界面上受阻积蓄，形成临时饱和带，从而产生壤中流。土壤中的非毛管孔隙、岩土裂隙、植物根洞和动物孔穴所构成的不连续通道，可促成壤中流的发展。在南方土石山区，壤中流在径流的组成中所占比重大。在浙江省姜湾高坞村小流域的 29 次洪水中，壤中流占总径流量 85%以上者有 13 次。最大达 99.4%，最小也有 47.8%。在黄土高原就没有或很少有壤中流形成(中国大百科全书总编辑委员会，1987)。

影响水分流失过程的因素有很多，它们对径流和入渗的影响是通过不同方面和途径起作用的。本章即对覆盖度、雨强、坡度等几个代表性较强的因素对入渗量和径流量的作用效果进行研究，以实现降雨过程中降雨再分配的特征具体化。

3.2 坡度、植被覆盖度和雨强正交组合模拟坡面产流过程

降雨过程中有诸多因素可以影响径流量和入渗量，本节设计为变坡度，与植被覆盖度及雨强组合交叉试验，共进行了有效模拟降雨试验 48 场次，对径流量数据进行统计分析，研究了坡度、植被覆盖度和雨强正交组合背景下的坡面产流特征。

3.2.1 试验设计与过程

模拟降雨试验于 2005 年 8 月～2006 年 1 月在浙江大学校内的 WSBRZ 型人工智能玻璃温室内进行。试验用土取自浙江省临安市青山湖流域低山丘陵区，土壤类型为红黄壤。试验采用两个木制而成的径流实验槽 A 和 B，长×宽×高为 2m×1m×0.5m，槽底以支架实现坡度的变换，装土槽底端嵌有边缘高 5cm 的铁制集水槽，土槽内种植品种为早熟 5 号杂交一代白菜。模拟降雨装置是压控双向侧喷式人工模拟降雨装置，由有 2 个三角架支撑的 4m 高的钢制水管组成，与水源相连一端装有压力表和阀门，在土槽周边还安置有 6 个雨量标定桶以计算降雨均匀系数来提高雨强准确度。

次降雨过程中，降雨开始时段内没有径流产生，待径流产生时，记录径流产生时刻，并且在产流后以 1min 或 2min(据实际降雨情况而定)为一个单位时间段，分别收集每一时间段内所产径流，在降雨停止后记录径流延续时间和延续径流量。

3.2.2 坡面径流形成的三要素分析

在 15 场室内模拟降雨的数据资料中，我们观测到影响径流和入渗的因素非常多，而且彼此之间互相制约，相关性非常复杂，所以本节以单因素着手多因素分析的方法，对降雨过程中的入渗和径流形成从植被覆盖度、雨强和坡度三个主要因素进行了相关性综合分析(吴希媛，2011)。

1. 雨强与入渗量、径流量的相关性讨论

我们可以在坡度和覆盖度同一的情况下，认定降雨再分配情况主要受雨强影响。降雨产流和入渗过程中，存在超渗产流和蓄满产流两种方式。

常规径流系数的计算是指径流深与总降雨深之比，入渗速率的计算是指入渗深与总降雨历时之比。本书为了揭示在径流形成过程中植被覆盖度、雨强和坡度三个主要因素的复杂影响作用，引入两个新计算参量——径流比率和同期入渗速率。径流比率为径流深与有效降雨深之比；同期入渗速率为入渗深与产流历时之比。其中，有效降雨深为在径流产生期间的降雨深度。

雨强是通过以下途径实现对入渗量和径流量的影响作用。在裸露的地表上，雨强的大小表现在雨滴的直径及落地前的动能上，降雨过程中，雨滴的打击使土壤表层趋于密实，从而形成土壤表层结皮，结皮的产生使得坡面糙度降低，有利于径流的产生和增加；同时结皮时地表紧实，加上雨水在坡地表面停留时间的变短，从而导致入渗量的减小。但是随着流速的增加，径流对地表剪切力增大，又使得地表局部出现细沟，从而导致径流更加增大。植被覆盖度为 29%、坡度为 14°的两场降雨结果比较见表 3-1。

表 3-1　植被覆盖度 29%、坡度 14°，不同雨强下径流和入渗情况

雨强 /(mm/h)	降雨历时 /min	产流时刻 /min	产流历时 /min	径流深度 /mm	径流比率	入渗量 /mm	同期入渗速率 /(mm/min)
26.4	16.45	1.45	15	1.63	0.25	4.97	0.33
117.6	15.45	0.45	15	14.21	0.48	15.19	1.01

从表 3-1 植被覆盖度为 29%时我们可以获得以下信息：雨强增大导致径流比率和同期入渗速率增大，但是三者并不呈等比例增加，雨强增大 4.45 倍，径流比率增大 1.92 倍，而同期入渗速率则只增加 3.06 倍。原因分析如下：由于植被覆盖度较低，地表裸露部分极易形成细沟，增加径流量，而流速过快导致径流停留坡面时间较短，因此同期入渗速率增加幅度较小。

当植被覆盖度增加到 71%时，坡度不变仍为 14°的两场降雨结果比较见表 3-2。表 3-2 所示，植被覆盖度 71%时：雨强增大 3.91 倍，径流比率增大 5.4 倍，同期入渗速率增加 1.81 倍。在与表 3-1 相同情况下，表 3-2 中的数据却表现为径流量增幅的减小和入渗量增幅的增大，因此我们可以得出，雨强对径流和入渗是起决定作用的，但是植被覆盖度的增加会影响雨强的作用效果，主要表现为会引起径流量的相对减少和入渗量的相对增加。

表 3-2　植被覆盖度 71%、坡度 14°，不同雨强下径流和入渗情况

雨强 /(mm/h)	降雨历时 /min	产流时刻 /min	产流历时 /min	径流深度 /mm	径流比率	入渗量 /mm	同期入渗速率 /(mm/min)
13.8	22.28	7.28	15	0.34	0.10	3.11	0.21
54	20.88	5.88	15	7.83	0.54	5.67	0.38

2. 坡度与入渗量、径流量的相关性讨论

坡度对入渗量和径流量的影响途径有两条：一是径流水的重力在沿坡面方向上的分力可以随着坡度增加而使径流速度加快；二是坡度增加，降雨对地表的垂直作用力减小，即雨滴对地表的击溅作用减弱，结皮产生慢，径流增加速度也慢。试验数据见表 3-3 和表 3-4。

表 3-3 植被覆盖度 71%、雨强 26.4mm/h，不同坡度下径流和入渗情况

坡度/(°)	降雨历时/min	产流时刻/min	产流历时/min	径流深度/mm	径流比率	同期入渗量/mm	同期入渗速率/(mm/min)
14	16.45	1.45	15	1.89	0.29	4.71	0.31
21	17.5	2.5	15	0.36	0.05	6.24	0.42

表 3-4 植被覆盖度 71%、雨强 30mm/h，不同坡度下径流和入渗情况

坡度/(°)	降雨历时/min	产流时刻/min	产流历时/min	径流深度/mm	径流比率	同期入渗量/mm	同期入渗速率/(mm/min)
14	34.73	4.73	30	11.81	0.79	3.19	0.11
21	37.18	7.18	30	8.43	0.56	6.57	0.22

从表 3-3 来看，坡度的增加带来的却是径流比率的减小，也就是说坡度增加对径流的影响效果被其他因素所掩盖，究其原因，是由于坡度较小的试验槽由于试验次数较多，致使地表细沟发育良好，因此我们可以得出：当坡度和地表粗糙度同时对径流产生影响时，地表粗糙度占据主因素地位。

在完全相同的试验设计方案下，表 3-4 和表 3-3 的结果却存在很大差别，虽然两者的径流比率均呈减小趋势，但表 3-4 中的减小幅度却低于表 3-3 中，因此我们可以得出，雨强的增大能够影响坡度对径流比率的作用效果，也就是说，不同因素对径流和入渗的影响并不是简单的各因素几何相加，它们是互相促进的，影响效果将大于几何加值。

3. 植被覆盖度与入渗量、径流量的相关性讨论

植被覆盖度主要是通过减小雨滴动能、拦截雨量、改变地表结皮等实现对径流和入渗的影响。植物覆盖度大致分为两种情况：一种是林地等产生的植被覆盖度可以明显拦截雨量，另一种是草本植物等产生的植被覆盖度可以影响地表糙度。本试验所用地表植被是白菜，所以重点从其植被覆盖度对地表糙度的影响方面进行分析。由于试验中植被覆盖度与植物生长进程相关，呈现出一致性，所以考虑植被覆盖度的影响效果时，就要注意生物结皮的存在，即要包括植物各生长期内不同的植株特征。

首先应该说明，植被覆盖度为 29%时，植株挺立向上，地表没有枯萎的叶片。植被覆盖度为 71%时，由于植株展开度较好，植株的附着水分能力增加，同时此刻已有部分叶片老化，粘贴在地表，生物结皮已经开始形成。植被覆盖度为 98%时，拦截雨量能力要高于前两者之和。

生物结皮对水分循环的影响目前存在着两种不同的观点，一些学者认为生物结皮的

存在不利于水分入渗(查轩等，1992；Mike，2001)，而另外一些学者认为生物结皮的存在可以增加水分入渗(Gilly and Risse，2000；杨晓辉等，2001)。结皮是土壤表面一层厚度为2～3mm的薄层，具有比下层土壤更大的密度、更细的孔隙、更低的导水性(McIntyre，1958)。当土壤表面形成结皮后，降低了土壤的入渗率，增加土壤表面的径流，进而造成水土流失。水土流失不仅造成土壤中有机质的减少，降低土地的生产力，而且还会引起河流和水库的淤积。

结皮主要是由两个机理共同作用形成的。①物理机械作用：由于雨滴对土壤表面的打击，引起土壤团聚体分散，使表面的土粒产生位移和压密；②物理-化学作用：由于土壤团聚体的分散、阳离子的交换作用等，细小土粒在运移和沉积过程中堵塞表层土壤的孔隙(Levy and Ben-Hur，1998)。前者是由雨滴的能量和土壤特性决定的，后者则与水和土壤中的离子组成及含量有关。试验数据见表3-5和表3-6。

表3-5 坡度21°、雨强36mm/h，不同植被覆盖度下径流和入渗情况

覆盖度/%	总降雨历时/min	产流时刻/min	产流历时/min	径流深度/mm	径流比率	同期入渗量/mm	同期入渗速率/(mm/min)
29	20.4	5.4	15	2.9	0.32	6.1	0.41
71	22.18	7.18	15	3.06	0.34	5.94	0.40

表3-6 坡度21°、雨强137.4mm/h，不同植被覆盖度下径流和入渗情况

覆盖度/%	总降雨历时/min	产流时刻/min	产流历时/min	径流深度/mm	径流比率	同期入渗量/mm	同期入渗速率/(mm/min)
71	21.92	6.92	15	2.6	0.08	31.75	2.12
98	17.75	2.75	15	2.7	0.08	31.65	2.11

综合考虑表3-5和表3-6的数据规律，我们可以清楚地看出，植被覆盖度的增加并没有引起径流比率和同期入渗量的显著变化，这是由于植被覆盖度71%时和植被覆盖度98%时，生物结皮已经产生，与植被覆盖度29%时相比，生物结皮起到了增大径流比率和减小同期入渗速率的作用效果。也就是说，植被覆盖度的增加并没有引发理论上应该得到的径流比率的增大和同期入渗速率的减小，而是由于生物结皮的出现，导致植被覆盖度影响效果的弱化，所以在实际应用中，单一地考虑增加植被覆盖度来减少径流流失并不是很有成效的做法。

3.2.3 径流量的变化过程

降雨径流污染是指在降雨径流的淋洗和冲刷作用下，大气、地面和地下的污染物进入江河、湖泊水库和海洋等水体而造成水体污染。影响降雨径流污染的因素非常复杂，但地表径流中污染物的多少主要取决于堆积于地表面的污染物量和地表径流的冲刷力(流速、动能等)。前者主要受土地利用类型(人类活动)的影响，后者主要受降雨径流过程的影响。

试验中，径流槽内种植白菜，在对径流量进行研究的过程中不考虑白菜的生长期，只考虑植物因生长期不同而变化的植被覆盖度对降雨的影响。

与常用的含量、体积等指标相比，模数考虑了更多的因子如降雨时间和受雨面积，这种计算方法使试验结果与其他不同试验小区和降雨时长下的试验结果之间更加具有可比性。

径流模数是指单位时间单位面积上的径流量，它可以作为描述径流特征的指标，径流量在实验室内测定，径流模数可以通过计算式(3-2)计算得来：

$$RM = \frac{V}{S \times T} \tag{3-2}$$

式中，RM 为径流模数[L/(m^2·h)]；V 为径流量(L)；S 为试验小区的面积(m^2)；T 为降雨时间(h)。

从降雨开始到径流出现之间的时间称为产流时刻，通常被用来描述径流发生情况。

1. 降雨资料

根据分析目标选择了 20 场模拟降雨数据，具体模拟降雨资料见表 3-7。

表 3-7　20 场降雨及其对应的雨强、坡度、植被覆盖度、土壤前期含水量、降雨时长

降雨场次	雨强/(mm/h)	坡度/(°)	植被覆盖度/%	土壤前期含水量/%	降雨时长/h
1	78	11	15	14.24	0.31
2	96	11	20	16.40	0.35
3	102	11	70	18.53	0.32
4	94	11	55	17.56	0.33
5	132	11	14	9.78	0.33
6	30	14	70	19.30	0.27
7	30	14	22	10.43	0.33
8	39	14	15	10.21	0.35
9	66	14	98	20.44	0.28
10	54	14	70	11.09	0.27
11	30	21	70	19.20	0.34
12	30	21	30	19.78	0.30
13	137	21	98	20.98	0.37
14	102	21	62	15.64	0.37
15	116	21	79	18.90	0.30
16	60	25	60	20.07	0.27
17	78	25	92	20.60	0.33
18	102	25	30	14.91	0.27
19	120	25	80	20.50	0.26
20	132	25	98	21.33	0.26

2. 降雨试验结果

降雨过程中记录的每场降雨的产流时刻在表 3-8 中给出，径流量作为测量数据给出，稳定入渗率、径流模数等则通过公式计算给出，具体数据见表 3-8。

表 3-8　20 场随机设计的降雨各项结果汇总

降雨场次	产流时刻/h	稳定入渗率	径流量/L	径流模数/[L/(m²·h)]
1	0.06	0.32	20.50	31.02
2	0.10	0.35	22.48	32.24
3	0.07	0.35	30.98	48.46
4	0.08	0.64	20.80	31.15
5	0.08	0.57	22.11	33.28
6	0.02	0.69	3.67	3.40
7	0.08	0.16	22.92	19.52
8	0.10	0.31	15.15	21.81
9	0.03	0.02	15.54	28.20
10	0.02	0.07	38.99	37.33
11	0.09	0.60	5.42	7.97
12	0.05	0.68	13.61	12.16
13	0.12	0.23	15.75	22.59
14	0.12	0.90	4.86	8.51
15	0.05	0.90	5.03	6.66
16	0.02	0.13	23.71	42.40
17	0.08	0.09	39.21	58.82
18	0.02	0.23	29.27	51.14
19	0.01	0.19	47.19	89.94
20	0.01	0.29	51.08	98.05

3. 径流量和产流时刻的相关性

每场降雨的径流量和径流产生时刻见图 3-1。

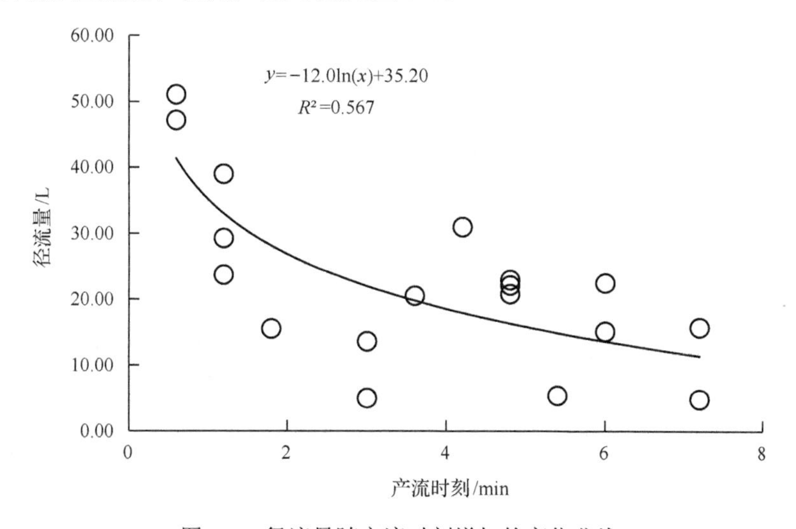

图 3-1　径流量随产流时刻增加的变化曲线

从图 3-1 中可以看出，径流量和径流产流时刻呈负相关。随着产流时刻的增加，径流量减小。这要从产流时刻的概念进行解释。产流时刻受很多因素的影响，雨强、坡度、植被覆盖度、土壤前期含水量等都会对产流时刻产生影响。通常情况下，雨强越大，径流产流越快，从而导致径流量越大。坡度越陡，径流对土壤溅蚀的力度越小，因此产流越快，一旦产流开始，径流水的重力在坡面方向上的分力又越大，导致径流流速越快，所以径流量越大。关于植被覆盖度，一方面会起到拦截雨水的作用，一方面又能减少雨水对地表的冲击，因此如果植被覆盖度增大，产流时刻会延长，但是一旦产流开始，雨水对地表的侵蚀会减小，因此径流量会增大，但是土壤侵蚀较小。土壤前期含水量对径流产流时刻的影响体现在影响土壤渗透率。含水量越大，土壤渗透率越小，越容易发生超渗产流，径流量越大。但是这种情况的超渗产流不会引起大的土壤侵蚀，和大雨强引起的超渗产流情况不同。

4. 径流模数变化特征分析

径流模数是最好的描述径流特征的指标，影响径流特征的因素主要包括雨强、坡度和植被覆盖度。这些因素互相影响，相互制约。不同的组合，其影响度也是不同的。为了综合地分析这些因素及其组合，我们使用 DPS (data processing system) 对试验数据进行处理。

关于径流模数和三个影响因素之间的多元回归模型见表 3-9。表 3-9 中，x_1 是坡度，x_2 是雨强，x_3 是植被覆盖度，y 是径流模数。

表 3-9 径流模数的多元回归模型及其相关系数

Durbin-Watson 值	径流的多元回归模型	当 y 是最大值时, x_1, x_2, x_3 的取值				相关系数
		y/[mL/(m^{-2}·min^{-1})]	x_1/(°)	x_2/(mm/min)	x_3/%	
1.68	$y = 4678.18 - 512.02x_1 - 332.04x_2 - 821.5x_3 + 14.93x_1^2 + 107.32x_2^2 + 1529.32x_3^2 + 9.47x_1 \times x_2 - 41.68x_1 \times x_3 + 70.89x_2 \times x_3$	1589.8	25	2.7	100	0.8806

在表 3-9 中，径流模数的 Durbin-Watson 值是 1.68，这个数值和 2 非常接近，可以说这个模型的准确度是可以被应用的。Durbin-Watson 和 2 的差距越小，则模型的准确度越高。其相关系数是 0.8806，这个数值从另外一方面说明模型的准确度是可以被应用的。根据这两个值，我们可以说表 3-9 中的模型具有足够的准确度和利用价值。

在表 3-9 中，当径流模数取最大值时，坡度、雨强和植被覆盖度分别是 25°、162mm/h 和 100%。当坡度越大、雨强越大、植被覆盖度越大的情况下，径流模数就会越大。

各影响因素关于径流模数的相关系数和显著性水平见表 3-10。

表 3-10 各影响因素关于径流模数的相关系数和显著性水平

影响因素及其组合	x_1	x_2	x_3	x_1^2	x_2^2	x_3^2	$x_1 \times x_2$	$x_1 \times x_3$	$x_2 \times x_3$
相关系数	0.2506	0.6138	0.405	0.3053	0.6021	0.4432	0.6125	0.4313	0.653
显著性水平	0.1405	0.0001	0.0143	0.0702	0.0001	0.0068	0.0001	0.0086	0.0001

在表 3-10 中，雨强的显著性水平是 0.0001（<0.01），达到了极显著，因此，雨强对径流模数有着极明显的影响力。其他含有雨强的因素组合如 x_2^2，$x_1 \times x_2$ 和 $x_2 \times x_3$ 的显著性水平都达到了极显著。植被覆盖度的显著性水平是 0.0143（<0.05），达到了显著性水平。但是其他含有植被覆盖度的组合如 x_3^2、$x_2 \times x_3$ 和 $x_1 \times x_3$ 都达到了极显著水平。

根据表 3-10 中得到的结果，我们可以确定雨强是对径流模数影响最大的因素，其次是植被覆盖度，然后是坡度。

每个坡度下有 5 个随机的雨强，从表 3-7 与表 3-8 中的数据可以看出，在坡度 11°、14°和 25°时，径流模数都有随着雨强的增大而增大的趋势。这些结果和理论非常地吻合。雨强影响径流主要是取决于雨滴直径和雨滴动能。在降雨过程中，雨滴的打击会导致土壤坡面的紧实。一般情况下，土壤团聚体的裂开会使土壤表层生成密封层，风干后，表层的密封层便会形成结皮（Slattery and Bryan，1994）。Norton（1987）研究了雨滴击打导致的土壤团聚体的分裂和结皮的形成。结皮的产生降低了土壤表层的粗糙度，增加了径流量。结皮还能减少入渗量，因为可以提高径流的流速，降低径流在坡面的停留时间（Mike，2001）。因此我们得出，雨强越大，径流模数也越大。

坡度对径流产生影响主要是通过以下两种方式。第一种是雨水的重力在坡面方向上的分力可以加快径流的流速；第二种是坡度增加，降雨对地表的垂直作用力减小，即雨滴对地表的击溅作用减弱，结皮产生慢，径流增加速度也慢。从这些理论来看，较强雨强下的排序 25°>11°是可以由第一种方式解释的，坡度增加，促进了径流。较弱雨强下的排序 14°>21°则可以被第二种方式解释，坡度越陡阻碍了径流。

目前已经有很多研究证明增加植被覆盖度可以很好地控制水土流失，提高土壤质量。植被覆盖度影响径流的方式主要是通过减小雨滴的动能，拦截雨水，改变地表覆盖。从表 3-10 可以看出，植被覆盖度在较强的雨强下比在较弱的雨强下对径流的影响要大。这是因为随着雨强的增加，更多雨滴的动能因植被覆盖而减小，更多的雨水被拦截。

5. 坡度、雨强和植被覆盖度对产流时刻及径流延续时间的影响

在降雨过程中，我们认为雨滴的动能可以通过两条途径对径流产生作用：一条途径是通过产生结皮降低地表粗糙度，另一条途径是直接进入径流中。降雨停止后，坡面仍有径流产生，此径流延续时间可以反映地表结皮对径流的影响效果，而此径流的流速与降雨停止前最后时刻的径流流速的差值，即降雨直接汇入径流而对径流流速产生的影响效果。

“坡地径流侵蚀和营养流失评价模型”（model for assessing hillslopeto landscape erosion runoff，And Nutrients，Mahleran）中（Wainwright and Parsons，2002），其水文学分量中使用了简单的入渗模型来定义超渗产流和蓄满产流。当入渗速率大于降雨速率时，发生蓄满产流，反之，则发生超渗产流。

根据本章节的分析内容和研究目标，在 48 场有效降雨里选择 6 场，数据资料列于表 3-11。表 3-11 中，延续径流是指降雨结束之后坡面仍然存在的径流。

表 3-11　坡度、雨强、植被覆盖度和产流时刻、径流延续时间

降雨编号	坡度/(°)	雨强/(mm/h)	植被覆盖度/%	产流时刻/s	径流延续时间/s
1	14	24.6	30	437	130
2	14	39	42	87	143
3	21	39	48	150	168
4	14	66	98	80	80
5	14	30	70	284	313
6	21	102	62	431	530

利用 DPS 数据处理系统，对坡度、雨强、植被覆盖度三个自变量和产流时刻及径流延续时间两个因变量进行逐步回归分析，相关性结果见表 3-12 和表 3-13。

表 3-12　坡度、雨强、植被覆盖度和产流时刻的相关性及显著水平

相关系数	坡度	雨强	植被覆盖度	产流时刻	显著水平
坡度	1.0000	0.5270	0.0579	0.2159	0.6812
雨强		1.0000	0.5949	–0.1339	0.8004
植被覆盖度			1.0000	–0.6920	0.1277
产流时刻				1.0000	0.0001

表 3-13　坡度、雨强、植被覆盖度和径流延续时间的相关性及显著水平

相关系数	坡度	雨强	植被覆盖度	径流延续时间	显著水平
坡度	1.0000	0.5270	0.0579	0.5617	0.2461
雨强		1.0000	0.5949	0.7008	0.1209
植被覆盖度			1.0000	–0.0282	0.9578
径流延续时间				1.0000	0.0001

从表 3-12 可以看出，植被覆盖度与产流时刻的相关系数最大，但是并没有达到显著水平。从表 3-13 可以看出，雨强与径流延续时间的相关系数最大，但是也没有达到显著水平。基于这一点，只能说明，影响产流时刻最大的因素是植被覆盖度，而影响径流延续时间最大的因素是雨强。

3.2.4　结论

降雨过程中有诸多因素可以影响径流量和入渗量，本章节在降雨试验数据的基础上，采用单因素着手、多因素分析的方法，综合考虑因素之间的促进性和制约性，最终得出：雨强是影响径流和入渗的决定因素，但是植被覆盖度的增加可以影响雨强的作用效果，主要表现为径流量的相对减少和入渗量的相对增加。坡度对径流和入渗的作用效果会受到雨强的影响，也就是说，不同因素对径流和入渗的影响并不是简单的因素影响值的几何相加，它们是互相促进的，影响效果将大于几何加值。根据植被覆盖度产生原因的不同，植被覆盖度对径流和入渗产生影响的途径是不同的，因此不能一概而论。其中生物植被覆盖度，会由于植被的不同生长期及植株特征而引起植被覆盖度效果的弱化。

径流的发生过程是径流携带氮磷的先决条件，因此对产流的动力学研究显得非常重要。本节通过对径流量和产流时刻等因变量及雨强、坡度、植被覆盖度、前期含水量等自变量进行分析，得出径流量与径流产流时刻呈负相关。随着产流时刻的增加，径流量会减小。径流模数取最大值时，坡度、雨强和植被覆盖度分别是 25°、132mm/h 和 98%。反过来说，当坡度越大、雨强越大、植被覆盖度越大的情况下，径流模数就会越大。影响径流产流时刻最大的因素是植被覆盖度，而影响径流延续时间最大的因素是雨强。

3.3　坡长和雨强组合模拟试验条件下的坡面径流过程

在坡面径流形成过程中，为了研究坡长对不同雨强的响应特征，本节重点设计了坡长变化的人工模拟降雨试验(付兴涛，2012)。

3.3.1　试验设计

本试验设计 2 组径流槽，每组分别为 5 个坡长为 1m、2m、3m、4m、5m，宽度为 0.5m 的径流槽并排放置，坡度为 20°。试验雨强随机设置 13 个等级，分别为 0.65mm/h、0.69mm/h、0.83mm/h、0.85mm/h、1.01mm/h、1.2mm/h、1.36mm/h、1.37mm/h、1.54mm/h、1.68mm/h、1.75mm/h、1.8mm/h 及 2.0mm/h，每次降雨重复 3 次，径流槽四周均匀放置 35 个雨量筒(直径为 85mm，高为 200mm)进行降雨均匀度测定及雨强标定。由于同一次降雨 5 个不同坡长的土槽可同时进行，则共降雨 39 场，有效降雨 39 场。每次降雨前测定土壤前期含水量，以保证所有降雨试验土壤前期水分含量(绝对含水量)相对一致。每次降雨试验中，记录开始产流时间，产流后每隔 2min 用 1L 的标有刻度的塑料瓶采集一次径流泥沙样，自产流开始持续降雨 30min，共采集 15 个径流样品。

3.3.2　室内裸坡产流动态过程的坡长效应

总体来说，不同雨强下随着坡长的延长，坡面总径流量呈增加趋势(图 3-2)。

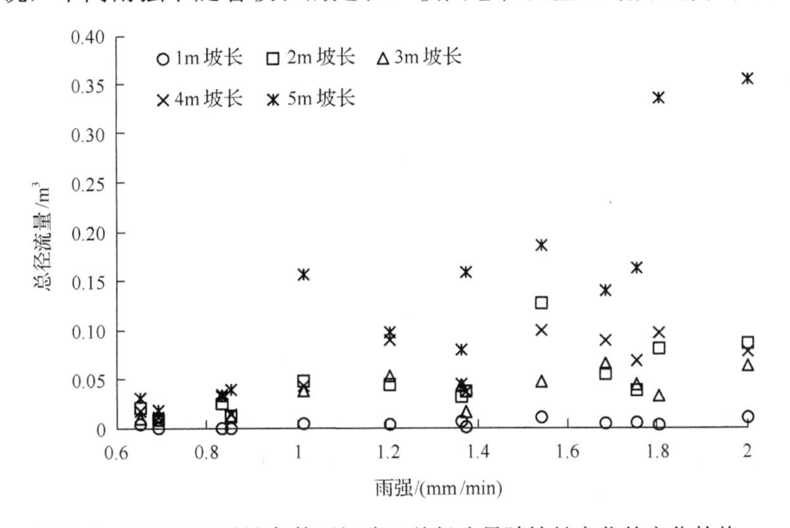

图 3-2　不同雨强设计条件下场降雨总径流量随坡长变化的变化趋势

图 3-2 所示，在同一雨强的情况下，随坡长的增加总径流量也在增加，但在雨强较小时，增加的幅度并不明显，随着雨强的增大，增幅明显增加。但其随坡长和雨强的增加并不呈等差数值来增加。

对图 3-2 中各坡长径流量随雨强增加的变化进行直线拟合，其相关系数均大于 0.63(表 3-14)。表 3-14 说明坡长越长径流量随雨强变化的关系性越明显，总径流量随雨强变化的相关系数，随坡长的增加而增加，其决定系数高达 0.9757(图 3-3)。雨强越大，回归模型系数越大，雨强 30～150mm/h 时，线性方程系数逐渐增大，说明雨强越大坡长对径流量的影响作用越显著，且坡面径流量沿坡长增加增速越快，但其并不呈等差数列而增大。

表 3-14　不同坡长下径流量与雨强的关系

参数	坡长/m	坡度/(°)	回归模型	R	n
径流量—雨强	1	20	Q=0.005x–0.0013	0.633	13
	2	20	Q=0.0516x–0.0181	0.703	13
	3	20	Q=0.306x–0.002	0.723	13
	4	20	Q=0.0583x–0.0184	0.812	13
	5	20	Q=0.2058x–0.1261	0.859	13

注：Q 表示流量，x 表示雨强

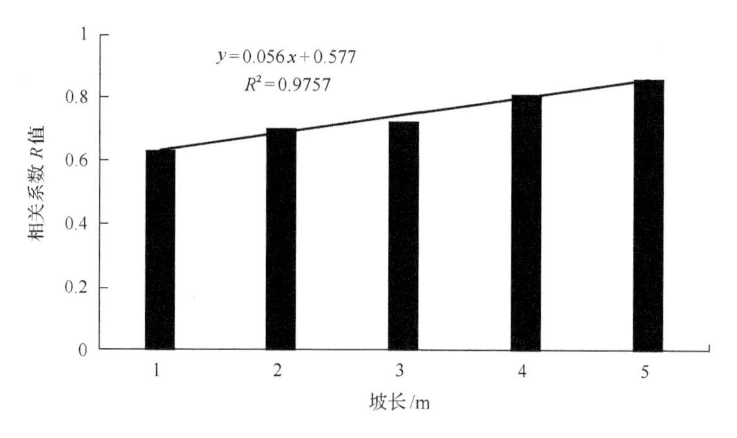

图 3-3　不同坡长随雨强变化的相关系数

若将坡长作为变量，在特定坡度 20°的情况下，不同坡长随雨强变化所产生的径流量与坡长的拟合关系见表 3-15。表 3-15 中的回归计算式呈二次曲线，其决定系数 R^2 值大部分在 0.8 以上，仅有两个雨强情况下，决定系数 R^2 值小于 0.8。

在同一雨强情况下，径流量随坡长变化的变化过程比较复杂，在 1m 坡长增加为 2m 坡长时，径流量的增速很快；当 3m 坡长增加到 4m 坡长时，增速远小于 1m 坡长增加到 2m 坡长；从 4m 坡长增加到 5m 坡长时，径流量涨幅很大。分析其原因，对于无植被生长的裸露坡面而言，随着坡长的延长，坡面承雨面积增大，单位时间内坡面承雨量增加，坡面下部径流流速增大，减少径流下渗的机会，且试验观察到随着降雨的进行在坡面下部有细沟的出现，导致坡面径流在短时间内汇集于细沟内流出出口。而随

表 3-15　不同雨强下径流量与坡长的关系

雨强/(mm/min)	回归模型	R^2	n
0.65	$Q=0.0009L^2-0.0002L+0.0087$	0.6284	5
0.69	$Q=0.0006L^2+0.0076L-0.0047$	0.8833	5
0.83	$Q=0.0044L^2-0.0338L+0.0272$	0.9771	5
0.85	$Q=0.002L^2-0.0041L+0.0066$	0.8389	5
1.01	$Q=0.011L^2-0.0362L+0.0465$	0.8019	5
1.20	$Q=0.0027L^2+0.0396L-0.0303$	0.9664	5
1.36	$Q=0.0006L^2+0.0124L-0.012$	0.9118	5
1.37	$Q=0.015L^2-0.059L+0.0623$	0.8375	5
1.54	$Q=0.0052L^2+0.0013L+0.0343$	0.5796	5
1.68	$Q=0.0009L^2+0.0248L-0.0129$	0.9517	5
1.75	$Q=0.01L^2-0.0256L+0.0316$	0.9334	5
1.80	$Q=0.0311L^2-0.1183L+0.1239$	0.8633	5
2.00	$Q=0.0314L^2-0.1206L+0.1353$	0.8208	5

注：L 表示坡长，Q 表示径流量

着雨强的增大，坡长越长，坡面承雨面积的增大使得降雨击溅土壤表面的机会提高，且雨滴能量大，短时间内堵塞土表孔隙，而结皮的形成能很大程度减少径流的入渗，所以坡长越长出口处径流量越大。

为了进一步说明坡长对径流产生的效应特征，可将其计算为单位面积的径流量，即径流模数(表 3-16)。由表 3-16 数据可知，就裸坡而言，径流模数随雨强和坡长的增加而增加，但是随坡长所增加的幅度远小于随雨强所增加的幅度。在坡长为 1m、2m、3m、4m、5m 时，最大雨强与最小雨强之间所产生的径流模数差值分别为 0.0123m³/m²、0.0653m³/m²、0.0354m³/m²、0.0301m³/m²、0.1295m³/m²。由此可推得，在坡地修筑水土保持测试措施时，应该控制坡长，或者说控制汇水面积。

表 3-16　不同坡长情况下场降雨径流模数

雨强/(mm/min)	不同坡长下场降雨径流模数/(m³/m²)				
	1m	2m	3m	4m	5m
0.65	0.0105	0.0217	0.0074	0.0093	0.0128
0.69	0.0023	0.0097	0.0092	0.0061	0.0077
0.83	0.0016	0.0260	0.0229	0.0177	0.0135
0.85	0.0016	0.0138	0.0083	0.0076	0.0161
1.01	0.0111	0.0491	0.0260	0.0221	0.0628
1.20	0.0093	0.0453	0.0361	0.0453	0.0393
1.36	0.0154	0.0327	0.0300	0.0229	0.0323
1.37	0.0038	0.0387	0.0115	0.0191	0.0637
1.54	0.0235	0.1276	0.0322	0.0502	0.0747
1.68	0.0112	0.0561	0.0444	0.0450	0.0562
1.75	0.0128	0.0394	0.0303	0.0347	0.0654
1.80	0.0083	0.0817	0.0224	0.0488	0.1346
2.00	0.0228	0.0870	0.0428	0.0394	0.1423

3.3.3　雨强和坡长对径流量的综合影响

采用 SPSS19.1 对径流量与雨强和坡长进行了相关分析表明(表 3-17)，对于裸坡面而言，雨强和坡长与径流量在 0.01 水平上呈极显著正相关，其相关系数分别为 0.63、0.69，说明坡长与径流量的相关性较雨强大。

表 3-17　径流量与坡长和雨强的相关性分析

	径流量	雨强	坡长
径流量	1		
雨强	0.63**	1	
坡长	0.69**	0.000	1

** 0.01 水平上极显著相关(n=65)

将降雨过程中实测的数据利用 SPSS 16.0 进行回归分析，得出拟合回归模型：

$$Q = 27.543L + 70.257I \qquad R^2 = 0.532 \tag{3-3}$$

式中，Q 为径流量(m^3)；I 为雨强(mm/h)；L 为坡长(m)。

回归模型决定系数为 0.532，复相关系数为 0.729，拟合度较好，且模型方差分析表明 F 统计量对应的 P 值为 0.000，远小于 0.05，则说明该模型整体是显著的，雨强与坡长对于裸坡地径流量的综合影响可以用线性相关方程描述。

3.4　坡长和植被覆盖度组合模拟试验条件下的坡面径流过程

本节主要考虑不同的坡长、植被覆盖度双因素对红壤坡面径流的影响，以人工模拟降雨所得的降雨试验数据为基础，对产流过程中径流量的变化特征进行分析，获得并总结出南方红壤丘陵坡地随植被覆盖度及坡长变化的产流规律，为更好地进行红壤坡地水土保持提供数据支持(钱婧，2014)。

3.4.1　试验设计

本节试验设定坡度(20°)和雨强(2.0mm/min)为不变量，坡长与植被覆盖度为变量，分别进行人工模拟降雨试验。设计两组径流槽，每组分别为 5 个坡长为 1m、2m、3m、4m、5m，宽度为 0.5m，深度为 0.6m 的径流槽并排放置。在径流槽坡面种植植被(小白菜)，根据其不同生长期的覆盖特征，通过高像素的数码相机在空中垂直拍摄，将拍摄的影像扫描输入计算机，处理为灰色调的图片，根据灰度确定植被覆盖度，并将实测的植被覆盖度分为 7 个等级(0、15%、30%、45%、60%、75%、90%)，其某一级误差范围为 ±6%。试验土壤是浙江省临安市的典型红壤，也是浙江省最为普遍的土壤类型，其来源于火成岩缓坡地风化残积母质发育的红壤。

每场次降雨前测定土壤前期含水量，以确保所有场次的模拟降雨试验中土壤前期含水量相对一致。每场降雨试验中，记录初始产流时间，产流开始后用 1L 的标有刻度的聚乙烯瓶以 2min 的固定时间间隔采集径流和泥沙，采样总历时为产流开始后降雨持续 30min，因此每场降雨的每个径流槽共采集 15 个径流样品。

3.4.2　坡长和覆盖度对初始产流时间的影响

为了减少篇幅负荷，现以植被覆盖度(0、30%、60%、90%)，坡长(2m、3m、4m、5m)为例，将初始产流时间的统计数据绘制于图 3-4。

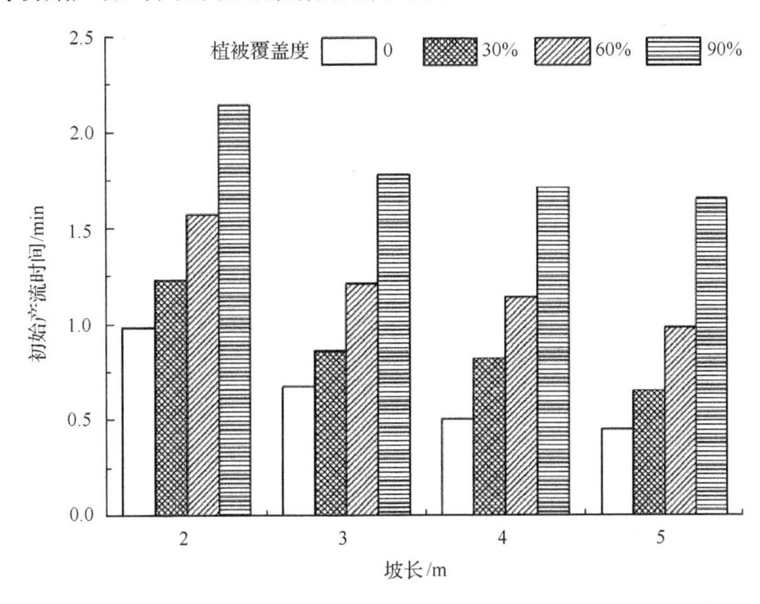

图 3-4　不同覆盖度及坡长下初始产流时间的变化

由图 3-4 可知，随着坡长增大，初始产流时间逐渐提前，随着植被覆盖度的增加，初始产流时间逐渐推迟。坡长的增加，增大了坡面受雨面积，当单位面积土壤入渗率变化不大的情况下，坡面的径流流速加快，径流量增加，坡面的产流时间也随之加快。植被覆盖度的增加，减弱雨滴降落时的动能，使雨滴降落到坡面时速度减慢，一部分的雨水可沿着坡面的土壤孔隙或植被的根系向土壤深层渗透，使得坡面径流量减少，径流流速变慢，初始产流时间随之推迟。其中由图 3-4 还可知，不同植被覆盖度下，因坡长增加而引起的初始产流时间提前幅度也不同。坡长由 2m 延长至 5m 时，各处理平均初始产流时间由 2.14min 降低到 0.27min，且随着植被覆盖度的增加，变幅逐渐减小。坡长由 2m 分别增至 3m、4m 和 5m 时，裸地初始产流时间分别缩短了 32.2%、49.2%和 54.2%，当植被覆盖度增至 30%时初始产流时间分别缩短了 30.0%、47.7%和 47.2%，60%时分别缩短了 22.9%、35.3%和 37.8%，90%时为 17.0%、20.2%和 23.7%。由此可知，坡长的增加增强了植被覆盖度对初始产流时间的影响，坡面覆盖植被可一定程度上削弱坡长对产流时间的影响。从图中还可以看到，不论在何种坡长的坡面上，植被覆盖的小区相较于裸地小区其产流时间均有所推迟。裸地小区平均产流时间为 0.37min，与之相比较，植被覆盖度为 30%、60%和 90%径流小区分别为 0.53min、1.13min 和 1.22min，分别增加了 0.43 倍、2.05 倍和 2.29 倍，可见随着植被覆盖度的增大，植被对初始产流时间的影响越显著。

利用 SPSS16.0 数据处理系统，对坡长(L)、覆盖度(C)两个自变量和初始产流时间(T)进行逐步回归分析，并拟合出多元线性回归模型：

$$T=1.175+0.13C-0.173L \quad R^2=0.943 \tag{3-4}$$

该模型的回归系数为 0.943，表示该方程较好地模拟了坡长和植被覆盖度对初始产流时间的影响情况，通过分析拟合结果的标准偏回归系数，植被覆盖度和坡长分别为 0.886 和–0.398，可确定这两个因子中植被覆盖度对初始产流时间变化的作用较强，在本节研究中，影响初始产流时间的最大因素是植被覆盖度。

3.4.3 坡长与植被覆盖度对径流系数的影响

根据雨量及径流量计算出每场降雨的径流系数，将 7 个植被覆盖度和 5 个坡长的测试数据及所计算的径流系数统计于表 3-18。

表 3-18 不同植被覆盖度、不同坡长径流系数

植被覆盖度/%	试验小区的投影面积/m²	0.46985	0.9397	1.40955	1.8794	2.34925
	坡长/m	1	2	3	4	5
0	径流系数	0.0993	0.1862	0.1301	0.1250	0.1078
15	径流系数	0.1064	0.1561	0.1218	0.1144	0.1043
30	径流系数	0.1029	0.1401	0.0981	0.0834	0.0773
45	径流系数	0.0993	0.1064	0.0709	0.0701	0.0553
60	径流系数	0.0887	0.0887	0.0650	0.0559	0.0482
75	径流系数	0.0745	0.0745	0.0603	0.0470	0.0461
90	径流系数	0.0709	0.0603	0.0520	0.0426	0.0411

表 3-18 显示，虽然坡面径流系数很小，主要是由于降水历时较短，但规律非常明显，随着植被覆盖度的增加，地表径流呈现出明显的减少，并随着坡长的增加减少量增加。为了能更直观地描述递减的趋势，由表 3-18 数据拟合得递减公式(表 3-19)。从表 3-19 可以得知，在所有的 5 个设计坡长中，径流系数与植被覆盖度的相关性总体上非常显著。

表 3-19 坡面径流随植被覆盖度和坡长变化的拟合式及相关系数

坡长/m	拟合式	相关系数 R
1	$y=-0.0004x+0.1092$	0.7967
2	$y=-0.0014x+0.1795$	0.9804
3	$y=-0.0009x+0.1273$	0.9297
4	$y=-0.001x+0.1208$	0.9475
5	$y=-0.0008x+0.1056$	0.8996

注：y 代表径流系数，x 代表植被覆盖度

3.4.4 径流模数变化特征分析

由于径流模数消除了流域面积大小的影响，最能说明与自然地理条件相联系的径流

特征。坡长和植被覆盖度可影响径流模数，并且两者组合与它们单独作用发挥的影响程度是不同的。因此本节是用 SPSS16.0 对数据处理来综合分析它们对径流模数的影响。记录每场降雨过程中收集的径流总量，并结合小区的面积和产流时间，通过式(3-5)计算得到降雨过程中的径流模数：

$$RM=V/(A\times T) \tag{3-5}$$

式中，RM 为径流模数[L/(m^2·min)]；V 为径流量(L)；A 为试验小区的面积(m^2)；T 为产流时间(min)。

将坡长、植被覆盖度两个自变量和径流模数进行多元回归拟合，其中，C 为植被覆盖度，L 为坡长。

$$RM=-77.76L^2+0.49C^2-1.50CL^2+549.33L-7.28C+417.68 \quad R^2=0.963 \tag{3-6}$$

该模型的决定系数为 0.963，这一数值说明模型的拟合度较好。同时分析各个影响因子及它们的组合与径流模数之间的相关关系及显著性水平见表 3-20。

表 3-20　各影响因子及其组合对径流模数的相关分析

影响因子及其组合	C	L	$C\times C$	$L\times L$	$C\times L$
相关系数	−0.835**	0.115	−0.749**	0.030	−0.655**
显著性水平	＜0.01	0.628	＜0.01	0.899	0.02

**0.01 水平上极显著相关

在表 3-20 中，植被覆盖度的影响显著性水平为＜0.01，达到极显著水平，因此，可认为植被覆盖度对径流模数的变化起到极其明显的作用，而坡长的显著性水平为 0.628，与径流模数变化表现出不相关，但是将坡长和植被覆盖度两个影响因子综合在一起考虑时，其影响又存在显著相关性。根据该表的分析结果可看出，植被覆盖度对径流模数的影响是最大的。

3.4.5　结论

(1)坡长和植被覆盖度对坡地降雨初始产流时间存在影响，并通过改变土壤入渗率和坡面径流的流速来改变径流量和产沙量，具体的变化是：初始产流时间随着坡长的增加而提前，随着植被覆盖度的增加而推迟，但是随着植被覆盖度的增加，坡长对产流时间的提前幅度会逐渐减慢，以坡长 2m 增至 5m 为例，随着覆盖度的增加，初始产流时间分别缩短了 54.2%、47.2%、37.8%、23.7%。

(2)植被覆盖度对产流的影响：坡面径流量随着植被覆盖度的增加而减少，但变幅不等，在覆盖度为 60%时，径流量的降低幅度最为明显，可被认为是红壤坡面菜地保持水土的有效覆盖度。在不同覆盖度下，累积径流量随产流时间变化的变化趋势基本相同。

(3)在坡长与植被覆盖度这两个影响因素中，植被覆盖度对坡面径流的变化影响贡献最大，主要通过坡长、植被覆盖度与径流模数建立回归方程分析得到的。径流模数分别与坡长、植被覆盖度及两者组合影响进行相关分析，其中植被覆盖度及其组合作用与径流模数呈极显著相关，坡长与径流模数的变化不相关(P=0.628)。

3.5 林地植被立体覆盖情况下的产流过程模拟

以往的水土保持研究中，很少刻意区分林冠覆盖与地被覆盖在水土保持效果上的作用大小。本研究，为了探究地被覆盖与林冠层覆盖在相同条件下的水土保持效益的差异性，利用人工制作的相同盖度的地被和林冠层覆盖，模拟真实的地被与林冠层覆盖，在固定雨强的侵蚀性降雨条件下进行模拟试验(刘俏，2014)。

3.5.1 试验设计

林冠(上层)和林下地被(下层)覆盖模拟试验中，径流槽几何尺寸为 1.5m×0.75m×0.5m，坡度 15°，雨强为 2mm/min，监测历时为产流后 60min，每 2min 取一个径流混合水样，两个径流槽平行试验，以下分析数据是两个径流槽的平均值。采用的模拟覆盖是将模拟树叶固定于定制的不锈钢钢架，覆盖度是根据固定的模拟覆盖在坡面上的投影面积求得。在试验中采用的覆盖是将叶片 4 个为一组固定在装有铁丝绳的不锈钢架上，每个架子上均匀地固定 36 组叶片，根据叶片大小、组数及叶片的倾斜度等，求得每个架子的覆盖度为 65%。下层覆盖位于和土体轻微接触的位置，上层覆盖距离土体上方 80cm，其覆盖高度大抵相当于一般的灌木，上下层覆盖均可以通过土槽边缘安装的支架进行独立拆卸，以获得试验所需的覆盖组合类型。变覆盖试验土槽示意图如图 2-4 所示。其中，A 径流土槽示意的是带有上层覆盖的情况，B 径流土槽示意地被覆盖的情况，根据试验需要，每个土槽可以得到裸坡、上层覆盖、地被覆盖及上下层覆盖 4 种模拟覆盖组合形式。每次降雨试验，A、B 两个土槽采取相同的覆盖组合以达到重复对比的试验目的。设计雨强为 1.7mm/min。

3.5.2 室内模拟覆盖降雨试验产流时刻

本试验中所述的产流时间均为坡面底端径流收集槽的观测结果，并不排除坡面其他位置已经产流。分别记录下两土槽的产流时间后，将 A、B 两个土槽的产流时间取平均得到表 3-21 中的产流时间。通过对比不同覆盖情况下的产流时间，可以发现，在雨强都为 1.7mm/min 时的产流时间关系为，裸坡产流最快，其次为上层覆盖坡产流，再次是下层覆盖坡，产流最慢的是上下层覆盖坡地。

表 3-21 不同雨强和不同覆盖状况下的产流时间表

覆盖情况	裸坡	上层覆盖	下层覆盖	上下层覆盖
产流时间	53″	1′10″	1′42″	3′21″

影响产流时间的因素主要有植被类型(土地利用状况)、雨强、坡度、土壤初始含水量等。关于产流时间与上述影响因素之间的关系，不同研究者所得结论不尽相同。在试

验中，雨强、坡度、土壤初始含水量等变量已经被控制在尽可能相近的环境下，这样影响产流时间的唯一自变量就是植被类型，也就是本试验中的模拟覆盖变量。裸坡地缺少覆盖物，在侵蚀性雨强的降雨下，很快便形成径流，而上下层覆盖的坡地形成径流的时间明显慢于其他覆盖坡地，这是由于上层覆盖与下层覆盖形成了很好的复合冠层结构，上层覆盖类似于灌木层拦蓄了降雨，减少了雨滴动能，拖延了雨滴落下的时间，并且在短时间起到了储蓄雨水的作用，这都对延长产流时间发挥了重要的作用。而下层覆盖有效地覆盖了裸露的地表，减少雨滴直接击打地面造成溅蚀的机会，并且有效地截留径流，减缓产流时间。通过对比上层覆盖与下层覆盖的产流时间，可以看出上层覆盖的产流略早于下层，但是差距时间很小，这可能是由于本试验中二者在储蓄降雨功能上的差距造成的，在相同的覆盖度下，上层的冠层覆盖在储蓄降雨的作用上要弱于地被覆盖，造成坡地雨水的积累速度存在差别。再者仅有上层覆盖的坡地，由于次生雨滴的降雨仍存在一定的动能，因此在形成地面结皮的速度上也会比仅有下层覆盖的坡地快。但由于试验中的上层覆盖高度有限，造成的次生雨滴的降雨动能并不是很大，则二者表现的实际产流时间差距并不是很大，研究认为若是采用更大的高度差进行降雨试验，上层覆盖较下层覆盖的产流会更早。

3.5.3 室内模拟覆盖降雨试验产流过程

通过对各个时段的 A、B 两个土槽的径流量取平均得到产流特征图(图 3-5)。由图 3-5 可知，在 1.7mm/min 雨强的模拟降雨时，4 种覆盖情况下的土槽在产流后各记录时段的径流量存在明显差异。在产流前期，裸坡地的产流始终保持在 4 种覆盖组合中最高的水平上，其次是上层覆盖坡地，再次是下层覆盖坡地，而上下层覆盖的坡地径流最小。随着降雨的继续，径流量之间呈现差距逐渐缩小的趋势，最后趋于稳定。

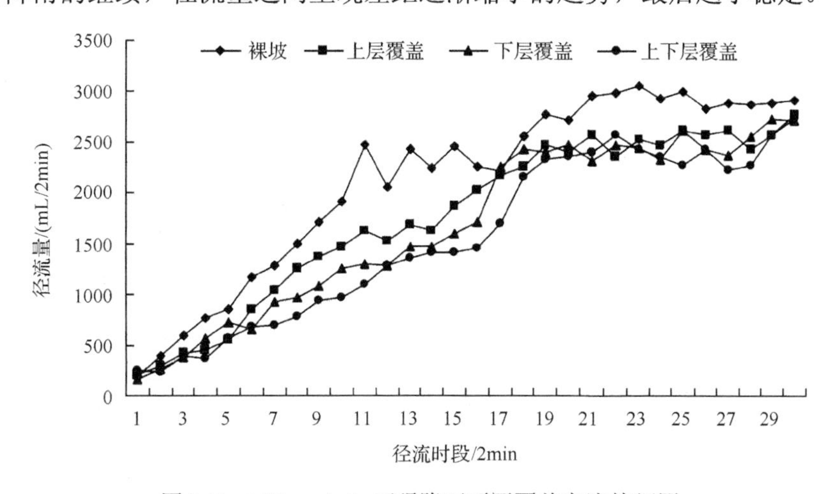

图 3-5 1.70mm/min 雨强降雨不同覆盖产流特征图

一般的坡面径流可分为两种：超蓄产流和蓄满产流。在本试验中，超蓄产流主要集中于降雨的最前期部分，此时产流的主要原因是，降落到地面的雨量超过土壤的入渗能力从而在地表形成径流，而随着降雨的持续，土壤的含水量达到饱和状态，坡地的产流呈快速增长，在一定时间内达到了一个较高水平，并且在相当一段时间围绕这个水平进行波动。

裸坡地上缺乏覆盖，降落的雨水全部直接降落在坡地表面，蓄积在坡地表面的雨水很快超过土壤的入渗能力，便形成了超蓄产流，然后在达到土壤的饱和含水量之后，形成了蓄满产流，在入渗与降雨之间达到一个稳定的状态后，径流量趋于稳定。上层覆盖的坡地，由于这种类似于灌木的覆盖的存在，大部分雨滴在到达地面以前，先击打在覆盖上，给雨滴的动能造成了一定损失，减缓了雨滴落入土壤的时间，并且对雨水起到了一定的蓄存作用。因此相比于裸坡地上雨水的积累速度略有变慢，因此在产流时间上也略有减缓，在初始产流量上也有所衰减。而有下层覆盖的坡地上，由于这种类似于地被覆盖的存在，它的蓄存作用和拦蓄地表径流的作用要优于上层覆盖，这样对坡面径流也起到了更好的抑制作用，降低了产流的产生。在上下层覆盖的坡地中，由于上下层覆盖所形成的复合冠层结构，上有冠层拦截降雨，减小雨滴动能、滞留降雨，下层地被覆盖保护坡面、储蓄雨水、拦截径流，这样形成了很好的上下层复合结构，有效地控制了径流的产生，固持水分。

随着降雨的持续，降雨和入渗之间的关系会趋于稳定，覆盖物固持雨水作用将达到饱和，最终在径流量与雨量之间形成一种稳定的关系，径流量都会向着一个产流的最高值趋近，并在一个较稳定的范围进行波动。这也说明在足够长时间的侵蚀性降雨过程中，地面覆盖保水效益主要表现在降雨前期，随着时间的推移，覆盖的保水效益会被逐渐弱化。

在统计场降雨径流量的基础上，计算林地立体覆盖不同类型的土壤入渗系数(图 3-6)。裸坡地的入渗量远小于径流量。与裸坡地相比，具有下层覆盖、上层覆盖和上下层覆盖的林相结构，其林下土壤的蓄水量会呈现出直线型大幅增加(图 3-6)。由于土槽试验是有限土层，覆盖模拟没有植被的蒸腾和根系的吸收，所以试验所得数据是林地蓄水量的下限，但其能说明林地不同覆盖层次和覆盖率的蓄水规律和趋势，即水源的涵养量。

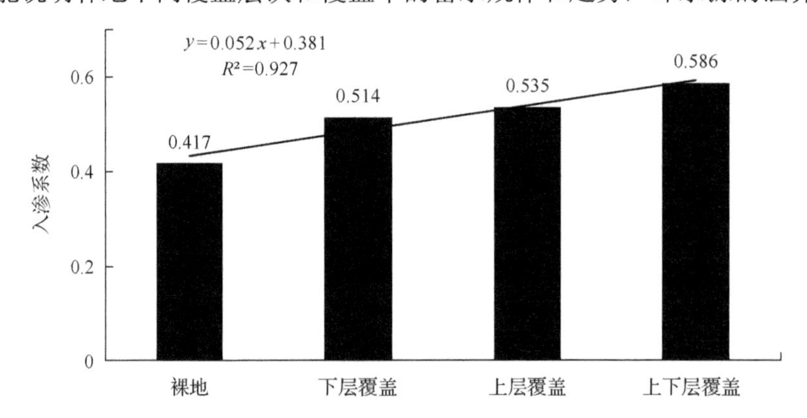

图 3-6　入渗系数随覆盖条件变化的变化

3.5.4　室内模拟覆盖降雨试验产流过程讨论

试验结果表明，在固定坡度上的不同覆盖情况下，坡面的土壤侵蚀与产流状况存在明显差异。在坡度固定时，人工模拟覆盖的水土保持效果强弱关系为，上下层覆盖坡面>下层覆盖坡面>上层覆盖坡面>裸坡，其水土保持的差异性主要表现在坡面的产流时间、径流量及泥沙产量上。

虽然模拟覆盖和天然植被覆盖在水土保持机制上存在差异，但本试验在一定程度上可以说明，在相同的覆盖度下，地被覆盖较林分覆盖具有更好的水土保持作用，这对于经济林的水土保持工作有一定的实际借鉴意义。

降雨过程中影响水土流失的因素有很多，本试验中限定了雨强、坡度等其他试验变量，只通过改变地表的上下层覆盖组合进行试验。试验过程中，随着产流时间的延长，坡面径流量均呈现放大趋势，因此采取各种技术措施延长初始产流时间及提高降雨的入渗率不仅可以有效减少坡地径流流失量，更重要的是可以更大程度地减轻坡地水土流失。试验中裸坡地的坡面径流最快，径流量及泥沙产量也最大，其次是上层覆盖坡地，再次是下层覆盖坡地，而有着良好覆盖结构的上下层覆盖的水土保持效果最为突出。这充分证明了植被及覆盖对于坡地水土保持的重大意义，没有植被覆盖的坡地在遇到侵蚀性降雨时，所造成的水土流失是十分惊人的。在有植被覆盖的情况下，不同的植被覆盖类型之间的水土保持效果的差异也是相当明显的。而本试验中，模拟地被覆盖的下层覆盖物较模拟林冠层覆盖的上层覆盖物在延缓径流产生时间及增加降雨向土壤水分的转化方面有着更好效果，一定程度论证了相同覆盖度下，地被覆盖物的水土保持效果要好于林冠覆盖。同时，试验结果也表明，要追求更好的水土保持效果，一定要合理地搭配下层及上层覆盖，使坡地的覆盖达到良好的上下层结构。

在现实生产中，经济林的水土保持往往只是注重植被覆盖度，但覆盖往往只在单一形式，而忽略了上下层覆盖的有效搭配，林下往往施用除草剂，大大减少了地被覆盖，这样其实并不利于保持水土。只有合理地搭配覆盖组合，形成复合型覆盖形式，才能得到更好的水土保持效果。

3.6　土壤性质对降雨再分配影响的模拟试验

降雨到达地表的再分配，除了要受到地形、植被、蒸发的影响外，地表的物质组成及土壤结构对降雨的入渗影响也非常明显(邓龙洲等，2018)。本节试验研究以我国南方的风化花岗岩残积母质上发育的坡地土壤为例，采用室内人工模拟降雨方法，模拟研究了侵蚀性风化花岗岩坡地的降雨产流及水文动态过程，分析了壤中流和坡面径流的产流分配特征，比较了不同雨强和不同坡度条件下降雨产流的径流系数和径流模数，以期为深入了解侵蚀性风化花岗岩坡地降雨径流的水动力学特征、土壤养分渗漏和污染物运移特征提供方法和借鉴。

3.6.1　试验设计

试验于 2017 年 3～8 月在浙江大学农业科学试验站(中国长兴)的人工模拟降雨实验大厅进行，该降雨设备采用西安清远测控技术有限公司研发的 QYJY-502 型便携式自动人工模拟降雨系统，主要由降雨喷头、供水管路、压力表、回水阀、供水水泵、不锈钢支架、开关阀等部分组成，降雨高度为 6m，降雨均匀系数在 80%以上，雨强连续变化范围为 15～200mm/h。土槽根据人工降雨装置有效降雨面积自行设计，由钢板焊接组成，长×宽×高分别为 200cm×100cm×60cm，坡度在 0°～30°可以灵活调节。槽底部的前侧和左右两侧设置延伸槽，高度 3cm，内铺小孔径的金属细网，方便用于收集壤中流。表面径流通过土槽上部的前集流槽收集。

1. 供试土壤

土壤采自浙江省安吉县，该地气候宜人，属亚热带海洋性季风气候，总特征是：光照充足、气候温和、雨量充沛、四季分明，适宜农作物的生长。全县年平均降水量 1414mm，雨日 171d，年日照时数 1792h，年平均气温 15.60℃。土壤发育于侵蚀性风化花岗岩母质，地带划分属于红壤，呈弱酸性，平均容重为 1.55g/cm^3，自然状态下初始水分含量为 6.40%，有机质和速效磷含量分别为 2.70g/kg 和 10.93mg/kg，粒径组成为：黏粒（＜0.002mm）占 14.49%，粉粒（0.002～0.02mm）占 50.29%，砂砾（0.02～2mm）占 35.22%。采集 0～60cm 土壤，为了控制填土过程土壤密度保持一致，采取分 12 层填土，边填边压实，每层 5cm。土块移入土槽后，在自然状态放置 4 周使土体恢复自然特征后进行降雨实验。每次降雨试验结束后更换最上层 5cm 深土壤，进行下一次试验前监测土壤含水率，保证每次试验的土壤初始含水量相同。

2. 试验过程

本试验通过坡度和雨强两个研究变量设置各处理组，共设计 30mm/h、60mm/h、90mm/h、120mm/h、150mm/h 5 个雨强处理，搭配 5°、8°、15°和 25° 4 个坡度，为保证试验精度，每个处理均进行两个重复试验取平均值分析。坡面径流收集总时间为产流开始后的 90min，壤中流收集总时间为壤中流产流开始后的 180min，总降雨历时为开始降雨到坡面径流收集结束为止。每 3min 取 1 次径流泥沙样，径流样品测量体积后取适量样用于后续的分析，静置烘干测量产沙量。

3. 数据分析

采用 Microsoft Excel 软件进行数据统计及制表，通过 Origin 软件进行数据分析、建立回归方程及绘图。

3.6.2　坡面径流与壤中流的产流过程

坡度和雨强对侵蚀性风化花岗岩坡地径流的初始产流时间有一定的影响，试验条件下的坡面径流的初始产生时间（T_s）和壤中流的初始产生时间（T_i）都存在非常明显的规律。由表 3-22 可知，坡度相同的条件下，T_s 都随着雨强的增大而提前，时间从大到小依次为 30mm/h＞60mm/h＞90mm/h＞120mm/h＞150mm/h。以 5°坡度为例，T_s 随雨强增大依次减小了 13.08min、7.33min、2.17min、0.62min，其他坡度条件下也呈现相同递变规律，但是减小的程度随着坡度的增大而逐渐变弱。而在雨强一致的情况下，T_s 整体随着坡度的增大而提前，时间从大到小依次为 5°＞8°＞15°＞25°，T_s 减小的程度随着雨强的增大而逐渐变弱。坡度相同情况下，T_i 与 T_s 的变化规律基本相同；不同坡度情况下，30mm/h、60mm/h、90mm/h 的 T_i 变化比较规律，120mm/h、150mm/h 的最大值出现在坡度 25°而最小值出现在坡度 15°。简而言之，T_s 和 T_i 都随着雨强与坡度的增大而逐渐减小，最大值出现在最小坡度最小雨强条件下，最小值出现在最大雨强的大坡度条件下。经计算可知，T_s 和 T_i 的差值即壤中流滞后于坡面径流的发生时间也存在着随雨强增大递减的规律，随坡度变化的规律不明显。

表 3-22　不同坡度与雨强下初始产流时间

径流类型	坡度/(°)	产流时间/min				
		30mm/h	60mm/h	90mm/h	120mm/h	150mm/h
T_s	5	24.33	11.25	3.92	1.75	1.13
	8	16.00	2.42	1.11	0.92	0.55
	15	16.00	3.60	0.83	1.17	0.55
	25	3.42	2.58	2.25	0.50	0.33
T_i	5	85.33	60.25	43.96	19.83	18.00
	8	84.50	62.00	34.25	19.13	18.05
	15	68.65	36.55	36.48	27.00	13.79
	25	67.92	35.33	28.33	19.00	18.17
T_s–T_i	5	61.00	49.00	40.04	18.08	16.87
	8	68.50	59.58	33.14	18.21	17.50
	15	52.65	32.95	35.65	25.83	13.24
	25	64.50	32.75	26.08	18.50	17.84

在不考虑试验过程中降雨挥发量和其他系统误差的情况下，雨量转化为坡面径流和壤中流，对不同坡度和雨强条件下坡面径流与壤中流的产流过程分析如图 3-7 所示。在 30mm/h、60mm/h 小雨强下的坡面径流量非常少，在雨强相同情况下几乎不随产流时间和坡度的变化而改变。在坡度相同时，90mm/h、120mm/h、150mm/h 雨强的坡面径流量随着降雨时间的延长而逐渐增大，降雨初期的增幅最大，随后趋于平缓，增大的程度从小到大依次为 90mm/h＜120mm/h＜150mm/h。在不同坡度的相同降雨时间内，90mm/h、120mm/h、150mm/h 雨强各自的坡面径流量在整体上随着坡度的增加而逐渐减少。在降雨一定时间后产生壤中流，雨强越大产生壤中流的时间越早，达到峰值的时间也越快。由于壤中流峰值是在降雨停止后开始下降的，因此理论上雨强越大峰值越高，下降的幅度也就越大。5°和 8°小坡度的情况下，壤中流最大峰值出现在 90mm/h 雨强条件下，而且 120mm/h 的峰值也要高于 150mm/h 的峰值。雨强相同的情况下，壤中流径流量基本上随坡度的增加呈现递减的趋势，这与坡面径流的变化规律刚好相反。

在土壤初始含水率相同的前提下，降雨径流发生的时间主要与坡度及雨强有关，而坡面的入渗情况和土槽的承雨面积也会对径流发生产生影响。侵蚀性风化花岗岩母质发育的土壤质地粗糙，砂砾和粉粒的含量达到了 85%以上，对水分的保持能力较差，使得

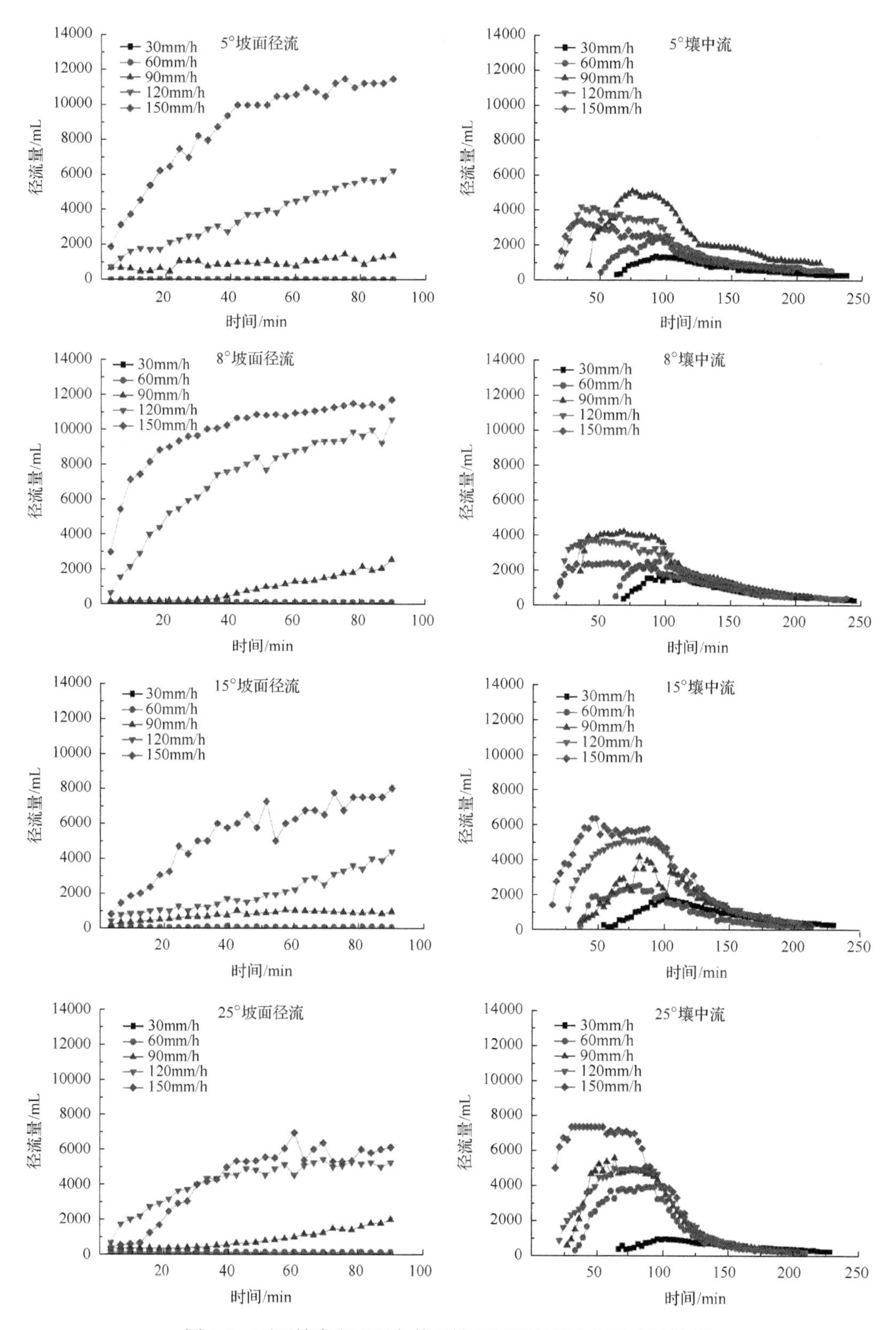

图 3-7　不同坡度和雨强条件下坡面径流与壤中流的产流过程

土壤的含水率非常低。降雨初期，雨水用于湿润土壤和填充土层的孔隙，致使坡面产流晚于降雨(Vente J D et al.，2005)。雨强较小时，土壤入渗能力大于供水能力，水分的入渗主要以供水速率为主，坡度越大则在垂直方向所受的重力作用越大，坡面径流和壤中流就运动得更快，因此坡度越大径流发生所需的时间越短。在坡度一样时，雨强越大单位时间内进入土槽内的雨量就越大，土壤能更快地达到饱和，促进坡面径流和壤中流更快地发生。坡面径流的运动路径相对较短，在 120°大坡度和 120mm/h、150mm/h 大雨强时的发生时间都很短。壤中流的运动路径较长，水分运动情况复杂，在改变坡度的情况下径流产生的时间变化不大，改变雨强时变化比较明显。

3.6.3　坡面径流与壤中流的径流系数

考虑到试验初期雨量作用于土壤使之达到最大持水量、试验采集时间结束后还存在少量的壤中流等因素，我们在计算径流系数(径流总量/降雨总量)时将坡面径流和壤中流进行区分，分别求出坡面径流的径流系数 α_s 和壤中流的径流系数 α_i。由图 3-8 可知，α_s 在同一坡度下随着雨强的增大而增大，规律性比较明显，可以进行多项式拟合，函数关系式为

$$\alpha_s = a \times I^2 + b \times I + c \tag{3-7}$$

式中，α_s 为坡面径流的径流系数；I 为雨强(mm/h)；a、b、c 为相关系数，相关性拟合的结果如表 3-23 所示。在相同雨强条件下 α_s 随坡度变化的大小次序为 25°＞8°＞5°＞15°。α_i 在 5°、8°小坡度时随着雨强的增大而减小，大坡度时则变化复杂；在相同雨强条件下，随坡度的变化可以进行多项式拟合，函数关系式为

$$\alpha_i = A \times S^2 + B \times S + C \tag{3-8}$$

式中，α_i 为坡面径流的径流系数；S 为坡度(°)；A、B、C 为相关系数，相关性拟合的结果如表 3-23 所示。

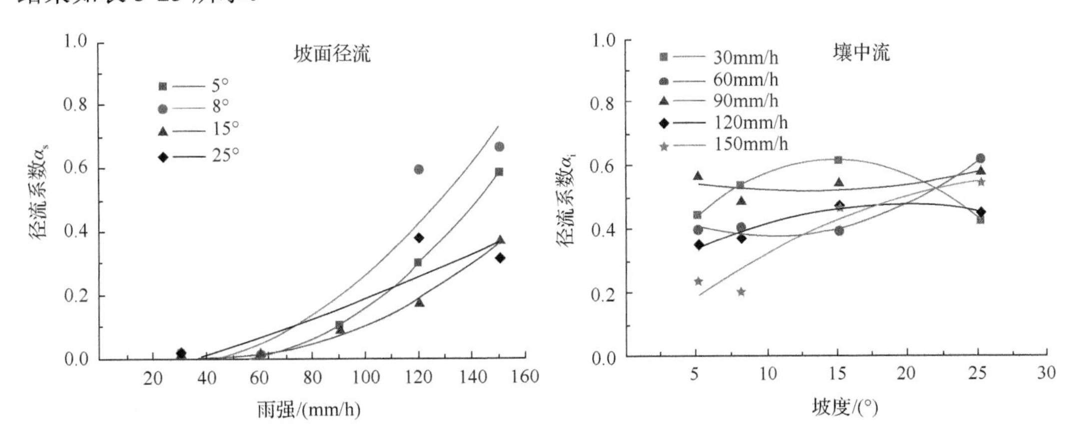

图 3-8　不同坡度与雨强条件下坡面径流和壤中流的径流系数

表 3-23　不同坡度与雨强下坡面径流和壤中流的径流系数拟合结果

径流类型	模拟条件		拟合方程	拟合度 R^2
坡面径流	坡度 S/(°)	5	α_5=0.000054I^2–0.00484I+0.10908	0.9998
		8	α_8=0.000044I^2–0.00168I–0.00102	0.8912
		15	α_{15}=0.000031I^2–0.00268I+0.06356	0.9944
		25	α_{25}=0.000006I^2+0.00214I–0.07954	0.7813
壤中流	雨强 I/(mm/h)	30	α_{30}=–0.001803S^2+0.05317S+0.0.22561	0.9996
		60	α_{60}=0.001108S^2–0.02289S+0.49668	0.9815
		90	α_{90}=0.000412S^2–0.01018S+0.58138	0.4865
		120	α_{120}=–0.000678S^2+0.02603S+0.22551	0.9412
		150	α_{150}=–0.000593S^2+0.03572S+0.02775	0.9007

由表 3-23 可知，α_s 与雨强 I 之间的拟合效果在不同坡度下从高到低的排序为 5°>15°>8°>25°，对应的相关系数 c 也呈现相同的变化规律，而相关系数 a 随着坡度的增加而减小，b 则没有一定的变化规律。α_i 与坡度 S 之间的拟合效果在不同雨强条件下由高到低依次为 30mm/h>60mm/h>120mm/h>150mm/h>90mm/h，前 4 个雨强的 R^2 均大于 0.90，拟合效果较好，而 90mm/h 雨强下的 R^2 不到 0.50，拟合效果较差。不同雨强下 α_i 和坡度 S 之间的相关系数 A、B、C 没有明显规律性。拟合的结果表明，坡面径流的径流系数 α_s 主要受雨强的影响，而壤中流的径流系数 α_i 则主要受坡度的影响。坡面径流随坡度变化的变化较为复杂这一结果与张会茹和郑粉莉(2011)的研究结果是一致的，坡度和雨强这两个因素对于坡面径流系数和壤中流径流系数的影响存在着对比消长的关系。

3.6.4　坡面径流与壤中流的分配与径流模数

由表 3-24 可以看到，在坡度相同时壤中流占总径流量的值随着雨强的增大总体上呈现减小的趋势，这是由于雨强越大雨滴动能和终极速度越大，对土壤表层稳定性破坏越大，容易形成地表结皮，减少了降雨的土壤入渗量。另外，雨强的增大也会引发坡面径流的运动加快，加上坡面径流的运动路径较短，坡面径流的占比变大，所以壤中流的比重相应减小。在 30mm/h、60mm/h、90mm/h 中小雨强时，同一雨强下不同坡度的壤中流比重基本上相同，这是雨量基本上都会向下入渗引起的。在 120mm/h、150mm/h 雨强下壤中流比重随坡度的变化没有明显的规律，表明不同的雨强下临界坡长是不一样的。由于总径流量包括了壤中流和坡面径流，坡面径流占总径流量的比重的变化规律与壤中流的则相反。

表 3-24　不同坡度不同雨强下壤中流占总径流量的比重

雨强/(mm/h)	比重/%			
	5°	8°	15°	25°
30	96.92	97.31	98.50	94.84
60	98.20	97.58	96.50	96.84
90	83.94	83.20	85.99	85.14
120	53.56	38.38	73.09	54.22
150	28.53	23.45	55.80	63.41

在人工模拟降雨停止之前，坡面径流与壤中流事件基本上都已经发生，壤中流的发生滞后于坡面径流，因此存在着一段壤中流和坡面径流同时发生的时间段，将该时间段内降雨产流总量(坡面径流量与壤中流径流量的总和)定义为混合流。对每一场降雨的径流收集分为以下三个部分并进行径流模数(单位流域面积单位时间内所产生的径流量)的计算：坡面径流、混合流和壤中流。由图 3-9 可知，不同坡度不同雨强下的混合流的径流模数是最大的，而且在相同的坡度条件下随着雨强的增大而显著增大，雨强相同时基本上不随坡度改变而改变。除了最大雨强最大坡度条件下的一个畸点外，坡面径流的变化规律与混合流类似，但在 120mm/h、150mm/h 大雨强下坡面径流的径流模数随坡度变化呈现以下大小次序：8°＞5°＞15°＞25°。壤中流的径流模数在 5°和 8°小坡度条件下，随着雨强的增大呈现先增后减的变化趋势，雨强大于 90mm/h 后的壤中流的径流模数小于坡面径流的径流模数；在 15°和 25°大坡度条件下，壤中流的径流模数随着雨强的增大而增大，在数值上基本都大于坡面径流的径流模数。雨强相同情况下，壤中流的径流模数随坡度变化基本上变化不大。理论上，不同类型径流模数的大小应该为混合流＞壤中流＞坡面径流。由于试验过程中壤中流的采集时间为 180min，因此 5°和 8°小坡度条件下可能存在大量的水分仍然保留在土壤中，而不能像 15°和 25°大坡度条件下一样及时流出，对试验结果造成一定的影响。因此，在后续的研究中应该将此类因素考虑到试验操作过程中。

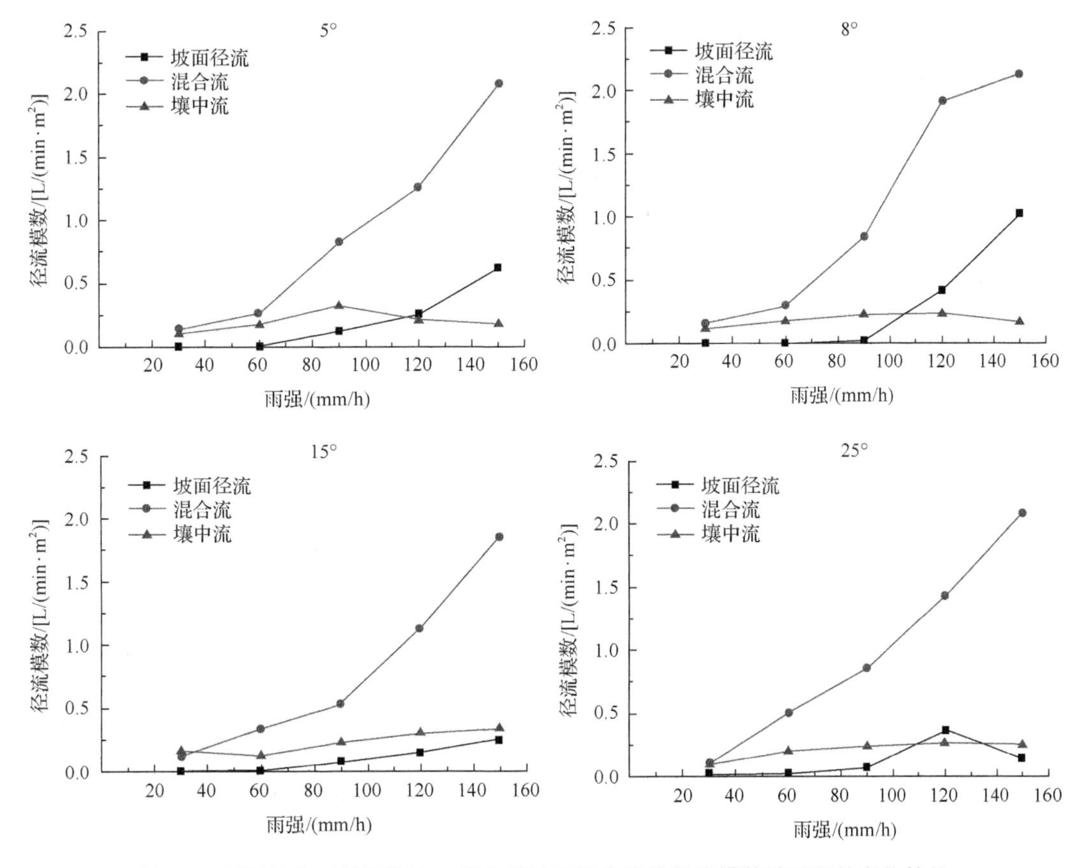

图 3-9　不同坡度下坡面径流、壤中流以及混合流的径流模数随雨强的变化趋势

3.6.5 结论

通过对侵蚀性风化花岗岩坡地的降雨产流特征和水文动态过程的模拟研究，得出主要结论。

(1) 坡面径流和壤中流的初始产流时刻都随着雨强和坡度的增大而提前，T_s 随坡度和雨强增大而明显减小，T_i 随雨强增大而明显减小但随坡度增大的减小幅度并不大。壤中流的初始产流时刻明显滞后于坡面径流，雨强越小滞后的时间越长。

(2) 坡面径流和壤中流的分配随雨强和坡度的不同而发生变化。在绝大部分情况下(85%)坡面径流量小于壤中流流量，雨强越小壤中流流量的比重越大，坡度对壤中流流量比重的影响不明显。

(3) 坡面径流的径流系数与雨强之间的相关性拟合效果较好，与坡度之间的拟合效果很差；壤中流的径流系数则主要受坡度的影响，与雨强的相关性关系较差。坡度和雨强对径流系数的影响存在着对比消长的关系。

(4) 不同径流类型径流模数的大小依次为坡面径流＜壤中流＜混合流。不同坡度下坡面径流、壤中流和混合流的径流模数随着雨强的增大而增大，混合流增大的幅度最明显。

总之，在侵蚀严重的风化花岗岩砂土层出露的坡地，降雨产流以壤中流所占比重较大。以上结论揭示出砂土层出露坡地的降雨再分配过程明显不同于典型性的地带性红壤和紫色土，在理论上为本研究领域的拓展提供了思路，在生产实践上为沟道汇流洪峰的调节提供了数据支撑。

主要参考文献

邓龙洲, 张丽萍, 邬燕虹, 等. 2018. 侵蚀性风化花岗岩坡地降雨产流及水文过程研究. 水土保持学报, 32(2): 67-73.

笵世香, 高雁, 程银才. 2012. 应用水文学. 北京: 中国环境科学出版社.

付兴涛. 2012. 坡面径流侵蚀产沙及动力学过程的坡长效应研究. 浙江大学博士学位论文.

刘俏. 2014. 红壤丘陵区经济林坡地侵蚀产沙与养分流失特征研究. 浙江大学硕士学位论文.

钱婧. 2014. 模拟降雨条件下红壤坡面菜地侵蚀产沙及土壤养分流失特征研究. 浙江大学博士学位论文.

吴希媛. 2011. 红壤坡地菜园地表径流中氮磷流失模拟试验. 浙江大学博士学位论文.

杨晓辉, 张克斌, 赵云杰. 2001. 生物土壤结皮——荒漠化地区研究的热点问题. 生态学报, 21(3): 474-480.

查轩, 唐克丽, 张科利. 1992. 植被对土壤特性及土壤侵蚀的影响研究. 水土保持学报, 6(2): 52-59.

张会茹, 郑粉莉. 2011. 不同雨强下地面坡度对红壤坡面土壤侵蚀过程的影响. 水土保持学报, 25(3): 40-43.

张丽萍, 张妙仙. 2000. 土壤侵蚀正态模型试验中产流畸变系数. 土壤学报, 37(4): 449-455.

张妙仙. 2012. 土壤水盐动态预测及调控. 北京: 科学出版社.

中国大百科全书总编辑委员会. 1987. 中国大百科全书(大气科学、海洋科学、水文科学). 北京: 中国大百科全书出版社.

Gilly J E, Risse L M. 2000. Runoff and soil loss as affected by the application of manure. Transaction of the ASAE, 43(6): 1583-1588.

Levy G J, Ben-Hur M. 1998. Some uses of water-soluble polymers in soil. *In*: Wallace A, Terry E R. Handbook of soil conditioners. NY: 399-428.

Maidment D R. 2002. 水文学手册. 张建云, 李纪生译. 北京: 科学出版社.

McIntyre D S. 1958. Permeability measurement of soil crusts formed by raindrop impact.Soil Science, 85: 185-189.

Mike K. 2001. Modeling the interactions between soil surface properties and water erosion.Catena, 46(2-3): 89-102.

Norton L D. 1987. Micromorphological study of surface seals developed under simulatedrainfall. Geoderma, 40: 127-140.

Slattery M C, Bryan R B. 1994. Surface seal development under simulated rainfall on anactively eroding surface. Catena, 22: 17-34.

Vente J D, Posen J, Verstraeten C T. 2005. The application of semi-quantitative methods and reservoir sedimention rates of the prediction of basin sediment yield in Spain. Journal of Hydrology, 305(1/4): 63-86.

Wainwright J, Parsons A J. 2002. The effect of temporal variations in rainfall on scaledependency in runoff coefficients. Water Resources Research, 38(12): 1271.

第4章　典型经济林红壤坡地侵蚀产沙及养分流失过程

随着经济的发展、土地利用方式的调整、人们生活水平的提高，以及退耕还林措施的实施，经济林种植面积逐年增加。但是，针对一些山丘坡地经济林地管理方式的差异，人们管理理念的差异，以及管理(施肥、锄草、中耕、剪枝等)过程中的人为干扰，在不同程度上引起水土流失，已经引起了相关部门和研究人员的高度关注。

4.1　竹林坡地侵蚀产沙及养分流失过程模拟

在降雨径流的作用下，坡面地表固体物质和一些养分会随径流一起发生运移，不仅造成严重的水土流失和土壤退化，而且还是下游水体污染的主要原因。在不同的土地经营和管理方式下，这一过程会呈现出不同的特征和强度。在南方低山丘陵区人为集约化经营的竹林地，由于管理方式的差异，所诱发的水土流失和氮磷流失的过程和强度差别很大(张丽萍，2011)。

竹林是我国重要的森林资源，在我国南方分布面积最广、用途很多，也是当地重要的经济来源之一。据 2009 年浙江省森林资源年度公报统计，浙江省竹林面积为 8.193×10^5hm^2，竹林占全省森林面积的 13.8%，竹林面积居全国第四。浙江省竹类植物有 19 个属 200 多种，具有材用、笋用和观赏用等经济价值的有 80 多种。竹林面积在 3400hm^2 以上的县有 41 个，670hm^2 以上的乡有 300 多个。由此可见，竹林是浙江省林业用地的主要类型之一。根据竹林经济利用的大类，可分为用材林和笋竹林。在浙江省有大面积的挖笋竹林，约占竹林总面积的 15%，竹笋是重要的健康蔬菜，也是当地农民的主要经济来源之一。笋竹林的人工施肥、除草和清鞭管理、每年冬春的挖笋过程，都会对林下地被产生不同程度的扰动(樊青爱，2008)，其水土和氮磷流失特性明显不同于用材竹林地和其他林地。笋竹林地的水土流失要比用材竹林地严重，一般可达到中度侵蚀以上。水土流失过程不仅导致水土资源的流失，更为突出的问题是造成土壤养分的流失。为此，就竹林坡地侵蚀产沙而言，许多林业和水土保持方面的研究专家，开展了竹林与其他阔叶树种和藤本植物的混合栽培研究，并取得了较好的水土保持效益(潘标志，2006；李正才等，2003；温熙胜等，2007)，对竹林地水土流失的时空分布进行了示踪研究(曹慧等，2002；Yang et al.，2008)。在研究竹林坡地产流产沙的同时，许多学者在更深的层面上开展了竹林坡地土壤侵蚀与养分流失的关系研究。在研究养分流失的同时，一些学者就上游水土流失对下游水体富营养化的贡献作用也进行了分析测试。鉴于笋竹林地清鞭、锄草、施肥和挖笋等管理和收获的特殊性，本章分别就用材竹林和笋竹林地水土流失的特性进行了人工模拟降雨试验研究，旨在探索不同利用目的和不同管理方式下竹林地的侵蚀产沙过程特性、氮磷流失特征及坡面径流泥沙的氮磷负载特性，为不同管理方式下竹林地水土流失和养分流失的分别控制提供依据。

4.1.1　研究区概况与试验设计

1. 研究区概况与试验装置

用材竹林地的人工模拟降雨试验于2008年7月在浙江省临安市青山湖流域的丘陵坡地进行，试验区土壤为红壤土类的黄红壤亚类。设计坡度为 20°、面积为 3.0m×1.5m 的矩形径流小区 4 个，分别命名为 Y1、Y2、Y3 和 Y4。在野外模拟降雨的过程中，结合流域多年平均雨强，设计雨强范围是 60.6～114mm/h，共实施降雨 4 场。在每场降雨试验过程中，自产流时刻开始，每隔 3min 用标有刻度的 1L 的径流瓶取 1 个径流泥沙水样，并按照次序进行编号，共监测产流 30min。

笋竹林地的试验于2009年5月在浙江省安吉县水土保持科技示范园区附近的笋用竹林红壤坡地实施，试验区土壤为黄红壤(表 4-1)。设计了坡度为 20°、面积为 3.0m×1.5m 的试验径流小区 4 个，分别命名为 S1、S2、S3 和 S4。这 4 个小区每年都施肥 2 次，表土每年都要遭受挖笋影响。此外 S2 号和 S4 号小区每 2 年除草和清鞭 1 次，S1 号和 S3 号小区每年除草和清鞭 1 次，由于竹笋的采挖时间是每年的冬春季节，在浙江省冬春季节的雨强不大，所以在试验过程中设计雨强为 31.8～96mm/h，实施降雨 4 场。在这 4 场笋竹林地的人工模拟降雨试验中，自产流时刻开始，每隔 5min 用标有刻度的 1L 的径流瓶取 1 个径流泥沙样品，并按照次序进行编号，共监测产流 60min。

表 4-1　试验小区 0～25cm 深土层土壤基本理化性质

竹林地类型	pH	容重/(g/cm^3)	机械组成/%			有机质/(g/kg)	TN/(mg/kg)	TP/(mg/kg)
			2.0～0.02mm	0.02～0.002mm	＜0.002mm			
笋竹林地	4.72	1.17	39.81	34.93	25.26	25.94	807.813	249.836
用材竹林地	4.63	1.27	32.87	35.42	31.71	44.35	586.689	240.728

2. 样品分析

设计测试指标主要有：径流体积和泥沙含量、径流中总氮(TN)和总磷(TP)。试验结束后，径流样品带回实验室后，静置 4～5h，待泥沙沉淀后，取上清液测试 TN、TP。将沉淀泥沙烘干称量，即为泥沙质量；径流量(水样+泥沙)由样品径流瓶刻度换算。氮磷的具体测试方法为，TN 参照 GB11894—89 的碱性过硫酸钾消解紫外分光光度法，TP 参照 GB11893—89 的钼酸铵分光光度法，测试结果见表 4-2。

表 4-2 竹林地人工模拟降雨试验统计表

竹林地类型	试验径流小区	雨强/(mm/h)	总产流量/L	径流系数	总产沙量/g	平均含沙量/(g/L)	TN 流失量/mg	TN 浓度/(mg/L)	TP 流失量/mg	TP 浓度/(mg/L)
笋竹林地	S1	31.8	4.599	0.032	580.219	126.162	14.442	3.14	0.653	0.142
	S2	37.8	4.77	0.028	334.224	70.068	11.035	2.309	0.299	0.063
	S3	60.6	7.286	0.027	743.192	102.101	15.239	2.092	1.957	0.269
	S4	96	28.733	0.067	15532.13	540.577	25.827	0.899	6.736	0.234
用材竹林地	Y1	60.6	5.259	0.039	0.701	0.133	1.799	0.342	1.255	0.239
	Y2	96	14.905	0.069	2.795	0.185	2.425	0.163	4.947	0.332
	Y3	105	50.228	0.213	5.775	0.115	8.53	0.169	9.099	0.181
	Y4	114	35.437	0.138	10.597	0.299	13.846	0.391	15.409	0.435

4.1.2 竹林坡地侵蚀产沙过程分析

1. 竹林地产流过程动态特征分析

为了探讨在降雨过程中产流和产沙过程的波动特征、径流与泥沙的关系，根据每场降雨所取的径流泥沙样品及排列序号，分别绘制了图 4-1～图 4-6。

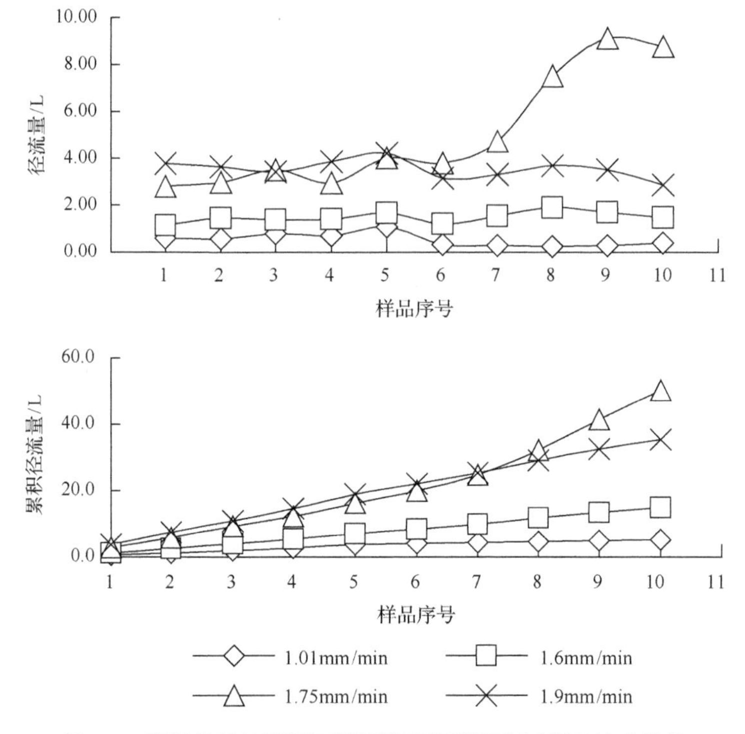

图 4-1 用材竹林地不同雨强场降雨径流累积过程及波动趋势

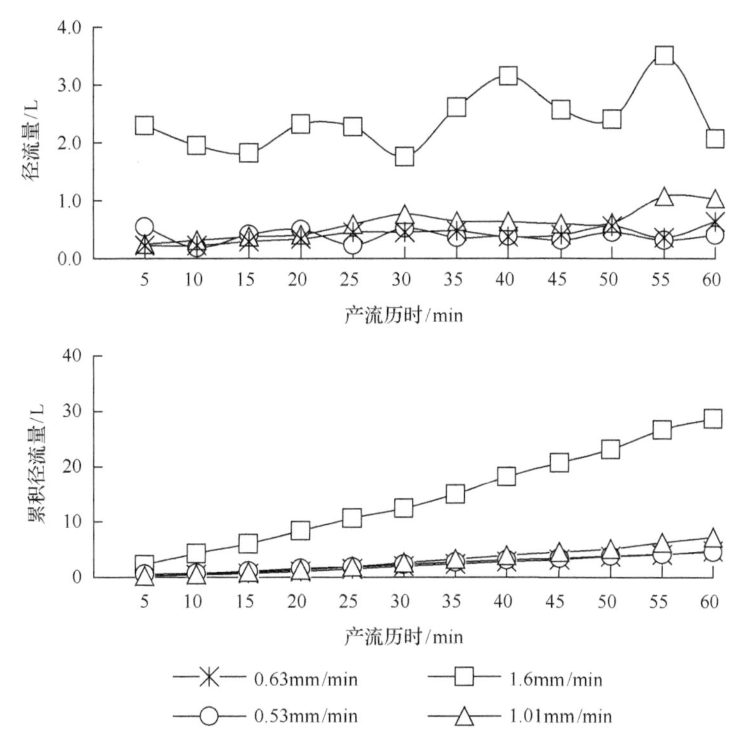

图 4-2　笋竹林地不同雨强场降雨径流累积过程及波动趋势

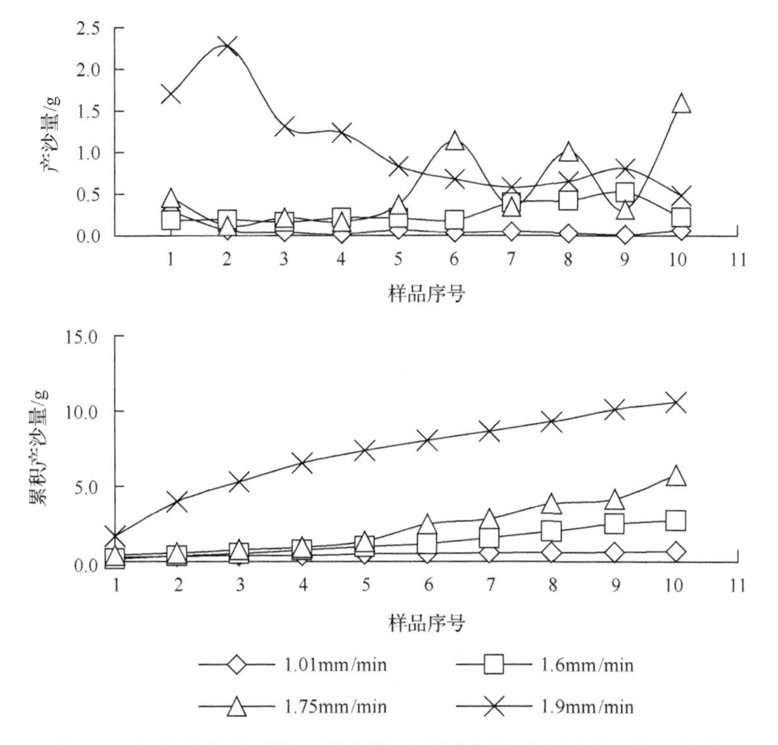

图 4-3　用材竹林地不同雨强场降雨侵蚀产沙累积过程及波动趋势

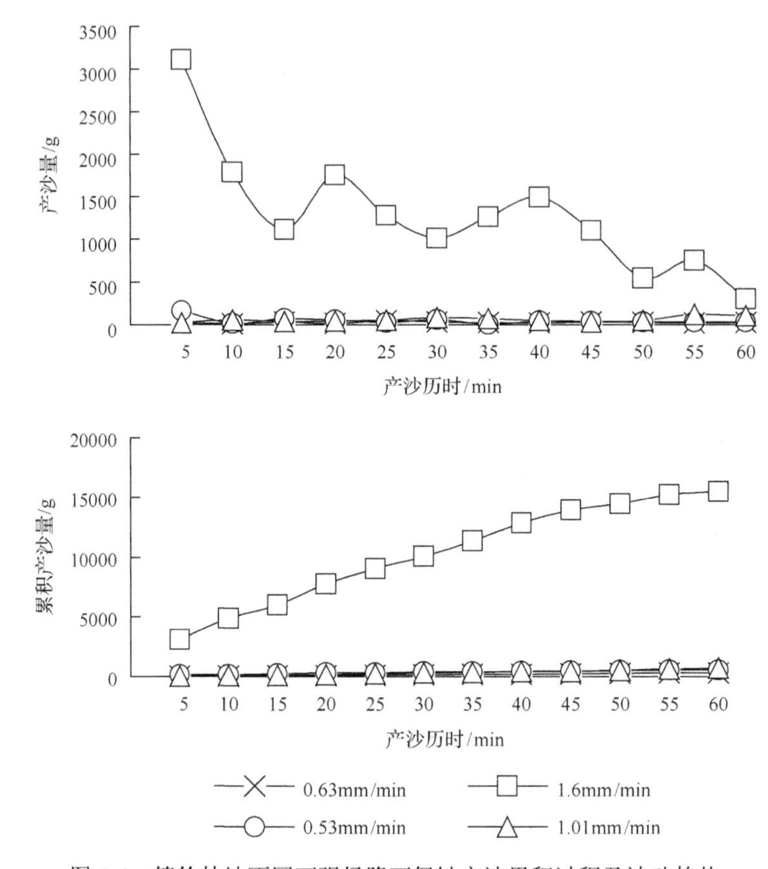

图 4-4　笋竹林地不同雨强场降雨侵蚀产沙累积过程及波动趋势

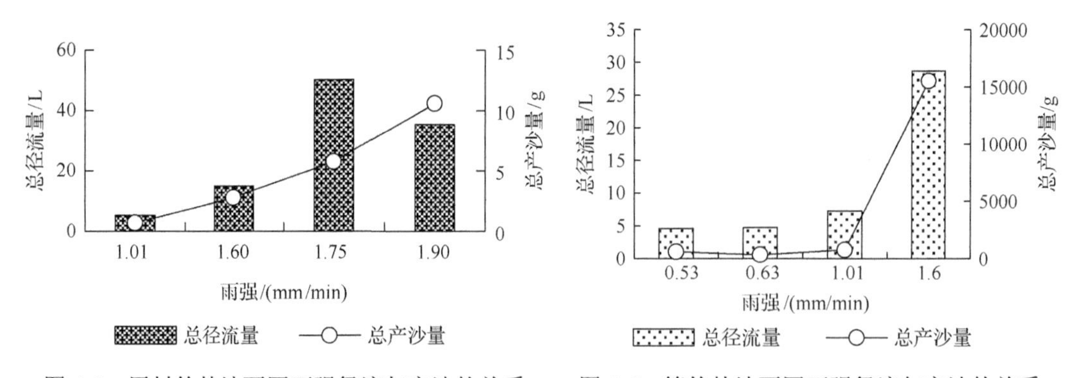

图 4-5　用材竹林地不同雨强径流与产沙的关系　　图 4-6　笋竹林地不同雨强径流与产沙的关系

1) 用材竹林地的产流特征

由图 4-1 曲线显示，在整个降雨过程中，产流率变化不明显，但随着雨强的增大而有不同程度的增加；在雨强为 1.75mm/min 的场降雨过程中，其在降雨 17min 以后，径流量在快速增加，而且以 40%的幅度在增加。一方面，根据当地土壤的入渗特性和雨强的关系，当雨强大于 1.75mm/min 时，出现超渗产流的概率就很大。该场降雨的径流产生属于超渗产流。另一方面，该场降雨前的土壤质量含水率就很高，在深度 1.0～10cm 的土壤含水率为 35%，深度 10～20cm 的土壤含水率是 32%，因此其产流时刻很短，在降雨 65s 后，便开始产流。径流的累积特性是随着产流特性变化而变化，因此累积径流的增长斜率也以 1.75mm/min 为最大。其增长斜率的排序为雨强 1.75mm/min＞1.90mm/min＞1.60mm/min＞1.01mm/min。

在雨强 1.90mm/min 的场降雨试验过程中，其产流时刻明显长于其他 3 场降雨试验，而在降雨 22min 以后，其产流率反而出现小于雨强 1.75mm/min 的现象。其可能机理：一方面是由于该场降雨试验土壤的前期含水率很小，在深度 1.0～10cm 的土壤含水率为 17%，深度 10～20cm 的土壤含水率是 7%，而且上下层的含水率差异很大，水势梯度大，10～20cm 深度处的含水率只有表层含水率的 1/3；另一方面是 1.90mm/min 的雨强，超渗流比重很大，因此，其入渗强度会出现先慢后快的现象。

2) 笋竹林地的产流特征

根据 4 场笋竹林地的人工模拟降雨试验的产流计算数字，绘得图 4-2。由图 4-2 可知，总的趋势是径流量随着雨强的增加而增大，但在雨强 0.5～1.01mm/min 的 3 场降雨过程中，产流率变化不明显，而径流量也比较小，3 场降雨试验总的径流量变化不大。由于产流率的变化和缓，所以累积径流量的增长趋势近乎于直线，而且斜率变化很小。当雨强为 1.6mm/min 时，产流率突然增大很多，而且波动较大，其平均产流率为其他 3 场降雨试验的 4～7 倍。所以其累积径流量增长斜率较大，而且相关系数可达 0.99。

2. 竹林地产沙过程动态特征分析

1) 用材竹林地的产沙特征

径流是泥沙输移的载体，径流量的大小、流速的快慢都影响径流对泥沙的载运能力。地面的物质构成和地被条件决定了地面泥沙起动的难易程度。本章研究中通过泥沙样品的含沙量测试，计算了 4 个雨强降雨试验不同时刻的产沙量和累积产沙量的增长趋势(图 4-3)。图 4-3 中不同雨强的 4 场降雨试验的产沙过程和累积产沙量都呈现出随着雨强的增大而增大的趋势。

在雨强较小的降雨试验过程中，每个样品的含沙量变化比较稳定，70%的样品含沙量集中分布在 0.1mg/mL，径流量比较均匀，因此其累积产沙量的递增趋势比较平稳，而趋于直线。随着雨强的增大，每个样品的含沙率在增加，在雨强为 1.60mm/min 降雨场次中样品含沙量集中分布在 0.1～0.3mg/mL，60%的样品含沙量超过了 0.2mg/mL，并随着降雨历时的延长，含沙量呈现增加的趋势，因此，其累积产沙量的增长趋势近似于幂函数，累积产沙量与降雨历时的相关性达到 0.98。当雨强增大为 1.75mm/min 时，样品的含沙量并没有太大的增加，反而个别样品的含沙量还在减少，波动非常明显，所以，其产沙量过程在增加的基础上呈现出大的波动。但是从图 4-1 可见，径流的增加幅度很大，因此，累积产沙量的增加趋势明显，其随降雨历时的变化可拟合为指数增加的趋势，累积产沙量与降雨历时的相关性也可达到 0.98。当雨强增大到 1.90mm/min 时，样品的含沙量最大可达到 0.6mg/mL，再加之起始径流量很大，所以无论从产沙过程还是从累积产沙量来看，其都达到了最大，累积产沙量与降雨历时曲线拟合为对数相关，相关系数达到 0.99 以上。

2) 笋竹林地产沙过程动态特征分析

在人为干扰过的笋竹林地，地表比较疏松，产沙率远大于产流率，当雨量很大时，可见到近乎稠状的泥流。图 4-4 中不同雨强的 4 场降雨试验的产沙过程和累积产沙量都呈现出随着雨强的增大而增大的趋势。同理，在雨强≤1mm/min 的 3 场降雨过程中，产沙率基本稳定，因此其累积产沙量随时间的变化也比较稳定；当雨强为 1.6mm/min 时，产沙率突然增大很多，并且在初始产流时的产沙率达到最大，随着降雨历时的延续，产沙率趋于波动减小，减小的梯度可达 10%。其与径流量的变化趋势明显不同。其平均产沙率为其他 3 场降雨试验的 5～8 倍。

在两个处理的试验中，相近的两个雨强 0.53mm/min 和 0.63mm/min，在 3 号小区中的径流量小于 1 号小区，但其产沙量却大于 1 号小区，因此，其平均含沙率和侵蚀模数都大于 1 号小区。其结果说明，笋竹林下随着人为除草次数的增加，土壤变得较为疏松，土壤的入渗率较大，产流时刻较慢，但一旦产流，则产沙量增加很快。由此可推得，人为除草频率越大，所诱发的水土流失更为严重。

3. 竹林地径流量与产沙量关系分析

1) 用材竹林地径流量与产沙量的关系

就不同雨强的 4 场降雨总产流量和产沙量分析来看(图 4-5)，产沙量随着雨强增加的增加趋势明显，而径流量随雨强的增加，递增概率有所不同。在雨强为 1.90mm/min 时，反而比 1.75mm/min 雨强时有所减少。由此我们可以初步概况为，侵蚀产沙的强弱与雨强的大小相关性好，在试验雨强范围内，二者可拟合为指数关系：

$$\begin{aligned} y &= 0.0341e^{2.9056x} \\ R &= 0.98 \end{aligned} \tag{4-1}$$

式中，y 为产沙量；x 为雨强；R 为相关系数。

而径流量除受雨强控制外，土壤的前期含水量的影响也很大。在雨强 1.90mm/min 时，产流时刻出现得最迟。

2) 笋竹林地径流量与产沙量的关系

就两个处理不同雨强的 4 场降雨总径流量和产沙量分析来看(图 4-6)，产沙量随着雨强增大的增加具有分段性，在雨强≤1.01mm/min 的 3 场降雨试验中，增加比较缓慢。

在相同处理的 3 号、4 号小区的两场试验中，产沙率随雨强增大而增加得较为明显，但与 1 号小区的降雨试验的关系并不明显。在 2 号小区，当雨强增大到 1.60mm/min 时，径流量和产沙量快速增长，产沙量的增长速度远大于径流量。

4. 结论

现将用材竹林地的 1.60mm/min 和 1.01mm/min 分别与笋竹林地的 1.60mm/min 和 1.01mm/min 雨强的 4 场降雨试验数据进行比较研究。在比较的过程中，由于二者的产流历时不同，我们进行了产流同历时处理。在用材竹林地的试验中，我们是从开始产流算起，经历了 30min 的降雨，因此，为了二者能进行同历时比较，我们选取了笋竹林地产流开始后的 30min 的径流和产沙数据(表 4-3)。

表 4-3　两种竹林地人工模拟降雨试验对比统计表

试验小区	雨强/(mm/min)	总径流量/mL	平均含沙量/(mg/mL)	总产沙量/g	每场侵蚀模数/(kg/m^2)
笋竹林	1.01	2691	114.0892977	307.0143	0.06823
	1.6	12420	810.4476651	10065.76	2.23684
用材竹林	1.01	5259	0.133295303	0.701	0.00016
	1.6	14905	0.187520966	2.795	0.00062

由表 4-3 数据显示，在相同或相近的雨强情况下，用材竹林地的径流量远大于笋竹林地，但产沙量却远小于笋竹林地，并且呈现 3 个数量级的倍数在增加。用材竹林地地表的残留枯枝落叶覆盖很厚，在降雨的初期，径流顺着这些残留物流出径流小区的出口，土壤入渗较少，但随着降雨历时的延长，产流率比较稳定，波动较小而增加缓慢。另外，地被覆盖物较多而厚，从而起到保护土层的作用，而且所形成的径流流速较小，侵蚀作用弱，所以侵蚀产沙强度很小，基本属于无明显侵蚀类型，与其他一些林下无清理径流监测和模拟试验的结论一致(Kimoto et al.，2002；Adekalu et al.，2006)。在笋竹林地，由于挖笋和除草的人为扰动，几乎没有地表覆盖物，土层疏松，在降雨初期土壤入渗量大，产流较小，但一旦产流，在坡面径流的剪切作用下，地表疏松土层很快便进入径流，随径流一起流失，所以侵蚀产沙很严重，可将笋竹林地归纳为中度以上的侵蚀类型。

4.1.3　竹林坡地氮磷流失过程分析

土壤中磷(P)素主要来源于地壳中含磷的矿物和施入的磷肥。磷的有效性较差，吸附性较强，主要随泥沙而流失。氮(N)素在土壤中存在的形态主要有氨氮、硝态氮和有机态氮，但进入到坡面径流中的氮素主要是由氨氮和硝态氮组成，有机态氮含量很少。在分析径流携氮能力时，主要测试的是水中的总氮(TN)。在国家地表水水质标准测试项目中，总氮(TN)和总磷(TP)是两个关键性指标，它们是引起水体富营养化的主要因素。

1. 竹林地氮(N)素流失过程分析

1)用材竹林地的氮素流失特征

根据测试结果绘制得图 4-7。由图 4-7 显示，径流中 TN 的流失量随着雨强的增大而增大，但 TN 累积流失量增大的幅度相差很大，所呈现的规律也不同(表 4-4)。在雨强分别为 1.01mm/min、1.60mm/min、1.90mm/min 的 3 场降雨中，TN 累计流失量遵循对数函数规律增加，而在雨强为 1.75mm/min 时，其增加的速度最快，呈现指数增加的规律。

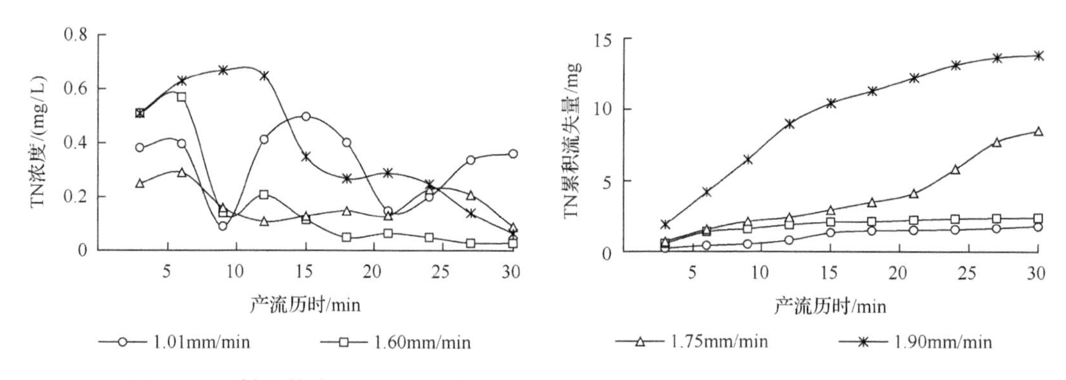

图 4-7　用材竹林地不同雨强场降雨 TN 流失浓度的波动变化过程及累积流失量

表 4-4　用材竹林地不同雨强 TN 累积流失量递变曲线方程

雨强/(mm/min)	方程式	R
1.01	y=0.7526ln(x)–0.83	0.9582
1.60	y=0.7764ln(x)–0.1149	0.9876
1.75	$y=0.8184e^{0.0817x}$	0.9736
1.90	y=5.6409ln(x)–5.0906	0.9926

由于不同雨强情况下，TN 累积流失量的增长规律不同，因此，相邻雨强 TN 流失量的差值相差很大。并且 TN 流失过程，随着产流历时的延长呈现出不同的波动现象。在这 4 场降雨试验中，从雨强 1.01mm/min 增加到 1.60mm/min 时，TN 的累积流失量从 1.7998mg 增加到 2.4251mg，净增加量只有 0.625mg，在产流 15min 以后，二者的流失量很接近；从 1.60mm/min 增加到 1.75mm/min 时，TN 累积流失量大幅增加，从 2.4251mg 增加到 8.5302mg，净增加了 6.1051mg，尤其在产流 15min 以后，增加速度迅速；进一步，从 1.75mm/min 增加到 1.90mm/min 时，TN 累积流失量从 8.5302mg 增加到 13.8459mg，净增加了 5.3157mg。在雨强为 1.90mm/min 时，从产流开始 TN 的流失量就一直处于高流失状态，增长幅度从产流开始一直到产流 21min 达到了最大值，以后增加速度减缓，趋于稳定，总的累积流失量达到了 13.8459mg。从 TN 流失量的这一变化特征来看，主要是径流量和径流中 TN 浓度特征综合作用的结果。

从图 4-7 中 TN 浓度的变化总趋势看，在各种雨强情况下，TN 浓度的变化在产流初期，径流中 TN 的浓度都很大，但不同雨强之间的浓度差异很大；随着产流历时的延续浓度值趋于波动性减小，当产流延续到 20min 后，浓度趋于稳定，各种雨强之间的浓度差变小。由此可知，径流量在 TN 的流失过程中起着重要的作用，图 4-7 中产流历时对应的 TN 浓度和流失量之间的差值大小，就是径流量变化特征的反映，差值越大，径流量越大。径流量随着雨强的增大呈现出不同程度的增加趋势(张丽萍，2011)。

2) 笋竹林地的氮素流失特征

根据 4 场笋竹林地人工模拟降雨试验及径流中 TN 浓度和流失量的测试数字，绘得图 4-8。图 4-8 显示 4 种雨强的径流中 TN 的浓度表现出产流初期浓度很大，随后趋于减小，当产流延续到 20min 后趋于稳定，这种减小的趋势随雨强增大而明显。从径流中 TN 浓度的分布曲线来看，表现最明显的一个规律，就是雨强越小浓度越大，并且浓度的差值很大。在雨强为 0.53mm/min 时，TN 的平均浓度为 3.140mg/L，当雨强最大为 1.60mm/min 时，TN 的平均浓度仅有 0.899mg/L。

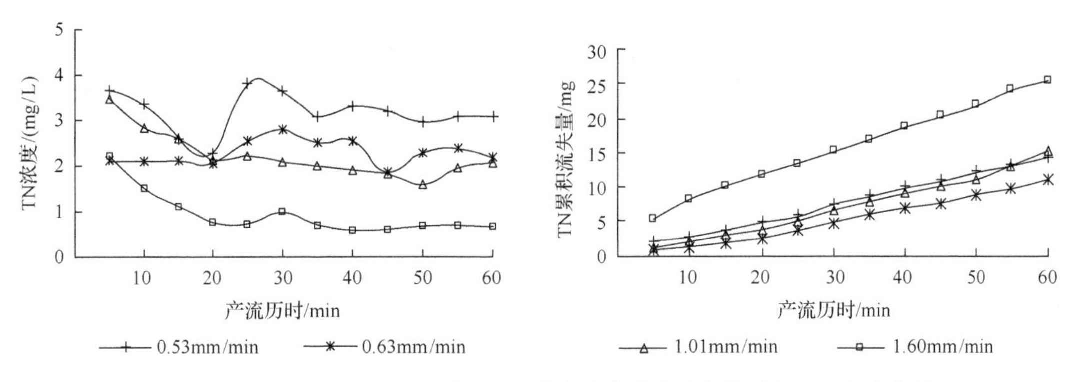

图 4-8　笋竹林地不同雨强场降雨 TN 流失浓度的波动变化过程及累积流失量

图 4-8 右图显示，径流中 TN 流失量在雨强为 0.53～1.01mm/min 时变化不明显，累积过程很慢；当雨强增大到 1.60mm/min 时，在产流初期径流中 TN 的流失量很大。图 4-8 左图显示，TN 流失浓度在产流 20min 后趋于稳定，并基本围绕着 2mg 上下波动。4 种雨强在产流 20min 后都趋于稳定，并随着雨强增大，TN 流失量在增大，但增大的幅度不明显。

图 4-8 显示，在 4 个小区不同雨强的场降雨试验中，TN 流失量所呈现的累积过程都遵循着幂函数增长的规律(表 4-5)，但起点流失量和增长的速率不同。在相邻雨强之间，随着雨强差值的增大，TN 累积流失量的差值曲线的斜率在加大。在雨强为 0.53mm/min 场降雨中，TN 的总流失量为 14.442mg；0.63mm/min 场降雨中，TN 的总流失量为 11.015mg；1.01mm/min 场降雨中，TN 的总流失量为 15.240mg；1.60mm/min 场降雨中，TN 的总流失量为 25.827mg。但总流失量增加的幅度，小于浓度减少的幅度。在图 4-8 中出现的另一奇特现象是雨强 0.53mm/min 的 TN 流失量大于雨强 0.63mm/min 的 TN 流失量。这种差异出现的可能原因是试验径流小区 3 和 4 是每年都除草清鞭，人为活动强于径流小区 1 和 2。笋竹林地人为挖笋和施肥，使得地表土层疏松氮素含量高，在降雨初期地表入渗强度大，径流量较小，而产沙量大所致。但在雨强 0.53～1.01mm/min 的 3 场降雨过程中，产流率变化不明显，而径流量也比较小，3 场降雨试验总的径流量变化不大。当雨强为 1.6mm/min 时，产流率突然增大很多，而且波动较大，其平均产流率为其他 3 场降雨试验的 4～7 倍(张丽萍等，2011)。但在同样背景的小区类型中，TN 的流失量随雨强的增大而增大。

表 4-5　笋竹林地不同雨强 TN 累积流失量递变曲线方程

雨强/(mm/min)	方程式	R
0.53	$y=0.3956x^{0.8683}$	0.988
0.63	$y=0.0487x^{1.3233}$	0.997
1.01	$y=0.1227x^{1.1589}$	0.998
1.60	$y=1.7563x^{0.6455}$	0.998

2. 竹林地磷素流失过程特征分析

1)用材竹林地的总磷流失过程

图 4-9 显示，在用材竹林坡地，径流中总磷(TP)的流失特征与 TN 的流失特征明显不同。TP 的流失量是随着雨强的增大而增大，并且增大的幅度也随雨强增大而上升。当雨强从 1.01mm/min 增大到 1.60mm/min 时，TP 累积流失量从 1.255mg 增加到 4.947mg，净增加 3.692mg；而雨强从 1.75mm/min 增大到 1.90mm/min 时，TP 累积流失量从 9.09mg 增加到 15.409mg，净增加 6.319mg。雨强与 TP 累积流失量呈指数相关，相关系数达到 0.99。

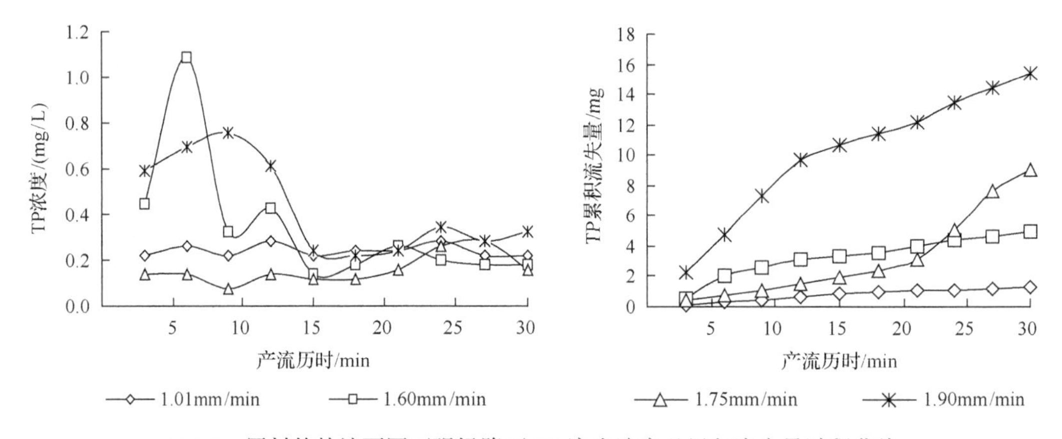

图 4-9　用材竹林地不同雨强场降雨 TP 流失浓度及累积流失量过程曲线

径流中 TP 的浓度在产流初期较高，在产流 15min 后即趋于稳定。在 4 场降雨试验中，前 15min 径流中 TP 的浓度基本上是随着雨强的增加而增加，只是在雨强为 1.60mm/min 出现了一个畸点，后 15min 径流中 TP 的浓度基本上分布在 0.2mg/L 以上和 0.3mg/L 以下。

TP 流失量的累积过程是随着径流中 TP 的浓度和径流量的增加而增加，在浓度稳定的前提下，TP 的流失量是径流量的函数。由图 4-9 浓度曲线和流失量累积曲线的趋势，可以推得在产流的前 15min 内，TP 的浓度在 TP 的流失过程中起主导作用，当 TP 的浓度趋于稳定时，TP 累积流失过程的增加是随径流量的增加而增加。

2)笋竹林地总磷的流失过程

TP 浓度曲线显示，在笋竹林坡地每年清鞭和除草的 S_3 号和 S_4 号小区，径流中 TP 的平均浓度都高于相近雨强时每两年清鞭和除草一次的 S_1 号和 S_2 号小区。从 4 场降雨总的情况来看(图 4-10)，在每场降雨试验产流的初期，TP 的浓度都很高，然后逐渐趋于减少，但减少的幅度不大。在同一类管理方式情况下，浓度随雨强的增大而增大，但浓度随产流历时的波动也在增大。当雨强较小时，单场降雨中浓度的最大值和最小值相差只有 0.17mg，当雨强较大时，最大值与最小值之差增大为 0.28mg。

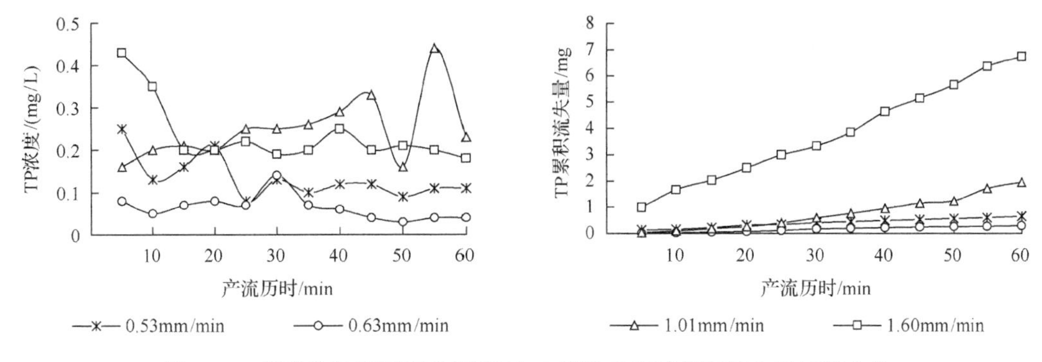

图 4-10　笋竹林地不同雨强场降雨 TP 流失浓度及累积流失量过程曲线

从 TP 流失量的累积特征(图 4-10)来看，基本上都呈现出直线上升的趋势，只是直线增长的斜率不同，在雨强为 1.01mm/min 以下时，累积增加过程很慢，当雨强为 1.60mm/min 时，累积增加过程很快，其雨强与增加斜率的对应排序为：0.63mm/min(斜率为 0.0056)＜0.53mm/min(斜率为 0.0096)＜1.01mm/min(斜率为 0.0345)＜1.60mm/min(斜率为 0.1046)。在处理相近的两个雨强 0.53mm/min 和 0.63mm/min 的试验中，在 3 号小区中 TP 的浓度和总的流失量都大于 1 号小区的。其结果说明，笋竹林下随着人为除草次数的增加，所诱发的土壤养分流失更为严重。

3. 竹林地径流量与总氮总磷流失量关系分析

1) 用材竹林地径流量与总氮和总磷的关系

就不同雨强的 4 场降雨总径流量与 TN 和 TP 流失量来看(图 4-11)，径流量、TN 和 TP 都是随着雨强的增大而增加，TP 和 TN 随雨强增加呈指数增大的规律，TP 与雨强的相关系数达到了 0.99；TN 的相关系数为 0.84，次于与 TP 的相关性。而径流量随雨强增加的递增规律有所不同，在雨强为 1.90mm/min 时，反而比 1.75mm/min 雨强时有所减少。但 TN 和 TP 与径流量的相关性呈三次多项式规律，相关系数近 0.999。在雨强为 1.90mm/min 时出现了异常。

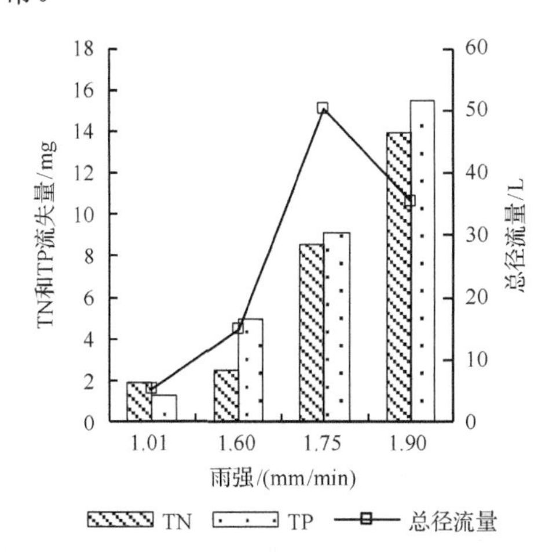

图 4-11　用材竹林地径流量与 TN 和 TP 流失量的关系

径流量除了受雨强控制外，土壤前期含水量的影响也很大。在雨强为 1.90mm/min 时，产流时刻出现得最迟，总径流量小于 1.75mm/min 时的径流量。TN 和 TP 的流失主要受控于径流量及径流量中 TN 和 TP 的浓度。

2) 笋竹林地径流量与总氮和总磷的关系

分析笋竹林地不同雨强的 4 场降雨总径流量与 TN 和 TP 流失量(图 4-12)，都是随着雨强的增加具有分段性。在雨强≤1.01mm/min 的 3 场降雨试验中，增加比较缓慢；但在 2 号小区，当雨强增大到 1.60mm/min 时，径流量、TN 和 TP 都出现大幅度的增加，径流量的增加比率最大，是雨强为 1.01mm/min 时的 4 倍。在 4 场降雨试验中，TN 的流失量都很大，TP 的流失量处于最少状态。径流量与 TN 和 TP 的相关性很好，都呈现出二次多项式相关，相关系数近于 0.999。

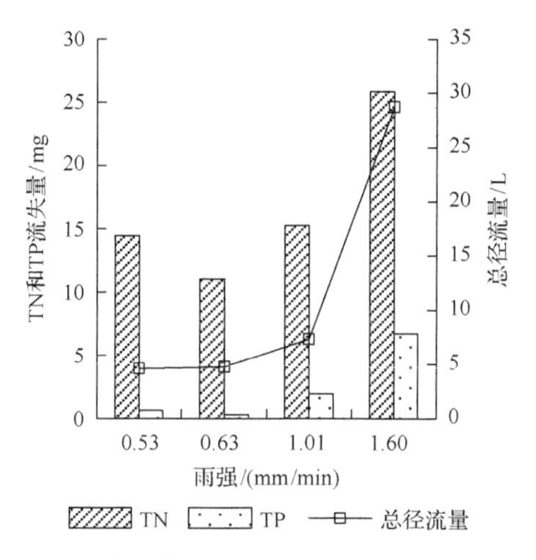

图 4-12　笋林地径流量与 TN 和 TP 流失量关系

4. 结论

现将用材竹林地雨强为 1.60mm/min、1.01mm/min 的两场试验数据分别与笋竹林地雨强为 1.60mm/min、1.01mm/min 的两场试验数据进行比较研究。由于两者的产流历时不同，在比较过程中，试验进行了产流同历时处理。在用材竹林地的试验中，是从开始产流算起，经历了 30min 的降雨，因此，取用笋竹林地产流开始后的 30min 的产流、TN 和 TP 数据进行比较(表 4-6)。

表 4-6　两种竹林地人工模拟降雨试验对比

试验小区	雨强/(mm/min)	总径流量/L	TP 流失量/mg	TP 的平均浓度/(mg/L)	TN 流失量/mg	TN 的平均浓度/(mg/L)
笋竹林	1.01	2.691	0.6	0.233	6.464	2.402
	1.60	12.42	3.33	0.268	15.197	1.224
用材竹林	1.01	5.259	1.255	0.239	1.8	0.342
	1.60	14.905	4.947	0.332	2.425	0.163

表 4-6 数据显示，在相同雨强情况下，用材竹林地的径流量远大于笋竹林地的，但 TN 的流失量却远小于笋竹林地的，其关键在于笋竹林地径流中氮的浓度较高所致，笋竹林地径流中 TN 的浓度约为用材竹林地的 7 倍。在径流量和 TN 浓度的综合作用下，TN 的流失量随雨强的增大，呈现出不同倍数的增加。当雨强是 1.01mm/min 时，笋竹林地 TN 的流失量是用材竹林地的 3.59 倍，当雨强增大到 1.60mm/min 时，笋竹林地 TN 的流失量增大到用材竹林地的 6.27 倍。

TP 与 TN 的流失规律不同，在两种竹林地的径流中，TP 的浓度变化不明显，但由于用材竹林地的径流量大于笋竹林地的，所以出现用材竹林地 TP 的流失量略大于笋竹林地的现象。土壤中磷素随径流的流失主要是附着在泥沙颗粒，随泥沙一起运移。在笋竹林地，泥沙所运移的 TP 是径流中 TP 的 150～650 倍。在雨强为 0.53mm/min 的场降雨试验中，泥沙中携带的 TP 为 261.7mg，而当雨强为 0.63mm/min 时，泥沙中的 TP 为 168.96mg，雨强 1.01mm/min 和 1.60mm/min 的泥沙 TP 分别是 295.8mg 和 4504.3mg。而在用材竹林地则产沙量很小，泥沙中所含 TP 的总量很少。然而，泥沙所吸附的磷素是水体二次污染的主因。一些学者曾研究水体沉积泥沙磷的吸附解吸动态平衡，结果表明当水体磷素浓度减小时，泥沙中的磷会逐渐释放到水体中(Wang et al.，2013；张赫斯，2011)。

由此可知，笋竹林地水土流失所导致的土壤退化和下游水体污染的程度远比用材竹林地要严重得多。

4.1.4　不同管理方式竹林坡地径流的载荷特征分析

降雨对地表的侵蚀，主要包括雨滴击溅和径流侵蚀。雨滴击溅一方面对坡面物质进行短距离搬运，另一方面破坏地表物质结构，使其易于进入径流并随径流流失。径流是坡面物质流失的主要运输载体，径流过程特征对坡面物质流失起主导作用。

1. 竹林地径流系数及载沙过程分析

降水到达地面通过产流实现其对地表的侵蚀和物质的搬运，产流过程、形式和径流量决定着径流的载荷能力。能充分表达降雨径流特征的指标之一是径流系数和径流量。根据 8 场人工模拟降雨测试结果绘制得图 4-13 和图 4-14。

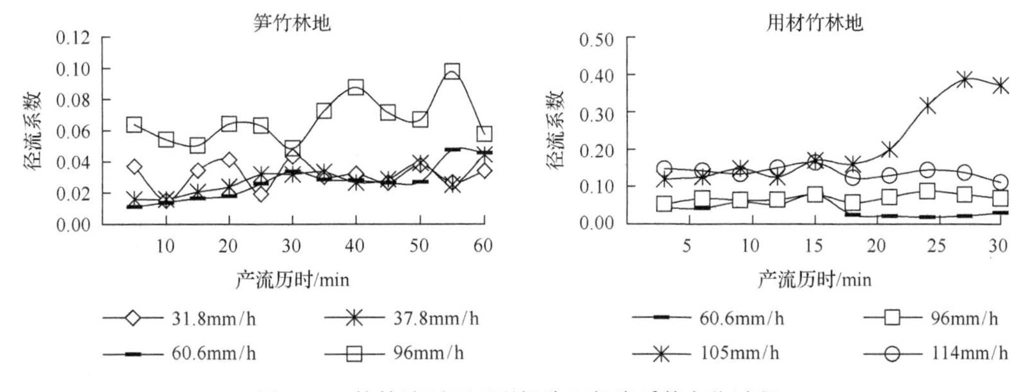

图 4-13　竹林地不同雨强场降雨径流系数变化过程

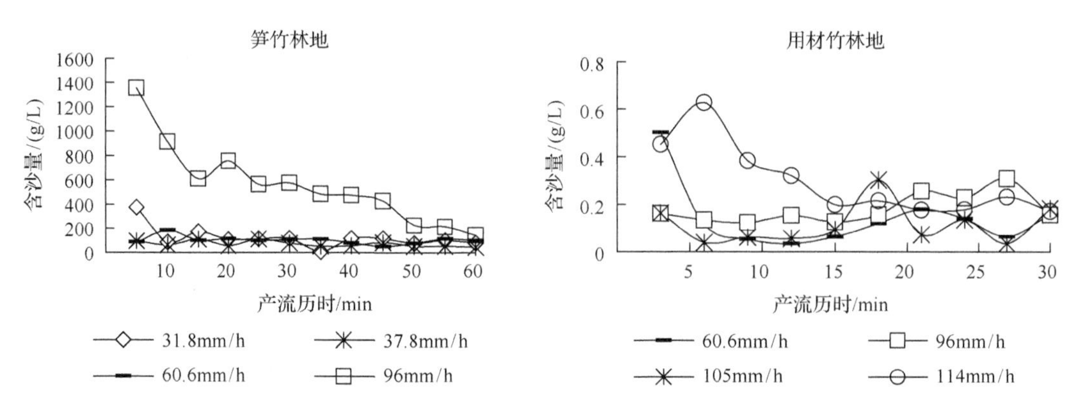

图 4-14 竹林坡地不同雨强场降雨径流含沙量变化过程曲线

由图 4-13 显示，在相同雨强下，用材竹林地的径流系数普遍高于笋竹林地，除雨强为 105mm/h 外。其他雨强条件下随着雨强的增大呈现出不同程度的增加趋势，从径流系数的变化过程来分析，在产流后，径流系数相对稳定，只是在产流 20min 后，在雨强为 105mm/h 时出现突增现象。在笋竹林地，径流系数随着产流历时的延续，略显波动上升趋势。在雨强小于 60.6mm/h 时，各雨强之间径流系数的差距不明显。

径流携带泥沙量是由含沙量来表示，图 4-14 中的曲线显示笋竹林地的含沙量都很高，在雨强小于 60.6mm/h 时，各雨强之间径流含沙量的变化不明显，80%的时段分布在 100～200g/L，在这一范围内略显示出随雨强的增大而增大，全场降雨的平均含沙量分布在 70～126g/L。在雨强增加到 96mm/h 时，径流含沙量明显上升很多，平均含沙量增大为 540.6g/L，在产流的初期，最大含沙量可达到 1300g/L 以上，近乎于泥流，但随着产流历时的延长，呈下降趋势。在用材竹林地，径流含沙量都很小，随产流历时延长的变化规律不明显，但在产流初期都比较高，并随雨强的增大而有增大的趋势，但雨强 105mm/h 的场降雨例外。

就相同雨强的笋竹林地和用材竹林地比较，笋竹林地的是用材竹林地的 765～2922 倍。同是笋竹林地，不同的管理方式，在相近雨强的情况下，S1 小区的径流含沙量要高于 S2 小区的径流含沙量。

2. 竹林坡地径流载氮过程分析

由图 4-15 用材竹林地 TN 浓度图示的变化总趋势来看，在各种雨强设计下，径流中 TN 的浓度值在产流初期都很大，但不同雨强之间的浓度差异也较大；随着产流历时的延续浓度值趋于波动性减小，当产流延续到 20min 后浓度趋于稳定，各种雨强之间的浓度差变小。

图 4-15 显示，在笋竹林地 4 种雨强的径流中，TN 的浓度表现出产流初期浓度很大，随后趋于减小，当产流延续到 20min 后趋于稳定，这种减小的趋势随雨强增大而明显。从径流 TN 浓度的分布曲线来看，表现最明显的一个规律就是雨强越小浓度越大，并且浓度的差值很大。在雨强为 31.8mm/h 时，TN 的平均浓度为 3.140mg/L，当雨强最大为 96mm/h 时，TN 的平均浓度仅有 0.899mg/L。这与吴希媛等（Wu et al.，2011）研究的坡面

菜地 TN 流失规律相一致。

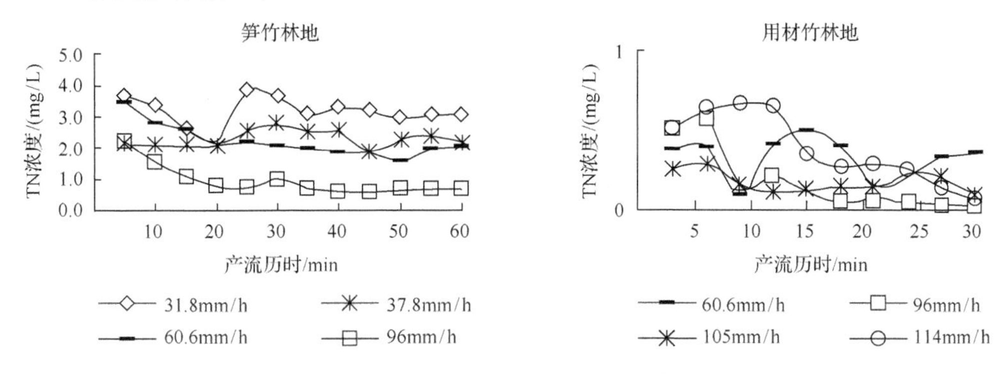

图 4-15　竹林坡地不同雨强场降雨径流中 TN 含量变化过程曲线

由表 4-6 径流中 TN 流失量来看，TN 的流失量是随着雨强的增大而增大，在雨强为 31.8～60.6mm/h 时变化不明显；当雨强大于 60.6mm/h 时，TN 的流失量是随着雨强增大而增大。将图 4-15 与图 4-13 综合比较可见，把各产流时刻对应的 TN 浓度和径流系数之间的变化趋势进行综合，再与表 4-6 中径流 TN 流失量比较得知，径流系数在 TN 的流失过程中起着重要的作用。例如，在笋竹林地，当雨强为 96mm/h 时，径流系数突然增大很多，而且波动较大，其平均径流系数为其他 3 场降雨试验的 2～3 倍。但在同样管理方式的小区类型中，TN 的流失量随雨强增大而增大。

3. 竹林坡地径流载磷过程分析

图 4-16 显示，在用材竹林坡地，径流中 TP 的浓度在产流初期较高，在产流 15min 后即趋于稳定。在 4 场降雨试验中，前 15min 径流中 TP 的浓度基本上是随着雨强的增加而增加，只是在雨强为 96mm/h 出现了一个畸点，后 15min 径流中 TP 的浓度基本上分布在 0.2～0.3mg/L。

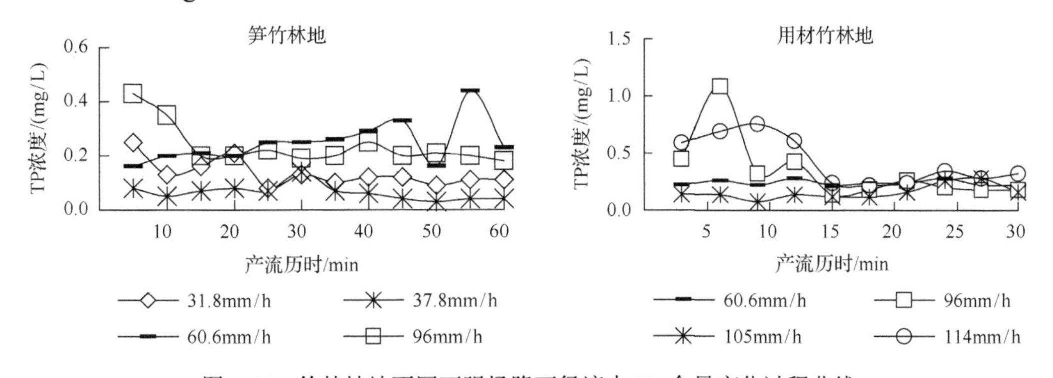

图 4-16　竹林坡地不同雨强场降雨径流中 TP 含量变化过程曲线

由图 4-16 TP 浓度曲线显示，在笋竹林坡地每年清鞭和除草的 S1 号(31.8mm/h)和 S3 号(60.6mm/h)小区，径流中 TP 的平均浓度都高于相近雨强时每两年清鞭和除草 1 次的 S2 号(37.8mm/h)和 S4 号(96mm/h)小区。从 4 场降雨总情况来看，在每场降雨试验产流的初期，TP 的浓度都很高，然后逐渐趋于减少，但减少的幅度不大。在同一管理方式下，浓度随雨强的增大而增大，但浓度随产流历时的波动也在增大。当雨强较小时，单场降雨中浓度的最大值和最小值相差只有 0.17mg，当雨强较大时，最大值与最小值之差增大为 0.28mg。

在径流和浓度的共同作用下，径流中总磷(TP)的流失是随着雨强的增大而增大，并且增大的幅度也随雨强增大而上升。在用材竹林地，TP 的流失量随雨强增加呈指数上升，相关系数可达 0.99。由图 4-16 浓度曲线和图 4-13 径流系数曲线的趋势，可以推得在产流的前 15min 内，TP 的浓度在 TP 的流失过程中起主导作用，当 TP 的浓度趋于稳定时，TP 流失过程的增加是随径流量的增加而增加。在笋竹林地，TP 的流失量随雨强增加呈直线上升的趋势，相关系数约为 0.97。其 TP 流失量的变化过程以径流量的变化起主导作用。

4. 竹林坡地物质流失量的相关因素分析

竹林地水、土、TN 和 TP 的流失过程特征是多种因素作用的结果，根据试验设计和因素控制测试，将雨强、总径流量、径流系数、含沙量、TP 和 TN 的浓度作为分析的主要影响因素，使用 SPSS16.0 将笋竹林地和用材竹林地分别进行了相关性分析，结果见表 4-7。

表 4-7　竹林地泥沙、TN 和 TP 流失的相关性分析表

笋竹林地	TN 流失量	相关因子	TN 流失量	雨强	总径流量	径流系数	TN 的浓度
		相关系数	1	0.926	0.971*	0.957*	–0.816
	TP 流失量	相关因子	TP 流失量	雨强	总径流量	径流系数	TP 浓度
		相关系数	1	0.972*	0.990*	0.951*	0.612
	总产沙量	相关因子	总产沙量	雨强	总径流量	径流系数	含沙量
		相关系数	1	0.911	0.996**	0.993**	0.996**
用材竹林地	TN 流失量	相关因子	TN 流失量	雨强	总径流量	径流系数	TN 浓度
		相关系数	1	0.799	0.757	0.691	0.392
	TP 流失量	相关因子	TP 流失量	雨强	总径流量	径流系数	TP 浓度
		相关系数	1	0.891	0.735	0.66	0.582
	总产沙量	相关因子	总产沙量	雨强	总径流量	径流系数	含沙量
		相关系数	1	0.862	0.711	0.634	0.757

**0.01 水平上极显著相关，*0.05 水平上显著相关

表 4-7 相关性数据显示，所有的相关性系数都为正值，只有笋竹林地 TN 流失量与 TN 的浓度为负相关，但其相关性很好。在用材竹林地，雨强与土壤和养分流失的相关性都较高，其中 TP 流失量和总产沙量与雨强的关系更好；总径流量在 TN 和 TP 的流失过程中影响也很大；浓度的影响较小。而在总产沙量的相关性分析中，含沙量所起的作用也很大，仅次于雨强。结合表 4-7 和表 4-8 数据，就不同雨强的 4 场降雨总径流量与 TN 和 TP 流失量来看，径流量、TN 和 TP 都是随着雨强的增大而增加，TP 和 TN 随雨强增加呈指数增大的规律，TN 和 TP 与径流量的相关性呈三次多项式规律，相关系数近 0.999。

在笋竹林地，TN、TP 流失量和总产沙量与各因子的相关性都很好，都高于用材

竹林地相应因子的相关系数，尤其是总产沙量与总径流量、径流系数和含沙量都达到了极显著水平，与雨强的相关性也达到了 0.911。TN 和 TP 的流失量与浓度的相关性较差，尤其 TN 的流失量与 TN 的浓度呈负相关。由表 4-8 中两个处理不同雨强的 4 场降雨来看，总产沙量、TN 和 TP 流失都是随着雨强的增加具有分段性，在雨强小于 60.6mm/h 的 3 场降雨试验中，增加比较缓慢；但在 S4 小区，当雨强增大到 96mm/h 时，径流系数、含沙量、TN 和 TP 都出现大幅度的增大，径流量的增加比率最大，是雨强为 60.6mm/h 时的 4 倍。在 4 场降雨试验中，TN 的流失量都很大，TP 的流失量处于最少状态。径流量与 TN 和 TP 流失量的相关性很好，都呈现出二次多项式相关，相关系数近于 0.999。

5. 讨论与结论

现将用材竹林地与笋竹林地相同雨强(96mm/h、60.6mm/h)的 4 场降雨试验数据分别进行比较研究。由于两者的产流历时不同，在比较的过程中，我们进行了产流同历时处理。由于在用材竹林地的试验中，我们是从开始产流算起，经历了 30min 的降雨，根据数据取值的有效性，我们采用笋竹林地产流开始后 30min 的对应数据列表比较(表 4-8)。

表 4-8　两种竹林地人工模拟降雨试验对比统计表

雨强/(mm/h)	竹林地类型	总径流量/L	径流系数	总产沙量/g	平均含沙量/(g/L)	TN 流失量/mg	TN 浓度/(mg/L)	TP 流失量/mg	TP 浓度/(mg/L)
60.6	S3	2.691	0.020	307.014	114.089	6.464	2.402	0.600	0.233
	Y1	5.259	0.039	0.701	0.133	1.799	0.342	1.255	0.239
96.0	S4	12.420	0.058	10065.760	810.448	15.197	1.224	3.330	0.268
	Y2	14.905	0.069	2.795	0.185	2.425	0.163	4.947	0.332

由表 4-8 数据显示，在雨强为 60.6mm/h 的相同产流时段内，用材竹林地的产流量和径流系数大于笋竹林地，大约是笋竹林地的 2 倍。TP 流失量也高于笋竹林地，也呈现出 2 倍的增长，但两类竹林地 TP 浓度相差不大。产沙量和含沙量却是笋竹林地远大于用材竹林地，并呈现出 3 个数量级的倍数。TN 浓度和 TN 流失量也以笋竹林地为高，分别是用材竹林地的 7 倍和 3.6 倍(曾曙才和吴启堂，2007)，其可能与笋竹林地定期施肥有一定关系。当雨强增大到 96.0mm/h 时，两种管理方式竹林地物质流失的关系发生了变化。笋竹林地和用材竹林地径流系数和产流量的差距在缩小，但是产沙量和含沙量的差距增大许多，笋竹林地的产沙量和含沙量分别是用材竹林地的 3601 倍和 4381 倍。在 96.0mm/h 雨强情况下，笋竹林地 TN 浓度与用材竹林地相比，也约为 8 倍，但是流失量却增加到 6.3 倍。TP 浓度的差距在加大，用材竹林地 TP 流失量是笋竹林地的 1.5 倍，TP 浓度是 1.2 倍。

就笋竹林地场降雨试验产流后的前 30min 与后 30min 相比，其运载特征明显不同。在雨强为 60.6mm/h 的试验中，产流后的前 30min 中，平均含沙量和 TN 浓度高于后 30min，其他测试要素都是后 30min 高于前 30min，说明随着产流历时的延长，流失率在上升，尤其以 TP 的流失量增加最快，后 30min 是前 30min 的 3.3 倍。在雨强为 96mm/h 的降雨试验中，产流后前 30min 与后 30min 的差距较小，在产流后的前 30min 期间，平均含沙量、TN 和 TP 浓度都高于后 30min，但其他测试项目则是后 30min 大于前 30min。这一现象说明，随着雨强的增加，在整场降雨过程中物质的流失量都很大。

上述讨论可知，笋竹林地的物质运移强度明显高于用材竹林地，这与其特殊的管理方式密切相关。由于笋竹林地挖笋、锄草、清鞭、施肥等人为扰动，林下几乎没有地表覆盖物，地表土壤疏松，在降雨径流作用下，极易发生物质的运移。在降雨初期由于土层较松降雨入渗量大，径流量较小，但径流中含沙量很大，在雨强较大的情况下，产流初期常出现泥流现象，单样最大含沙量可达 1356g/L。在用材竹林坡地，径流量、径流系数都大于笋竹林坡地，这是由于它人为扰动较少，地表残留的枯枝落叶覆盖较厚，径流顺着这些残留物流出径流小区，土壤入渗较少，但随着产流历时的延续，径流系数比较稳定。另外，地表覆盖物能起到保护土层的作用，加之地表糙度大，径流流速较小，侵蚀作用弱，径流中的泥沙含量少。基本属于无明显侵蚀类型，与其他一些林下无清理径流监测和模拟试验的结论一致。

在两种竹林地的径流中，TP 浓度变化不明显，但由于用材竹林地的径流量大于笋竹林地，所以表现出用材竹林地 TP 的流失量略大于笋竹林地的现象。这是因为 TP 的流失特性和机理有别于 TN 的流失特性，磷素随径流的流失一部分为可溶性的随径流移动，更主要的是附着在泥沙颗粒，随泥沙一起运移。在笋竹林地，泥沙所运移的 TP 是径流中 TP 的 150～650 倍。而在用材竹林地则含沙量很小，泥沙中所含 TP 的量很少。然而，泥沙所吸附的磷素是水体二次污染的主因。一些学者曾研究了水体沉积泥沙磷的吸附解吸动态平衡，结果表明当水体磷素浓度减小时，泥沙中的磷会逐渐释放到水体中。由此可知，笋竹林地水土流失所导致的土壤退化和下游水体污染的程度远比用材竹林地要严重得多。

4.2　柚子林坡地侵蚀产沙过程模拟

经济林经营是低丘缓坡土地利用的主要方式之一，对经济林坡地水土流失问题的研究是南方水土保持工作的重中之重。为了研究低丘缓坡经济林地坡长对坡面侵蚀产流产沙过程的影响规律，本节主要以浙江省常山县胡柚林地为例，通过野外人工模拟降雨试验法，在林地内设置径流小区，分析探讨了坡长对柚子林坡地侵蚀产流产沙及泥沙输移过程的影响，以期为本地区水土流失防治提供理论依据。

4.2.1　试验设计与分析方法

与天然降雨相比，人工模拟降雨能有效地避免天然降雨的随机性及不可控性，可根据试验目的人为控制降雨特性(如雨量、降雨动能、雨滴直径、雨强等)及各种边界条件(如植被、坡度、坡长、土壤类型及土地利用类型等)模拟不同雨强的天然降雨，且试验周期短，便于观测研究土壤侵蚀的演变规律，故目前在水土流失的研究中应用广泛。

因此，本试验选取浙江省常山县典型的土地利用类型胡柚林为研究对象，在林内设置径流小区进行人工模拟降雨，结合方差分析及回归分析的方法，综合分析坡长及雨强对坡面产流产沙的影响过程。

1. 研究区概况及试验装置

为了研究低丘缓坡经济林地坡长对坡面产流产沙动态过程的影响，本节研究采用野外人工模拟降雨的方法，于2008年10月在常山县胡柚林的林间设置径流小区进行试验。常山县属亚热带湿润气候，雨量充沛，热量充足，年平均气温17.4℃，极端最高温40.7℃，极端最低温–11.4℃，年均降水量约1751.4mm，每年3～7月占全年降水量的62.3%，年均总日照时数1898.6h。径流小区坡度为8°，小区内草茬覆盖率约60%，土层深厚，土壤理化性质见表4-9。

表4-9　原始土壤理化性质

土地利用类型	土壤容重/(g/cm^3)	有机质/(mg/kg)	速效磷/(mg/kg)	速效钾/(g/kg)	总氮/(g/kg)	pH
胡柚林	1.27	30.27	174.38	8.29	0.719	5.93

试验装置为中国科学院水利部水土保持研究所生产的便携式人工模拟降雨系统，降雨可覆盖面积3m×6m，由喷头、电源主控制器、数据采集器、降雨供水管道、雨量计及计算机分析软件等组成。喷头装置在离地面6m的高度上，以使绝大部分雨滴达到降雨终速。通过控制喷头打开的数量及水压得到不同雨强，径流小区四周均匀分布10个直径85mm、高200mm的雨量筒，通过雨量筒内降雨的平均深度除以降雨时间得到雨强，每场降雨开始前标定雨强，标定试验持续降雨20min，设置3个重复以得到比较精确的雨强值。

2. 试验设计及分析方法

本试验设计5个坡长分别为2m、4m、6m、8m、10m，宽度为2m的径流小区，径流小区坡度为8°，小区边界由高出地面10cm、入土深度10cm的铁板密封，小区下端设置可嵌入地表的钢制集水槽，以保证小区内的径流全部汇入出水口的径流桶内。每个坡长设置雨强6.0～180mm/h，每场降雨重复3次。每场降雨前测定土壤前期含水量，以保证所有降雨试验土壤前期水分含量(绝对含水量)一致。每场降雨自产流开始持续30min，并记录开始产流的时刻，每隔3min将径流及泥沙接到1L的带有刻度的塑料瓶中。将含有泥沙的塑料瓶带回实验室静置24h，通过量测瓶中水的深度得出径流体积，然后倒去上清液，将泥沙烘干称量(105℃的条件下烘12h)得到泥沙量。试验土、水样在浙江大学实验室分析，数据结果采用SPSS16.0及Excel进行分析。

4.2.2　柚子林坡地产流过程分析

坡长是影响坡面径流的产生、侵蚀产沙运移规律及水分入渗的重要地貌因素之一，研究坡长对产流过程的影响为土壤侵蚀预测预报、水土保持规划的制定及水土流失防治措施的布设提供重要的理论依据，因此受到国际广泛关注。关于坡长对径流量的影响，孔亚平、陈力等的研究表明坡长是影响径流的重要因素，径流量随坡长的增加而增大，甚至呈线性关系(陈力等，2001；孔亚平等，2001)。关于坡长对径流深的影响研究也有相同的趋势，但不同的研究者得出不同的函数表达方程，即随着坡长的增加，径流深也呈增加趋势，马春艳等(2007)表明坡面径流深随坡长变化的动态变化可以用幂函数相关方程描述，而王占礼等(2005)在黄土高原裸坡上的试验指出用对数相关方程进行表述，坡长 80cm 是径流深变化的转折点。还有不少学者从统计分析的角度对黄土高原地区降雨产流机制及其过程进行了大量的研究，并且给出了产流预报模型(王玉宽等，1991；王万忠和焦菊英，1996；吴发启等，2000)。本节主要研究坡面累积径流量随坡长变化的产流动态变化过程及雨强、坡长对坡面径流量的综合影响，分析不同坡长下经济林地坡面产流规律，为红壤坡地水土保持提供理论依据。

1. 坡面累积径流量随坡长变化的产流动态变化

坡长的变化影响和决定着坡面水流及泥沙的运移规律，以及侵蚀形态的演化过程，是影响坡面径流与水流侵蚀产沙过程的重要地貌因素之一。通过对降雨资料的数据分析，得出坡面累积径流量随降雨过程的产流动态变化曲线(图 4-17)。

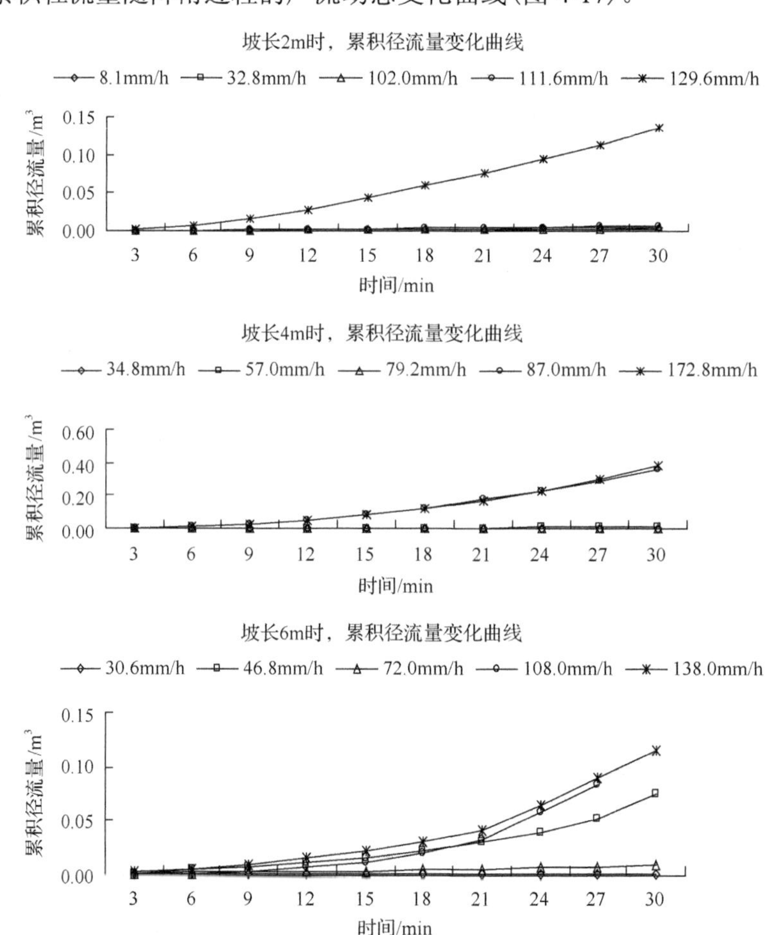

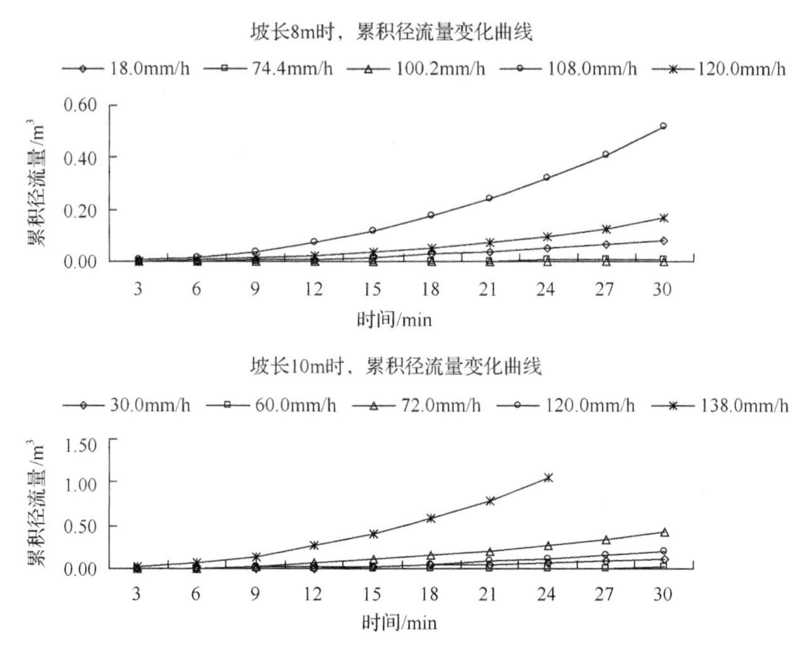

图 4-17　各坡长不同雨强下累积径流量变化曲线

相同坡长条件下，各雨强累积径流量随时间增加基本呈增大趋势，但增幅较小，其曲线平均斜率小于 0.00085 左右(表 4-10)；当雨强大于或等于 108mm/h 时，累积径流量增大较快，其平均斜率为 0.00392，当坡长为 10m、雨强为 168mm/h 时，其斜率甚至达到 0.0205，并且无论雨强多大，降雨 12min 后，累积径流量增幅较明显(图 4-17)。可能由于径流小区内不仅有很多草茬，而且坡面微地貌复杂，在雨强较小的情况下，即使形成薄层水流，流速也很慢，故而径流量增幅较小，而随着雨强的增大，尤其是当雨强达到 108mm/h 时，由于降雨溅起的细颗粒阻塞土壤孔隙及地表结皮的产生等促进地表径流形成加快，故累积径流量增大得快。而降雨持续 12min 后，累积径流量增幅骤然明显，可能由于降雨初期土壤含水量小，且胡柚林基地主要使用有机肥，土壤孔隙性比较好，团粒结构多，质地均匀，因此在降雨初期土壤渗透能力强，产流少，而随着降雨时间的延长，土壤水分逐渐增多，使得渗透速率降低，从而导致坡面径流量的增加。

表 4-10　不同雨强下累积径流量曲线对应的斜率

坡长 2m		坡长 4m		坡长 6m		坡长 8m		坡长 10m	
雨强/(mm/h)	斜率	雨强/(mm/h)	斜率	雨强/(mm/h)	斜率	雨强/(mm/h)	斜率	雨强/(mm/h)	斜率
8.1	0.0005	34.8	0.0001	30.6	0	18	0.0009	30	0.0005
32.8	0.0002	57	0.0003	46.8	0.0013	74.4	0.0003	60	0.0002
102	0.0004	79.2	0.0001	72	0.0004	100.2	0.0001	72	0.0042
111.6	0.0004	87	0.0041	108	0.0003	108	0.0065	120	0.0021
129.6	0.003	172.8	0.003	138	0.0015	120	0.0019	168	0.0205

对不同坡长条件下累积径流量变化曲线分析可知(图 4-17)，坡长对累积径流量的

影响逐渐明显。雨强较小时，在降雨初期其关系曲线几乎重叠，掩盖了坡长的作用，随着降雨时间的延长，坡长增加到 4m、6m、8m、10m，其对径流量的影响逐渐增强，表现为各雨强曲线斜率的增大，尤其当坡长增加到 10m 时，各雨强其曲线斜率增加明显(表 4-10)。可能主要是因为随着坡长的增加，坡面承雨面积增大，径流量随之增大，坡长越长，重力势能越大，转化成动能时能量自然也就大，流速也就快。另外，随着坡长的增加，降雨过程中，坡面汇流作用增强，细沟的产生使更多的径流集中成股向下流动，侵蚀产沙的能力大大增强，在携带泥沙向下流动的过程中，不仅流速加快，而且阻塞了土壤孔隙，使得入渗能力减弱，产流更大。试验表明，在大雨强条件下，长坡比短坡径流增加得更加明显，如在 2m、4m 坡长时，整个降雨过程中，累积径流量增幅分别为 0.133m^3、0.385m^3，而当坡长增加到 10m 时，增幅迅速增加到 1.027m^3。

2. 相近雨强、不同坡长的产流动态过程

不同坡长情况下，累积径流量并不是都随着坡长的延长而增加，将雨强为 108～120mm/h，径流量随坡长变化的动态变化过程用 SPSS16.0 进行单因素方差分析，显著性概率 P 值为 0.000，远小于 0.05，说明坡长对坡面径流有显著影响。

试验显示坡面径流量随坡长的增加呈起伏变化状态(图 4-18)，坡长 2m 时，各时段径流量最小，平均径流量只有0.0006m^3，坡长从2m增加到4m时，径流量均值增大到0.0072m^3，而当坡长增大到 6m 的时候，各时段径流量均值较 4m 时反而减小到 0.0036m^3，延长到 8m 时，各时段径流量最大，且反映其动态变化的斜率也最大为 0.0120m^3，坡长由 8m 延长到 10m 时，各时段径流量又减小。以往关于坡长对径流量影响方面的研究得出不同的结论，陈力、马春艳等提出在坡度一定的条件下，随着坡长的增加，径流深也呈增加趋势(陈力等，2001；马春艳等，2007)，徐宪立等(2006)研究表明，在短坡长情况下，径流量随坡长增加有减少的趋势。本试验得出径流量随坡长动态起伏变化的原因可能在于坡面上胡柚林根系垂直分布特征对土壤环境的改变，以及对土壤内部水分运移情况的改变等方面。

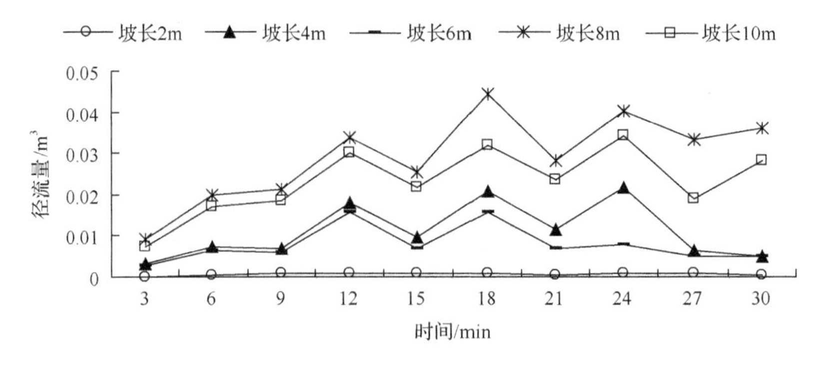

图 4-18　相近雨强下径流量随坡长变化的动态变化

研究表明，植物的细根对土壤结构的改善作用很大(徐宪立等，2006)，而试验地植被主要为胡柚林，其树冠高大，主根发达，根系水平分布比树冠投影面积大，树冠投影外缘附近的根群最密集，根据胡柚根系生长特性可知，胡柚秋梢停梢后，出现细根生长的第三次高峰，试验时间为 10 月，正处于细根生长旺盛期，根系对土壤性质的改变处于不断的变化当中。另外，随着坡面的延长，在不同土层深度，根系的粗细及密集程度都不同，粗根细根分布的量也不同，对于土壤化学性质的改良情况及根系的存在对土壤物理性质的改变也不同，故水分下渗情况有差异；而随着土壤深度的增加，土壤环境也在变化，同种植物的根系在不同土壤环境中也会表现出不同的根系分布特征，根系会适应周围土壤环境而改变分布特征或者根型组合从而有效地利用土壤水分，因此随着坡长的变化，由于各土层深度根系的变化而表现出对下渗水分的吸收差异。至于具体胡柚林根系如何影响水分入渗及根系对下渗水分的吸收情况则需要通过剖面根系研究及根系生物量、根系分布特征等的观测研究得到更加深入的探讨与分析。

通过试验可以看出，在常山县胡柚林基地的土壤植被条件下，虽然随着坡长的增加同一强度降雨产生的径流量总体上增大，但折线图显示坡长每隔 4m 径流量总是有减少的趋势，由此说明，如果在坡面上每隔 4m 种植一排胡柚林带，则其地上部分对降雨的截留作用，以及根系于水分的再分配的综合作用对于减少地表径流、防治该地水土流失起到一定的作用，对于该试验区胡柚林栽植模式有一定的借鉴作用。

3. 相同坡长下坡面径流量随雨强变化的动态变化

将相同坡长下(坡长 4m)坡面径流量随雨强变化的试验数据绘制成图 4-19，分析可知，随着雨强的增大，坡面径流量总体上呈增加趋势；并且大雨强时径流量波动比较大，而小雨强时径流量波动比较平缓。通过分析其他坡长时径流量随雨强变化的动态变化得知，雨强 87mm/h 时坡面径流量显著增加。由于在土壤前期含水率相同的情况下，雨强较小时，降雨雨滴在原地渗透或者即使形成径流在沿坡面向下流动的过程中也会逐渐渗透，坡面上草茬的存在不仅降低了雨滴动能，而且延长了径流顺坡面向下流动的时间，使得渗入土壤中的雨水增多，因此其径流量少且波动较小。而随着雨强增大到 87mm/h 时，降雨雨滴直径明显增大，且其降落终点速度较大，降落到坡面时动能明显增大，雨滴动能作用于土壤表面做功，导致土粒分散，使土壤表层孔隙减少甚至堵塞，形成表面板结降低土壤渗透性，因而地表径流形成并向下流动，但在顺坡面流动过程中因地面草茬分布的不均匀性及地下根系的作用使雨水渗透不均匀，加之野外试验风的影响，径流波动较大。

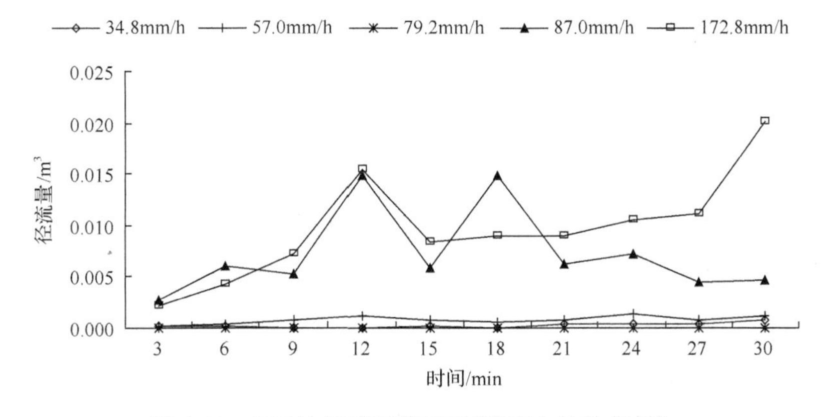

图 4-19 相同坡长下径流量随雨强变化的动态变化

4. 土壤初始含水率、雨强及坡长对径流量的综合影响

土壤初始含水率的大小影响着降雨径流的产生及水分入渗过程(Philip，1957)，目前很多研究着重于土壤初始含水率对产流时间的影响方面，并且得出大体一致的结论，产流时间受土壤初始含水率影响，初始含水率越高，产流越快，土壤越快达到稳定入渗阶段(孔刚等，2008；王晓燕等，2008)。而关于雨强对径流量的影响，朱显谟、唐克丽等早在20世纪80年代就指出雨强对降雨径流产沙形成过程有着重要的影响(朱显谟，1981；唐克丽，1987)，王文龙等(2003)研究了黄土丘陵沟壑区降雨产流特点，认为雨强越大径流量越大。另外，随着坡长的增加，坡面植物残根、微地貌、地形等因素对径流量也有一定的影响，而以往的研究都是单独考虑土壤初始含水率或雨强及坡长对径流量的影响，为了反映坡长、土壤初始含水率、雨强的综合作用对径流量的影响，本研究把降雨过程中实测的数据利用SPSS 16.0对其关系进行回归分析，得出拟合回归模型：

$$y = 259.105x_1 + 181.904x_2 + 53.738x_3 - 328.211 \quad R = 0.816 \tag{4-2}$$

式中，y为径流量(L)，x_1为土壤初始含水率(%)，x_2为雨强(mm/h)，x_3为坡长(m)。

回归模型拟合度较好，且模型方差分析表明F统计量对应的p值为0.006，远小于0.05，则说明该模型整体是显著的，表明土壤初始含水率、雨强、坡长对胡柚林地径流量的综合影响可以用线性相关方程描述。通过回归系数的显著性t检验看出，雨强的F统计量对应的P值为0.006，远远小于0.05，说明在试验条件下，雨强因素较其他两个因素对径流量的影响更加重要，其次是坡长的影响作用，并且可以看出，坡面径流量与雨强、坡长及土壤初始含水率呈正相关。

4.2.3 柚子林坡地产沙特征分析

坡长对坡面产沙量的影响目前主要有三种观点：第一种观点认为，随着坡长的增加，侵蚀反而减弱，徐宪立等(2006)通过研究路堤边坡产流产沙规律及其影响因素，表明产流产沙随坡长(短坡长)增加有减少的趋势，但其规律还有待进一步研究。第二种观点则认为，从上坡到下坡随坡长的延长侵蚀量增加，孔亚平等(2001)通过室内模拟降雨试验探讨了坡长对侵蚀产沙过程的影响规律。实验结果表明，短历时或小强度的模拟降雨试验，坡长的影响并不明显，随着降雨历时的延长或雨强的增加，坡长的影响会越来越大，侵蚀量与坡长基本呈指数关系(蔡强国和吴淑安，1998)，并且在短坡条件下，坡面侵蚀量与上方来水量呈直线关系(王文龙等，2003)。第三种观点认为，侵蚀沿坡长增加呈波动起伏状态，郑粉莉等的研究结果表明，当坡面以细沟侵蚀为主时，坡面侵蚀产沙量随坡长增加呈强弱波状起伏变化(郑粉莉和唐克丽，1989)。本节研究了不同坡长条件下坡面侵蚀产沙动态过程对该地经济林地布局问题进行了探讨，以期为该地区水土流失防治提供一定的理论依据。

1. 相近雨强、不同坡长下坡面产沙动态过程

雨强108～120mm/h，产沙量随坡长变化的动态变化过程用SPSS16.0进行单因素方

差分析，显著性概率 P 值为 0.006，远小于 0.05，说明坡长对坡面产沙过程有显著影响。将相近雨强、不同坡长坡面产沙量随时间变化的动态变化试验数据绘制成图 4-20，由图可以看出坡面产沙量均随着坡长的延长而增加，且不同坡长下产沙量具有相似的起伏变化趋势；各坡长在降雨初期产沙量都较多，随着时间的推移侵蚀量逐渐减少，而降雨 9min 以后，产沙过程出现明显波动，第 24min 达到最高值之后急剧下降，坡长越长波动越大；坡长 6m 是侵蚀量增加的过渡坡长，坡长小于 6m 时坡面土壤流失量总体都很小，而坡长大于 6m 时其产沙量呈现明显的增加，初始产沙量由坡长 4m 时的 0.003kg 增加到坡长 8m 时 0.007kg，增幅 0.004kg。由于在降雨初期坡面表层土壤疏松颗粒较多，在雨滴击溅下被冲刷掉的多，故降雨初期侵蚀产沙量大，而随着降雨时间的延长，坡面径流能量还不足以剥蚀疏松表层以下的土壤颗粒，此时土壤侵蚀量趋于平稳，但随着坡面地表径流的增加及聚集，对坡面的侵蚀力也加剧，出现坡面局部可能塌陷导致产沙量急剧增大，随后骤然减小的现象。坡长小于 4m 时坡面总体产沙量小，说明坡面上的草被残茬在局部地区还是能起到一定的缓冲作用。

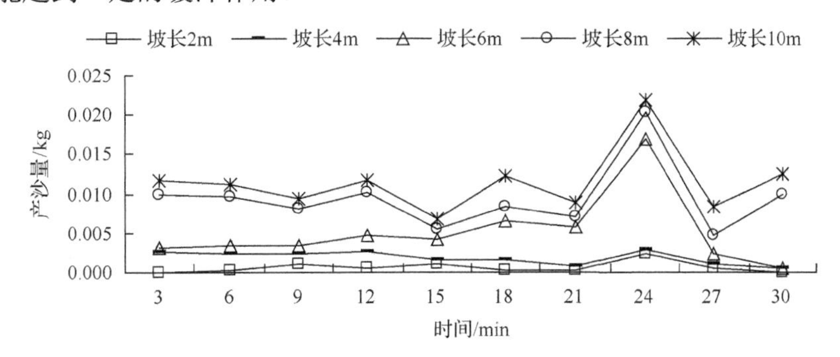

图 4-20　不同坡长产沙量随时间变化的动态变化曲线

通过试验可以看出，在常山胡柚林基地种植胡柚林时其最大行间距不得超过 6m，最好小于或等于 4m(受树冠大小影响，不能无限制的小)，且行间距内最好种植草被，这样可有效缓解雨滴对坡面的直接击溅侵蚀，减少坡面土壤侵蚀量。

2. 相同坡长、不同雨强产沙量随降雨时间变化的动态变化

将相同坡长(坡长 6m)、不同雨强下坡面产沙量随降雨时间变化的试验数据绘制成图 4-21，分析可知，雨强为 30.6mm/h 时，场降雨 30min 内坡面侵蚀量为 0；除雨强 46.8mm/h

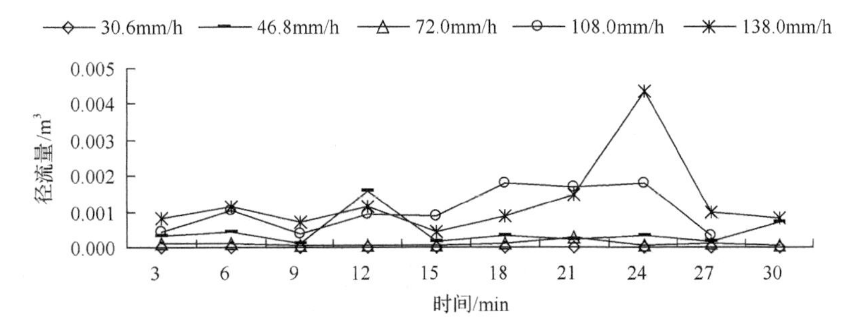

图 4-21　不同雨强产沙量随雨强的动态变化

时的产沙量外，整场降雨中随着雨强的增大，产沙量总体呈增大趋势；同一雨强产沙量呈波动起伏状态，且不同雨强下具有基本相似的波动趋势；72mm/h 雨强时坡面产沙量明显增大。

由于雨强为 30.6mm/h 时，降雨主要用于原地渗透，基本上不形成径流，即使形成径流在沿坡面向下流动的过程中很快渗透，且流程很短，坡面上草茬的存在不仅降低了雨滴动能，而且延长了径流顺坡面向下流动的时间，使得降雨全部渗入土壤，坡面侵蚀量基本为 0。在土壤前期含水率基本一致的情况下，随着雨强的增大，不同雨强平均产沙量从 0 逐渐增大到 0.00127kg，因为随着雨强增大到 138mm/h 时，降雨雨滴直径增大，且其降落终点速度较大，降落到坡面时动能明显增大，降雨径流在冲刷坡面表层疏松表层土粒外，雨滴动能作用于土壤表面做功，剥蚀疏松表层以下的土粒。试验显示雨强为 46.8mm/h 时，坡面平均产沙量为 0.00044kg，较 72mm/h 时平均产沙量 0.00010kg 大 0.00034kg，认为主要在于径流对坡面疏松表层土粒的冲刷强度及雨滴对疏松表层以下土粒的剥蚀难度。试验过程观察到，在土壤前期含水率基本相同的条件下，雨强为 46.8mm/h 的降雨过程中，径流产生后主要用于冲刷坡面疏松表层土粒，坡面呈局部片状侵蚀。降雨持续 12min 时，坡面产沙量突然出现峰值，而后又趋于平缓，侵蚀量很小，因为在其后 15min 内，径流只是携带剩余残留表层土粒，但是径流剪切力不足以剥蚀疏松表层以下土粒。当雨强继续增大到 72mm/h 时，径流除了携带残留在草茬中的疏松土粒外，随着雨滴动能的增大，此时的雨滴剪切力开始剥蚀疏松表层以下的土粒，但剥蚀能力很小。当雨强大于 108mm/h 时，雨滴直径及降落坡面速度明显增大，径流流速加快，此时坡面上出现细沟状侵蚀，并且偶有突然坍塌现象，表现为雨强 138mm/h，第 24min 时产沙量突然增大。可以得出，在常山胡柚林这样的经济林中，长期施用有机肥，土壤结构性好，且土表有疏散植被覆盖，土壤条件相对比较稳定，因此，试验雨强下侵蚀变化趋势基本是一致的，且在较小雨强下一般不易发生侵蚀，但 72mm/h 雨强是该地侵蚀性降雨的下限，应加强该林地坡面排水设施的建设，且注意林地表面植被的维护与更新，以减少径流对土表的直接击溅及冲刷。

3. *产沙过程与雨强及坡长的关系*

为了更加直观地反映坡面产沙过程与雨强及坡长的关系，本节通过对降雨资料的数据分析，点绘了不同坡长下坡面侵蚀累积产沙量随降雨时间变化的变化过程曲线图（图 4-22）。

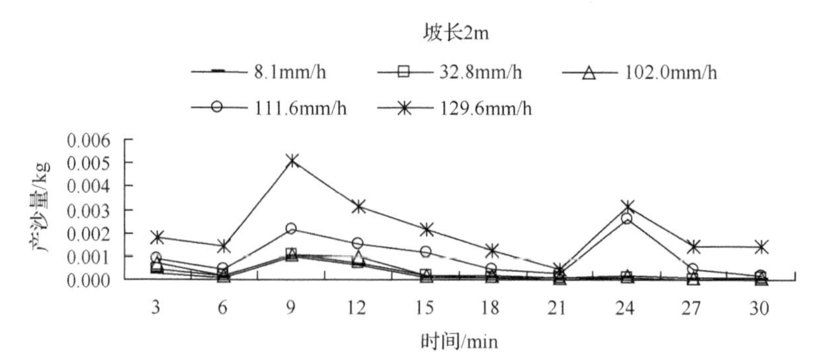

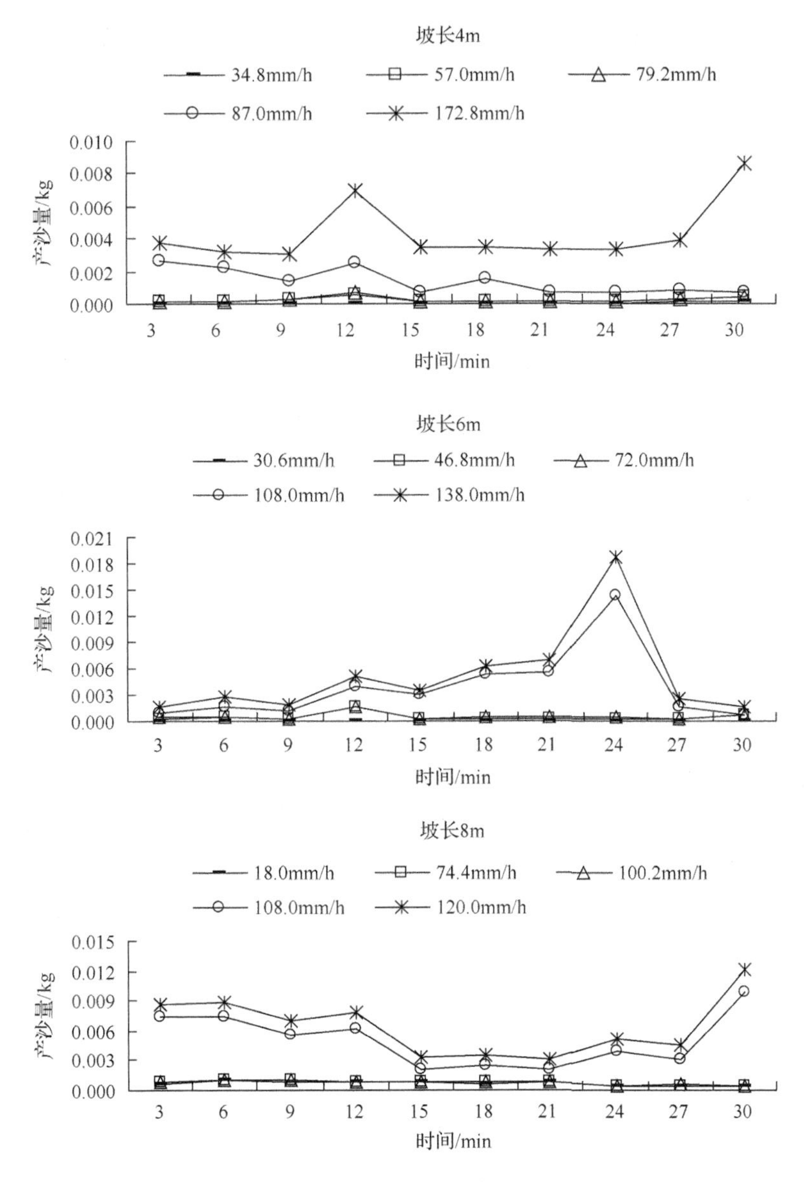

图 4-22　不同坡长下坡面产沙量随时间变化过程曲线

从图中可以看出，①相同坡长下，随着雨强的增大，坡面侵蚀产沙量增多，且呈相似的不规则起伏变化，没有明显的趋势性变化，降雨 9～12min 时各坡长达到产沙量峰值。因为在雨强较小的情况下，雨滴降落到地面时基本都在原地渗透，即使形成径流，由于坡面土表草茬的存在及复杂的微地貌特征，一方面雨滴不能直接打击地面，另一方面径流流速很慢，流程很短，基本不会携带泥沙到达出口。但随着降雨时间的延续及雨强的增大，雨滴降落地面速度增大的同时对土表的击溅能力明显增强，且土壤水分渗透逐渐减弱，坡面形成超渗产流，并且由于降雨溅起的细颗粒阻塞土壤孔隙、结皮的产生等促进地表径流形成加快，此时观察到的坡面径流不仅携带疏松表层土粒，甚至径流剪切局部土表，坡面开始出现细沟状侵蚀，偶有大块土粒塌陷，尤其是降雨 9min 以后，当雨强大于 90mm/h 甚至达到 108mm/h 时，这种塌陷情况更加明显，产沙量骤然增大，如坡长 2m 时，在雨强 129.6mm/h 时，最大产沙量竟然达到 0.0029kg，比该场降雨平均每 3min 产沙量 0.0011kg 大 0.0018kg。②不同坡长下，随着坡长的延长，大雨强下坡面侵蚀产沙量增幅明显大于小雨强，表现为各坡长曲线的分布疏离程度。坡长 10m 其雨强小于 120mm/h 时产沙量曲线基本重合，而雨强 168mm/h 时的产沙量曲线远远高于其他雨强，且坡长 2m 时最大雨强与最小雨强平均产沙量增幅为 0.00088kg，坡长 4m 时增幅达到 0.00278kg，但是当坡长增大到 10m 时，增幅却达到 0.05403kg，进一步说明坡长及雨强的综合作用对坡面侵蚀产沙有很大的影响。通过试验过程观察到，在降雨开始 9min 内坡面以片状侵蚀为主，坡面表层的细颗粒泥沙在产生径流初期随径流流失，但是随着降雨时间的延长，坡面多发生局部细沟侵蚀，且坡面径流由浑浊逐渐变清。可能由于随着坡长的增加，越向下坡坡面汇流作用越强，径流对土表的剪切力更大，细沟的产生使更多的径流集中成股向下流动，增强了径流对土表的剪切力，雨强越大这种作用增加得越快。

为了进一步分析雨强及坡长综合影响下经济林地的产沙过程，本节用 SPSS16.0 进行双因素方差分析，研究不同雨强及坡长对坡面降雨侵蚀模数的影响，结果表明，坡长及雨强对坡面降雨侵蚀模数造成了显著影响，其显著性概率都远远小于 0.05，但是从离差平方和来看，坡长贡献的离差平方和为 1.738，而雨强贡献的离差平方和为 390.004，可见，雨强对侵蚀模数造成的影响大于坡长造成的影响。

4.2.4 不同坡长径流与输沙过程研究

径流的侵蚀产沙过程主要包括径流的冲刷及输移过程，在坡面水力侵蚀产沙过程中发挥重要作用，坡面径流侵蚀量的大小主要受径流的侵蚀力和输沙能力的影响。Foster-Meyer 研究表明，在一定水流和土壤介质条件下，细沟径流分离能力与输沙能力是一定的，细沟分离和沉积的大小主要取决于径流输沙率的大小。而径流分离土壤的量与径流的输沙率成反比，若径流输沙率增大，则用于输移的能量增加，用于分离土壤的能量会相应减小，如果上游来沙量或者径流的输移率大于径流输移能力时即发生泥沙的沉积。在降雨过程中，坡长决定着坡面径流能量的沿程变化，对坡面径流泥沙输移过程具有显著影响，因此，研究坡长与坡面径流输沙过程的关系对于分析坡面薄层水流侵蚀机理具有重要意义。

1. 不同坡长下坡面径流的输沙过程

坡面的侵蚀产沙力学过程包括分离土壤、泥沙输移和泥沙沉积 3 个过程，当径流作用于土壤颗粒上的力大于土壤颗粒的阻力时，土壤颗粒离开原始位置被分离，并且被径流挟带走，如果上游的来沙量或径流的输移率大于径流输移能力时，就会出现沉积。对于特定的坡面，径流量是影响侵蚀产沙的重要因素，本试验研究结果表明(表 4-11)，降雨量相同时，坡长 2m 径流小区坡面径流量较其他坡长小，但径流含沙量均较其他坡长大，如雨强为 30mm/h 时，坡长 2m 时径流量 0.0014m^3 较 4m 坡长径流量小 0.0012m^3，但其含沙量却由 0.453kg/m^3 减小到 0.1239kg/m^3，雨强增大到 108mm/h 时，其径流量及径流含沙量的变化趋势类似。分析其原因，坡长 2m 时，由于坡长很短，雨滴的溅蚀使坡面土粒不断侵蚀，加上由于流程很短，径流能量主要用于坡面泥沙的侵蚀，而随着坡长的延长，径流用于输送上坡侵蚀下来泥沙所消耗的能量也较大，而实际用于侵蚀的水流能量较少。

表 4-11　柚子林地坡面径流与含沙量的关系

坡长/m	降雨历时/h	坡度/(°)	雨强/(mm/h)	径流量/m^3	含沙量/(kg/m^3)
2	0.5	8	30	0.0014	0.453
4	0.5	8	30	0.0026	0.1239
6	0.5	8	30	0.0306	0.143
8	0.5	8	30	0.064	0.2948
10	0.5	8	30	0.0347	0.4056
2	0.5	8	108	0.0036	0.2724
4	0.5	8	108	0.0722	0.1621
6	0.5	8	108	0.0328	0.2778
8	0.5	8	108	0.1204	0.3535
10	0.5	8	108	0.0599	0.3544

相同降雨条件下，坡长由 4m 增加到 10m 时，坡面径流含沙量呈不断增大趋势，尽管坡长增幅都为 2m，但坡面径流含沙量不呈等量增加，而有微弱的变化，如雨强 30mm/h 时，坡长由 4m 增大到 6m，其径流含沙量增加约 0.019kg/m^3，坡长增大到 8m 时，径流含沙量较 6m 约增加 0.152kg/m^3，而坡长增大到 10m 时，增幅较 8m 坡长只有约 0.111kg/m。雨强 108mm/h 时，径流含沙量明显较雨强 30mm/h 时大，但其平均增幅约为 0.1kg/m^3，且有波动。坡面径流的输沙过程受诸多因素影响，是一个复杂的过程，降雨对坡面侵蚀的影响可以从两方面理解：一方面是雨滴的溅蚀；另一方面来自降雨径流动能。相同降雨条件下，随着坡长的延长，坡面承雨面积增大，径流量沿坡面增加不断累积，加之雨滴的击溅作用很大程度上加强径流的紊动性，从而增加径流侵蚀力。以上分析说明，坡面径流在侵蚀与输沙过程中，雨滴的击溅在降雨坡面侵蚀过程中发挥很重要的作用，但坡长及径流用于输移泥沙的能量与用于侵蚀土粒的能量的比例大小对径流输沙影响极大。

2. 坡面径流深与侵蚀模数的关系模型

径流是泥沙输移的动力，为了研究不同坡长下径流深与侵蚀模数的关系，利用 SPSS16.0 对试验数据进行了回归分析，根据散点图显示趋势选择 Linear 与 Cubic 两种曲线函数。分析结果表明，Cubic 的拟合优度(R^2=0.972)较 Linear(R^2=0.616)更高，回归方程的代表性强，所以本节选择三次函数拟合侵蚀模数与径流深的关系。具体模型为

$$y = -0.398 + 11.562x - 25.035x^2 + 16.209x^3 \quad R^2 = 0.972 \tag{4-3}$$

式中，x 为径流深(mm)，y 为侵蚀模数(t/km^2)。

通过模型分析可以得出，初始阶段侵蚀模数随径流深的增加而缓慢增加，达到一个

峰值，当径流深继续增加时，产沙模数趋于平缓，而当径流深增大到一定水平时，产沙模数迅速增大。因为降雨初期土壤含水量较小，且土粒松散，土粒之间黏结力小，易被雨滴击溅及径流携带侵蚀，故而出现峰值；由于此时径流很薄，流程也很短，当疏松表层被携带完之后，薄层径流的剪切力不足以侵蚀其下的土粒，此时产沙模数出现一段时间的平缓，甚至低谷；但随着降雨时间的延长，径流深的增大，径流冲刷力逐渐增强进而侵蚀土表产生大量泥沙，由此说明虽然坡面径流很薄，但在降雨影响下其对坡面侵蚀的发生发展有促进作用，Guy 等(2009)早已表明坡面薄层水流(坡面径流深＜1mm)在有降雨影响的情况下泥沙输移能力明显提高。在试验中观察到，其实在降雨过程中薄层径流并非均匀地平铺于坡面，径流挟沙能力随降雨补给量变化而变化，因此坡面常出现径流断流或坡面下部径流叠加的现象，在坡面不同部位呈现时而侵蚀时而泥沙堆积的现象，那么在什么样的薄层径流条件下坡面泥沙开始侵蚀、只输移不侵蚀、开始沉积还有待下一步研究。

4.2.5　结论

本节对柚子林坡地不同坡长下坡面径流侵蚀产沙过程进行模拟，得出如下 3 项结论：

(1)相同坡长坡面径流量、产沙量随雨强增大总体上呈增加趋势，雨强 72mm/h 时产沙量明显增加，而雨强 87mm/h 时坡面径流量增幅明显，故应加强该林地坡面排水设施的建设及注意林地表面植被的维护与更新。

(2)该经济林地坡面径流量随坡长呈每隔 4m 有规律的起伏变化，坡长 6m 是产沙量显著增加的过渡坡长，建议种植胡柚林时其最大行间距不得超过 6m，最好小于或者等于 4m 进行布局，能有效减缓坡面水土流失。

(3)坡长对坡面泥沙输移的影响主要表现在，坡面径流在侵蚀和输移泥沙过程中，水流能量(用于输移及用于侵蚀的能量)及各种力的变化。

4.3　柿子林坡地侵蚀产沙及养分流失特征及影响因素

4.3.1　研究区域概况材料

1. 研究区概况

试验区位于永康市东南部，北纬 28°51′，东经 120°13′，地形以丘陵山地为主，坡地坡度多在 10°～38°，土壤类型属红壤。气候类型为亚热带季风气候，年平均气温 17.5℃，兼有盆地气候的特点，四季分明，热量优越，光照充足，雨量充沛，无霜期长，多年的平均降水量 1483mm，年内降水分布主要集中在梅雨和台风季节。

试验区柿子林基地，处于大路任方山柿基地，位于杨溪水库(永康市区最大的饮用水源供给水库)新楼溪流域，流域面积 36.30km^2，干流长 11.5km，河道比降达 17.22%，有 16 个行政村，2722 户，7860 人，耕地 306hm^2，该流域内现有 533.3hm^2 多经果林，多在坡耕地种植，以方山柿为主，是当地特有的省级名优水果，新楼被命名为“中国方山柿之乡”。

2. 材料与方法

1)径流小区和沉沙池的布置

通过对试验区高程 CAD 图的判读和实地考察，根据区域内不同部位之间的地形和坡度差别，将试验区分为三种地形类型：坡顶、凸坡、凹坡。将三组平行的标准径流小区(20m×10m)分别布设于试验区坡顶、凸坡、凹坡地形部位上。其中，为了研究不同林下管理措施对试验区土壤侵蚀和养分流失的影响，在凸坡平行径流小区旁边额外布设一个林下不除草的对照径流小区，试验共布设 7 个径流小区，在每个径流小区的出口处布设沉沙池，用于收集小区内产生的径流和泥沙。试验径流小区的基本情况见表 4-12。

表 4-12　试验区基础数据

试验小区编号	地形位置	小区坡度/(°)	林下管理措施	土壤容重/(g/cm^3)	土壤pH	土壤TP含量/(g/kg)	土壤TN含量/(g/kg)	土壤NH_4^+-N含量/(mg/kg)	土壤NO_3^--N含量/(mg/kg)	土壤CEC含量/(cmol/kg)
1、2	坡顶	10.22	定期除草	1.47	5.35	0.27	1.25	5.07	16.90	15.81
3、4	凹坡	18.55	定期除草	1.40	5.25	0.26	1.30	5.52	17.08	15.52
5、6	凸坡	23.47	定期除草	1.51	5.20	0.30	1.21	6.65	14.43	14.77
7	凸坡	23.47	不除草	1.51	5.20	0.30	1.21	6.65	14.43	14.77

2)样品采集

在 2012 年 9 月到 2013 年 8 月的一个水文年中，根据实际的降雨和沉沙池内径流的汇集情况，定期采集试验区径流小区沉沙池中收集的水样，并对采集的样品进行实验室分析。

3)样品监测

径流样品带回实验室后，静置 4～5h，然后取上清液进行各指标的含量测定。分析指标主要包括：含沙量、总磷(TP)、总氮(TN)、氨态氮(NH_4^+-N)、硝态氮(NO_3^--N)、全钾(TK)、有机质(SOM)。

有关氮磷的各项指标含量在 24h 内完成测定,具体的测定方法如下：TN(参照 GB11894—89 的碱性过硫酸钾消解紫外分光光度法)；NO_3^--N (参照 GB11894—89 的经滤膜后紫外分光光度法)；NH_4^+-N (参照 GB/T8538—1995 的靛酚蓝比色法)；TP(参照 GB11893—89 的钼酸铵分光光度法)；TK 采用硝酸硝化原子吸收光度法测定；TOC 采用 TOC 仪测定。

泥沙质量 W_s 的测定在有关氮磷的各项指标都已测定完成后进行。将水样倒掉，剩余的泥沙转移至坩埚内，放进烘箱 105℃恒温烘干 8h，然后称量坩埚+泥沙质量，记为 W_1；干净的坩埚质量记为 W_2；W_1–W_2 计算得出烘干泥沙的质量，即为所要测定的泥沙质量 W_s。

3. 实验数据处理

通过室内分析得到水样中泥沙含量及养分浓度数据，通过对浓度数据的换算及计算处理得到需要的统计数据。并且运用 EXCEL、DPS 等数据处理软件对统计数据进行相关的数据分析。运用绘图软件、EXCEL 完成本节中的图片制作，利用 AUTO-CAD 软件对研究区内的坡度地形进行分析。

4.3.2 柿子林坡地的侵蚀产沙的时空分布特征

1. 柿子林研究年内降水分布特征分析

试验所选取的经济林坡地具有明显的南方红壤区的降水特点，水文年内降水具有明显的雨季和旱季的分别，降水多集中在梅雨季节(6 月)和台风季节(8 月、9 月)，这两个时期的降水占到年内降水的大部分。因此，这两个时期是水文年内侵蚀产沙发生的重点过程。根据当地 2012 年及 2013 年的降水统计见图 4-23，试验区水文年内 2012 年 9 月到 2013 年 8 月的降水总量为 1431.5mm。在一个水文年中，6 月降水量最大，此时正值南方红壤地区的梅雨季节，月降水量达到 303.0mm，其次是台风季节的 8 月和 9 月，降水分别达到了 244.5mm 和 161.0mm，这 3 个月的降水量占全年总降水量的 49.5%。而雨量最少的 1 月基本没有形成降水，降水量仅有 7mm，其他时间段的降水都较为平均且总量一般。

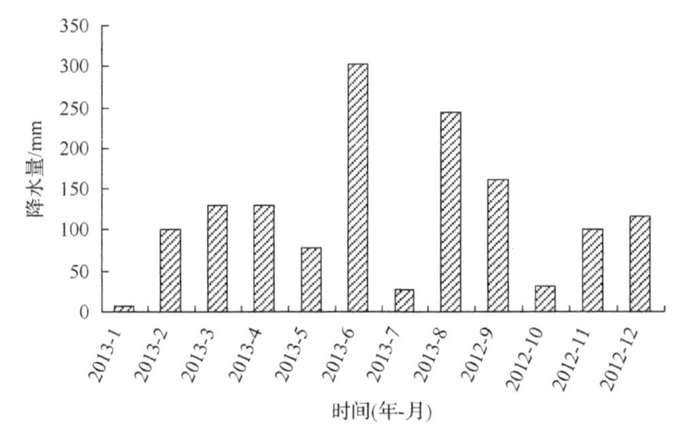

图 4-23　试验区水文年内降水分布情况

本研究所选择的研究时段内降雨分布情况和降水量情况均与该地区常年的典型降水特性相符合，具有很强的代表性。

2. 水文年内试验区的柿子林坡地侵蚀产沙时间分布特征

对试验区各径流试验小区一个水文年内从 2012 年 9 月至 2013 年 8 月的径流的平均含沙量情况测定结果如图 4-24 所示。由图易见，水文年内试验区径流的泥沙含量呈现明显的季节性特征，呈现显著的双峰型形态。从年内 1 月开始到 6 月的梅雨季节，径流的含沙量逐渐增大，在 7 月迅速回落，到 8 月、9 月的台风季节迅速达到水文年的最高水平，然后到年末都呈下降的趋势。其中水文年内 8 月、9 月的台风季节的径流含沙量最为突出，含沙量分别达到了 0.317g/L 和 0.343g/L，其次是 6 月左右的梅雨季节，径流的含沙量达到 0.260g/L，年内含沙量最少的 1 月、2 月，径流含沙量在 0.127g/L，其次少的 7 月的径流含沙量为 0.162g/L，水文年内其他时段的径流含沙量情况均比较接近且处于较低水平。

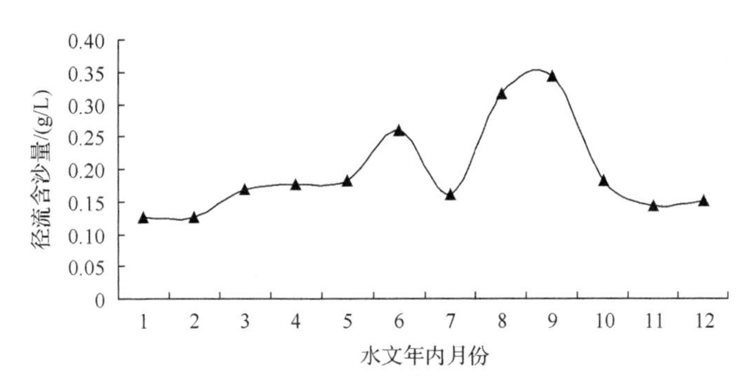

图 4-24　水文年内试验区径流含沙量拟合图

水文年内的降水特性对于试验区不同时段的径流含沙情况具有很大的影响。试验区降水最为丰富的梅雨季节和台风季节是径流含沙的高峰时段，其中梅雨季节的降水持续性很强，多连阴雨，总降水量很大，虽然雨强偏小，但是由于蓄满产流的影响，坡面会产生大量的径流，加之长时间的浸泡过程对土壤表面的抗蚀能力产生了较大破坏，因此该期间的径流会掺杂较多的泥沙颗粒，造成大量的土壤侵蚀。而台风季节时期的降雨多以大雨、暴雨为主，雨强很大，虽然持续性不强，雨量没有梅雨季节大，但是由于降雨的动能偏大，对坡面的破坏能力要大于梅雨季节的降水，容易造成土表颗粒的击溅，伴随着形成超渗产流，带走大量的地表土壤颗粒，因此这个时期在水文年中径流含沙量水平最为突出，水土流失状况十分严重。

通过计算求得水文年中不同采样时段内的土壤侵蚀量及其所占年内总量的比例，如表 4-13 所示。6 月梅雨季节和 8 月、9 月台风季节的侵蚀量分别达到了 7.878kg、7.743kg 和 5.527kg，其所占水文年内的土壤侵蚀的比例分别为 24.1%、23.7%和 16.9%，这 3 个月的土壤侵蚀量占全年总量的 64.8%。

表 4-13　试验区水文年内土壤侵蚀量分布情况表

采样时段 (年-月)	土壤侵蚀量/kg	水文年内流失比例/%
2012-9	5.527	16.9
2012-10	0.559	1.7
2012-11	1.462	4.4
2012-12	1.775	5.4
2013-1	0.089	0.2
2013-2	1.279	3.9
2013-3	2.180	6.8
2013-4	2.288	7.0
2013-5	1.426	4.5
2013-6	7.878	24.1
2013-7	0.453	1.4
2013-8	7.743	23.7
水文年土壤侵蚀总量	32.659	100

通过对试验区不同采样时段内降水量与土壤侵蚀量的线性相关性分析后发现，二者具有很强相关性。其关系式为 Y=0.0252x，其中 Y 代表土壤侵蚀量，x 代表降水量，相关系数 R^2 达到 0.862。说明降水是南方红壤丘陵地区土壤侵蚀发生的主要影响因素。

4.3.3　柿子林坡地不同地形部位侵蚀产沙分布特征分析

坡度是影响坡地水土流失的重要因素。大部分的研究者认为，坡地土壤侵蚀随坡度的增加呈指数型增长的关系。坡度通过影响坡面的承雨面积、降雨雨滴对地面的打击角度、坡面径流所具有的冲刷能量，对土壤侵蚀有着复杂的影响。

试验区的径流小区主要分布于三种地形部位，坡顶、凸坡和凹坡区，其坡度分别为10.22°、18.55°和 23.47°。通过对水文年内不同时段，各个地形部位上平行径流小区的径流含沙量情况取平均值得到水文年内不同地形小区的径流含沙量情况。

总体上，试验区的不同地形径流小区的径流含沙量具有较为明显的差异性，具体的径流含沙量情况为凸坡＞凹坡＞坡顶。其中，坡顶径流试验小区的水文年内径流平均含沙量为 0.176g/L，凹坡径流小区的径流平均含沙量为 0.195g/L，凸坡径流小区的径流平均含沙量为 0.214g/L(图 4-25)。

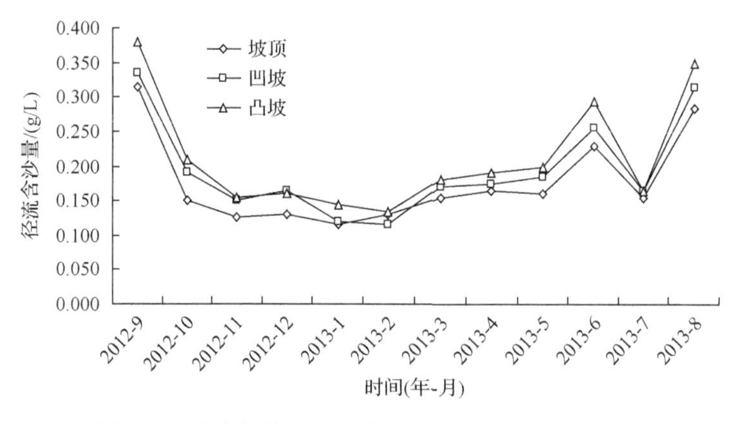

图 4-25　水文年坡顶、凸坡和凹坡地形径流含沙量图

坡度越大，坡面超蓄产流量会越大，且坡面形成的径流会具有更大的冲刷能量，对坡面的侵蚀能力会变大，在相同的产流情况下，会造成更多的土壤流失。而实际上，坡度还会影响坡面的产流速度，坡度越大也会加速超渗产流的形成。本节研究中，凸坡和坡顶区的坡度变异性较小，各自区域内的坡度水平较为接近，其中凸坡径流小区的坡度较大，产流流速也较大，因而径流具有的冲刷能量较大，其径流更容易带走地表的土壤，形成土壤侵蚀。而坡顶径流小区比凸坡径流小区的坡度小，径流的冲刷能力小于前者，因此坡顶径流小区的土壤侵蚀弱于前者。

试验中的凹坡径流小区，地形情况较为复杂，凹坡径流小区往往处在“U”形的地形边缘，径流小区内部的坡度差异较大，因此土壤侵蚀性也呈现出与前二者不同的特点。凹坡边缘部分坡度较大，容易造成土壤的侵蚀和流失，但是由于地形内部的坡度和缓，因此当径流汇集到中间地段时流速迅速下降，径流的携沙能力迅速下降，容易造成泥沙的沉积。在综合以上的特点后，研究结果表明整体坡度偏大的凸坡地形部位的径流含沙量较大，而凹坡小区次之，产流中含沙量最少的是坡顶。

4.3.4 不同林下管理措施对经济林坡地侵蚀产沙影响分析

对设置在凸坡上的相邻的两个不同林下管理措施的对照径流小区的径流含沙量情况进行监测，分别统计两个径流小区在水文年内不同时间的径流含沙情况，并且对二者在水文年内不同时间段的水土保持效益进行对比(表 4-14)。

表 4-14　不同林下管理措施对径流小区的产沙情况影响

采样时间(年-月)	6 号径流小区(定期除草)径流含沙量/(g/L)	7 号径流小区(不除草)径流含沙量/(g/L)	减沙效益比例/%
2012-9	0.450	0.170	62.20
2012-10	0.250	0.180	28.00
2012-11	0.170	0.100	41.20
2012-12	0.175	0.150	14.30
2013-1	0.150	0.150	0
2013-2	0.145	0.140	3.40
2013-3	0.195	0.160	17.90
2013-4	0.180	0.155	13.90
2013-5	0.215	0.170	20.90
2013-6	0.350	0.275	21.40
2013-7	0.155	0.125	19.40
2013-8	0.330	0.185	43.90

采用不除草的林下管理的 7 号径流试验小区的径流含沙量明显要低于定期除草的 6 号径流试验小区，水文年内 6 号小区的径流平均含沙量为 0.230g/L，相同条件且相邻的 7 号径流试验小区的径流平均含沙量为 0.163g/L，水文年内保持地被覆盖的 7 号径流小区较定期除草的 6 号径流小区的径流含沙量平均减少了 29.1%。

水文年内的不同时间段里，7 号径流小区较 6 号径流小区的径流泥沙减少量存在较大差异。其中减沙量最显著的 2012 年 9 月达到了 62.2%，而减沙量偏低的 2013 年 1 月和 2 月期间分别为 0 和 3.4%，基本不存在减沙效益，或者很少的减沙效益，这是水文年内不同时间段的植被特性及降水特点造成的。1 月和 2 月正值冬季，草被覆盖程度达到了水文年内的最低水平，这期间两个对照小区之间降水所造成的泥沙流失差异很小。而在试验区 8 月、9 月正值水文年内大雨和暴雨最集中的台风季节，此时 7 号小区的减沙效益达到了年内的最佳水平，这期间的地面覆盖是水文年内最好的时段，良好的地面草被覆盖，不仅可以有效地保护地表，减少雨滴对地表的打击，同时还可以拦蓄已经形成的地表超渗径流，减少泥沙的流失，具有良好的水保效果。而同样是降水集中的 6 月梅雨季节，虽然此时的地被覆盖也基本完全形成，但是由于该时段的雨量偏大，产流以蓄满产流为主，草被对径流的含蓄相对弱化，因此，此时的地被覆盖水土保持效益并不如台风季节明显。

通过本研究在经济林坡地不同林下管理的对照径流小区试验，有力地证实了地被覆盖在坡耕地保持水土、含蓄径流上的重要作用。

4.3.5 红壤丘陵区经济林坡地的养分流失规律

1. 养分流失规律

1) 经济林坡地的水文年养分流失的时间分布特性

试验区的降水主要集中在梅雨季节和台风季节，这两个时段同时也是氮素流失的主体时间段，水文年内的绝大部分氮素流失都发生在这两个时段。这一特点符合南方红壤丘陵区经济林坡地氮素流失的一般规律，也是南方红壤区丘陵区的特有流失规律。

梅雨季节是南方红壤丘陵区的特有雨季，此时正值春夏交季，就落叶的经济林树种而言，林下草被和林分并没有形成完备的覆盖。土壤翻耕和施肥等农作活动也往往集中于这个时间，土壤处于松散状态，速效氮素含量偏高。加之这个时期的降水特性，往往容易导致土壤氮素的大量径流损失，因此梅雨季节是南方红壤丘陵水文年内氮素流失防治的重点时期。台风季节也是东南沿海地区降水比较集中的时段，这个季节多大雨、暴雨，十分容易导致可溶性养分的径流损失。

2) 水文年内氮素流失

将连续监测的水样氮素流失结果进行水文年内氮素月流失趋势绘图(图 4-26)，发现水文年内 TN 的径流流失存在两个高峰期，流失量从 1～6 月呈上升趋势，并在 6 月达到峰值，6～7 月呈下降态势，7 月到 8 月又上升，达到峰值，自此到年末 TN 流失逐渐下降。试验区氮素流失与降雨的集中程度呈显著相关性，年内降水最多的 6 月和 8 月、9 月最容易造成氮素的流失。

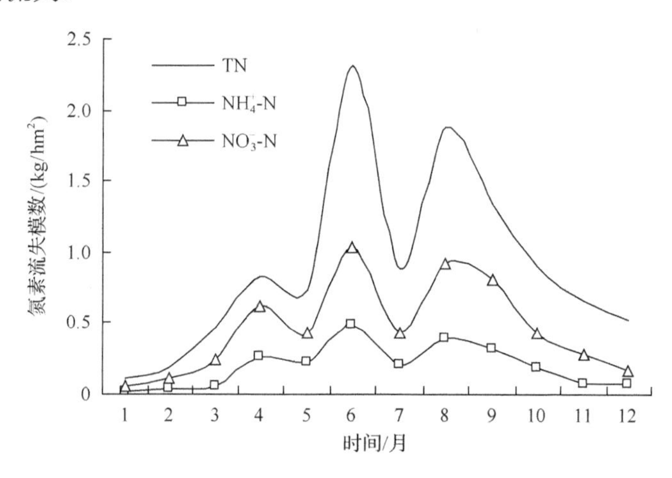

图 4-26 试验区水文年氮素月流失趋势变化

径流小区 TN 流失的两个高峰期与南方的梅雨季节(6 月)和台风季节(8 月、9 月)正好相对应。梅雨和台风季节 TN 流失量分别占全年流失的 21.3%和 29.7%，两个时期的氮素流失占试验区水文年内的 51.0%。这一流失特征是南方红壤丘陵区特有的流失规律，明显不同于其他地区。

NO_3^--N 和 NH_4^+-N 与 TN 的年内流失变化趋势具有相似性，流失高峰期也主要集中在6月的梅雨季节和8月、9月的台风季节。其中在梅雨时节 NO_3^--N 和 NH_4^+-N 流失量分别占全年流失总量的 18.7%和 20.9%，在台风季节的流失分别占全年的 31.0%和 30.7%。

NO_3^--N 和 NH_4^+-N 是土壤中主要的可溶性氮素形式，占土壤 TN 流失的大部分。其中 NO_3^--N 是土壤中氮素流失的主体，这是因为 NO_3^--N 不容易受到土壤的吸附，在流水的作用下，土壤中的 NO_3^--N 容易发生淋失，因此土壤中的 NO_3^--N 在降雨径流过程中更容易发生流失，在径流中的含量较高。土壤中的 NH_4^+-N 由于容易被土壤吸附，不容易转移到径流中，因此径流中 NH_4^+-N 的含量要低于 NO_3^--N 的含量。

3) 水文年内磷素流失

水文年内 TP 的径流流失与氮素具有类似特征，1月的流失量最低，为 0.014kg/hm^2。TP 的流失量从 1～6 月基本呈上升趋势，并在 6 月达到峰值，为 0.607kg/hm^2，6～7 月呈下降态势，7～8 月又上升，8 月达到峰值，为 0.514kg/hm^2，自此到年末 TP 流失逐渐下降。梅雨季节和台风季节是造成磷素径流流失最多的时段，其中 6 月和 8 月、9 月的 TP 流失分别占全年的 19.3%、16.4%和 10.7%，这 3 个月的总流失量达到全年的 46.4%。

梅雨季节的降水雨强偏小，但降雨延续时间长，利于土壤磷素向径流中溶解释放，再加之梅雨季节的总雨量较大，因此这时段的磷素径流流失量较突出。台风季节的雨强大，降雨集中，这十分容易导致坡地的泥沙流失，而泥沙吸附态流失的磷素应该是台风季节磷素流失的主体，如何控制好台风季节的泥沙流失对于减少吸附态磷素的流失具有重要意义。

2. 地形坡度变化对经济林坡地的养分流失影响

根据一个水文年内不同地形部位(坡顶、凸坡和凹坡)径流小区各月份的氮磷流失情况，拟合形成氮磷累积流失模数趋势线(图 4-27)。结果表明，三种地形之间的 TP、TN、NH_4^+-N 和 NO_3^--N 流失规律存在相似性。TP、TN、NH_4^+-N 和 NO_3^--N 的年内流失趋势均呈幂函数增长(表 4-15)，且决定系数 R^2 均大于 0.958，说明水文年内氮磷的累积流失量与时间变化具有密切关系。

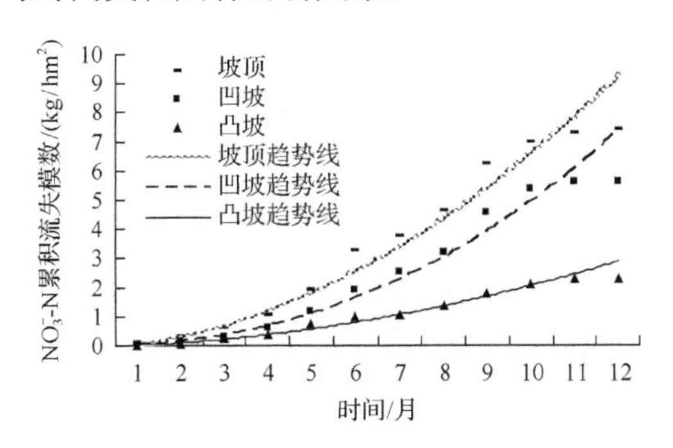

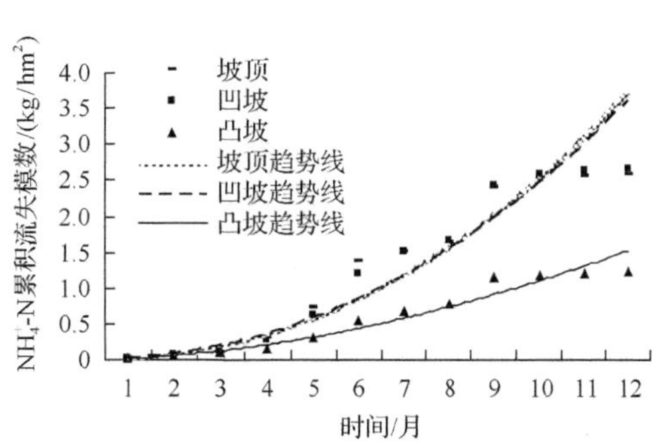

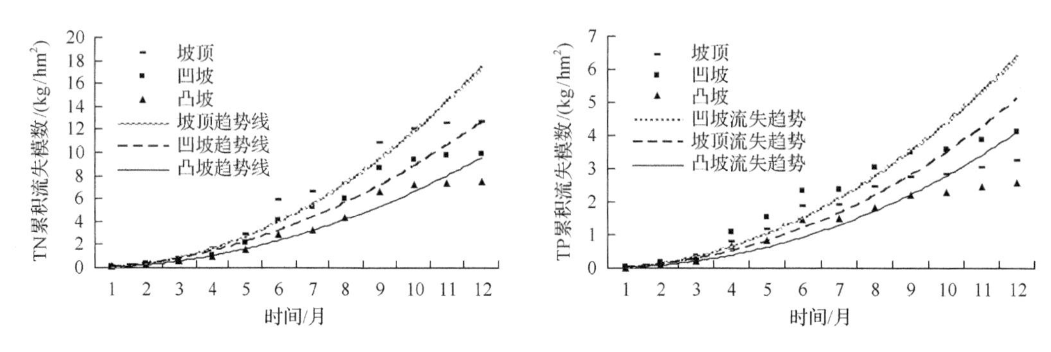

图 4-27　一个水文年内不同地形条件氮磷累积流失模数趋势图

表 4-15　水文年内不同地形条件径流小区氮磷累积流失量拟合方程和决定系数

径流小区	TN 流失拟合方程与决定系数 R^2	NO_3^--N 拟合方程与决定系数 R^2	NH_4^+-N 拟合方程与决定系数 R^2	TP 拟合方程与决定系数 R^2
坡顶小区	Y=0.0941$x^{2.0986}$，R^2=0.985	Y=0.0942$x^{1.8456}$，R^2=0.990	Y=0.0188$x^{2.1267}$，R^2=0.967	Y=0.0282$x^{2.0918}$，R^2=0.961
凹坡小区	Y=0.0949$x^{1.9663}$，R^2=0.984	Y=0.032$x^{2.1872}$，R^2=0.989	Y=0.0203$x^{2.0831}$，R^2=0.978	Y=0.0395$x^{2.0463}$，R^2=0.959
凸坡小区	Y=0.0631$x^{2.02}$，R^2=0.991	Y=0.0295$x^{1.8441}$，R^2=0.990	Y=0.0183$x^{1.7806}$，R^2=0.983	Y=0.0202$x^{2.1399}$，R^2=0.958

注：Y 代表氮素累积流失量，x 代表时间（月份）

就氮磷流失强度而言，坡顶径流小区的氮素年内流失模数最大，其次是凹坡小区，最小的是凸坡小区。坡顶小区的水文年内 TN 流失模数为 12.649kg/hm^2，NH_4^+-N 为 2.589kg/hm^2，NO_3^--N 为 7.417kg/hm^2，凹坡小区水文年内 TN 流失模数为 9.844kg/hm^2，NH_4^+-N 为 2.678kg/hm^2，NO_3^--N 为 5.647kg/hm^2，凸坡小区水文年内 TN 流失模数为 7.484kg/hm^2，NH_4^+-N 为 1.228kg/hm^2，NO_3^--N 为 2.306kg/hm^2。TP 流失与 NH_4^+-N 相类似，凹坡径流小区的 TP 年内流失模数最大为 4.136kg/hm^2，其次是坡顶小区 3.246kg/hm^2，最小的是凸坡小区 2.568kg/hm^2。

坡顶、凹坡和凸坡径流小区水文年内的氮磷流失差异明显，且主要受地形坡度条件的影响。在相同的降水条件下，地形坡度对土壤氮磷流失的影响作用很大。坡度通过影响坡面的承雨面积、降雨雨滴对地面的打击角度、坡面径流所具有的冲刷能量，对土壤氮磷流失有着复杂的影响。张亚丽等通过室内模拟降雨试验证明，坡面养分流失存在“临界坡度”，在 15°和 20°之间。但至今为止，对于临界值的判定依然存在较多争议。

根据不同地形坡度间的氮磷流失情况可以判断，试验区养分流失的坡度临界值应位于坡顶和凹坡坡度之间。三种地形坡度条件下的 TN 流失模数关系为坡顶（10.22°）＞凹坡（18.55°）＞凸坡（23.47°）。NO_3^--N 流失模数关系为坡顶＞凹坡＞凸坡。NH_4^+-N 流失模数关系为凹坡＞坡顶＞凸坡。根据 TN 和 NO_3^--N 的年内流失模数关系，可以确定临界坡度应小于 18.55°，但不能判定临界坡度与 10.22°之间的关系，通过 NH_4^+-N 流失模数关系可以判断临界值应位于 10.22°～18.55°之间。而 TP 的流失和 NH_4^+-N 最为类似，这与二者的溶解特性有关，二者均易受到土壤的吸附，不易向径流转移。

不同地形条件通过改变径流与土壤之间的相互作用而影响氮磷在径流中的流失量。

地形坡度会影响到产流的流速，而流速的快慢决定了径流和土壤相互作用的时间，从而影响到土壤养分向径流的转移。坡度较小时，形成的径流流速较慢，有利于土壤养分的径流迁移，但是如果流速过慢，导致径流侵蚀力下降，当径流养分积累过度时，径流携带养分的浓度与土壤养分含量之间的浓度差减小，养分的迁移效率就会相对下降。坡度越大径流流速越大，有利于径流侵蚀作用力的增大，增加径流对地表的冲刷作用，一定程度地增加养分的迁移，但流速越快的径流与土壤的作用时间就会越短，不利于养分的转移。因此，只有当坡度在“临界坡度”附近时，径流对土壤的作用时间和冲刷侵蚀能力会达到一个平衡，这时候的养分流失强度最大。本研究中，坡顶和凹坡小区的坡度较凸坡小区更加接近养分流失的“临界坡度”，利于径流与土壤间的相互作用，增加了氮磷向径流的转移作用，因此前二者的氮磷流失明显高于后者。

4.3.6　不同林下管理措施对经济林坡地的养分流失的影响分析

为了探究林下草被覆盖在径流小区观测条件下，对控制径流氮磷流失的效果，在试验区的凸坡上设置了 6 号和 7 号两个对照径流小区。其中，7 号径流小区采取林下不除草的管理措施，6 号小区定期除草。

通过一个水文年内径流监测，对比两个小区在一个水文年内的径流氮磷浓度情况(表 4-16)。研究发现，6 号和 7 号径流小区的径流 TP、TN、NH_4^+-N 和 NO_3^--N 均存在显著差异(P<0.05)。可以判断试验区草被覆盖对减少氮磷径流流失具有明显效果。根据水文年内的径流分布和径流氮素浓度情况，求得水文年内 6 号小区的径流 TN 平均浓度为 0.763mg/L，7 号为 0.787mg/L。6 号小区的 NO_3^--N 径流平均浓度为 0.310mg/L，7 号为 0.230mg/L，6 号小区的 NH_4^+-N 径流平均浓度为 0.255mg/L，7 号为 0.165mg/L。6 号小区的径流 TP 平均浓度为 0.263mg/L，7 号小区为 0.240mg/L。其中，保留地被覆盖的 7 号径流小区的 TN、NH_4^+-N 、NO_3^--N 和 TP 径流浓度分别比除草的 6 号减少了 9.0%、35.3%、25.8%和 8.7%。

表 4-16　林下不同管理措施径流小区径流氮磷浓度

采样时间/月	6 号小区(林下除草)				7 号小区(林下不除草)			
	TN/(mg/L)	NO_3^--N /(mg/L)	NH_4^+-N /(mg/L)	TP/(mg/L)	TN/(mg/L)	NO_3^--N /(mg/L)	NH_4^+-N /(mg/L)	TP/(mg/L)
1	0.94	0.335	0.243	0.249	0.791	0.22	0.156	0.239
2	0.947	0.408	0.261	0.256	0.572	0.247	0.146	0.258
3	0.481	0.239	0.147	0.312	0.453	0.126	0.108	0.309
4	0.508	0.256	0.152	0.415	0.475	0.238	0.123	0.357
5	0.307	0.151	0.086	0.247	0.282	0.089	0.056	0.205
6	0.376	0.163	0.109	0.364	0.234	0.124	0.087	0.329
7	0.695	0.361	0.247	0.215	0.596	0.325	0.145	0.191
8	0.678	0.395	0.209	0.225	0.665	0.267	0.132	0.204
9	1.76	0.813	0.579	0.217	1.453	0.615	0.432	0.207
10	0.895	0.325	0.426	0.186	0.604	0.163	0.317	0.157
11	0.957	0.419	0.364	0.175	0.735	0.256	0.221	0.155
12	0.608	0.363	0.185	0.198	0.566	0.251	0.134	0.183

结果表明，保留林下覆盖的7号小区较定期除草的6号小区径流氮磷浓度明显减少。这一结论与李恩尧(2011)的研究结论相一致，林下保留草被的小区径流中氮磷浓度低于除草的小区，林下草被有效地减少了氮磷径流流失。这说明，林下草被对于林地的氮磷保持具有十分重要的价值：一方面，林下草被覆盖可以减少降雨径流过程中林下径流的氮磷浓度，拦蓄径流，降低氮磷流失量；另一方面，草被可以有效吸收林地土壤中多余的可溶性氮磷，减少流失。

本节研究中，地被覆盖对地表径流中氮素流失的减少效果要好于磷素。这是由氮磷流失的不同特点造成的，氮素流失以溶解态为主，磷素流失则以泥沙的吸附态为主。而本试验并未涉及泥沙中磷素的流失测定。如果考虑到地被覆盖对径流泥沙流失的限制作用，那么保留地表草被的经济林对减少磷素流失会有更加显著的效果。

主要参考文献

蔡强国，吴淑安. 1998. 紫色土陡坡地不同土地利用对水土流失过程的影响. 水土保持通报, 18(2): 1-9.

曹慧，杨浩，赵其国. 2002. 太湖丘陵地区典型坡面土壤侵蚀与养分流失. 湖泊科学, 14(3): 242-246.

陈力，刘青泉，李家春. 2001. 坡面降雨入渗产流规律的数值模拟研究. 泥沙研究, (4): 61-67.

樊青爱. 2008. 笋竹林集约经营中土壤和肥料的管理. 中国林副特产, (3): 60.

付兴涛 2012. 坡面径流侵蚀产沙及动力学过程的坡长效应研究. 浙江大学博士学位论文.

孔刚，王全九，樊军，等. 2008. 前期含水量对坡面降雨产流和土壤化学物质流失影响研究. 土壤通报, 39(6): 1395-1399.

孔亚平，张科利，唐克丽. 2001. 坡长对侵蚀产沙过程影响的模拟研究. 水土保持学报, 15(2): 17-20.

李正才，傅懋毅，谢锦忠，等. 2003. 毛竹竹阔混交林群落地力保持研究. 竹子研究汇刊, 22(1): 32-37.

刘俏. 2014. 红壤丘陵区经济林坡地侵蚀产沙与养分流失特征研究. 浙江大学硕士学位论文.

刘俏，张丽萍，胡响明，等. 2014. 红壤丘陵区经济林坡地氮磷流失特征. 水土保持学报, 28(3): 185-190.

刘俏，张丽萍，聂国辉，等. 2014. 浙江红壤区经济林坡地氮素径流流失特征研究. 农业环境科学学报, 33(7): 1388-1393.

马春艳，王占礼，谭贞学. 2007. 黄土坡面产流动态变化过程实验模拟. 干旱地区农业研究, 25(6): 122-125.

潘标志. 2006. 毛竹雷公藤混农经营技术与固土保水功能. 亚热带农业研究, 2(4): 262-265.

唐克丽. 1987. 黄土高原水土流失与土壤退化的研究. 水土保持通报, 7(6): 12-18.

王万忠，焦菊英. 1996. 黄土高原坡面降雨产流产沙过程变化的统计分析. 水土保持通报, 16(5): 21-28.

王文龙，莫翼翔，雷阿林，等. 2003. 坡面侵蚀水沙流时间变化特征的模拟实验. 山地学报, 21(5): 610-614.

王晓燕，王静怡，欧洋，等. 2008. 坡面小区土壤-径流-泥沙中磷素流失特征分析. 水土保持学报, 22(2): 1-5.

王玉宽，王占礼，周佩华. 1991. 黄土高原坡面降雨产流过程的试验分析. 水土保持学报, 5(2): 25-28.

王占礼，黄新会，张振国，等. 2005. 黄土裸坡降雨产流过程试验研究. 水土保持通报, 25(4): 1-4.

温熙胜，何丙辉，张洪江，等. 2007. 三峡库区缓坡林地产流初探. 西南大学学报(自然科学版), 29(5): 74-80.

吴发启，赵晓光，刘秉正. 2000. 缓坡耕地降雨入渗对产流的影响分析. 水土保持研究, 7(1): 12-17.

徐宪立，张科利，庞玲，等. 2006. 青藏公路路堤边坡产流产沙规律及影响因素分析. 地理科学, 26(2): 211-216.

曾曙才，吴启堂. 2007. 华南赤红壤无机复合肥氮磷淋失特征. 应用生态学报, 18(5): 1015-1020.

张赫斯. 2011. 西苕溪流域内典型土壤及沉积物对磷吸附解吸特性研究. 浙江大学硕士学位论文.

张丽萍，吴希媛，张锐波. 2011. 不同管理方式竹林地产流产沙过程模拟试验. 水土保持学报. 25(2): 39-43.

郑粉莉，唐克丽. 1989. 坡耕地细沟侵蚀影响因素的研究. 土壤学报, 26(2): 109-116.

朱显谟. 1981. 黄土高原水蚀的主要类型及其相关因素. 水土保持通报, 1(3): 1-9.

Adekalu K O, Okunade D A, Osunbitan J A. 2006. Compaction and mulching effects on soil loss and runoff from two southwestern Nigeria agricultural soils. Geoderma, (137): 226-230.

Guy B T, Dickinson W T, Sohrabi T M, et al. 2009. An empirical model development for the sediment transport capacity of shallow overland flow: model validation. Biosystems Engineering, 103 (3) : 518-526.

Kimoto A, Uchida T, Mizuyama T, et al. 2002. Influences of human activities on sediment discharge from devastated weathered granite hills of southern China: effects of 4-year elimination of human activities. Catena, (48) : 217-233.

Philip J R. 1957. The theory of infiltration: the influence of the initial mo isture. Soil Science, (84) : 329-339.

Wang X Y, Zhang L P, Zhang H S, et al. 2013. Phosphorous sorption kinetics of sediment in a subtropical reservoir. Asian Journal of Chemistry, 25 (1) : 282-286.

Wu X Y, Zhang L P, Fu X T, et al. 2011. Nitrgen loss in surface run of from Chinese cabbage fields. Physics and Chemistry of the Earth, 36: 401-406.

Yang W D, Wang Z Q, Sui G P, et al. 2008. Quantitative determination of red-soil erosion by an Eu tracer method. Soil & Tillage Research, (101) : 52-56.

第 5 章　不同土地利用背景下坡地侵蚀产沙过程模拟

坡地开垦为耕地后，对于解决我国粮食短缺问题发挥了重要的作用，但也给生态环境带来较大的负面影响。坡耕地的水土流失是增加入河泥沙、导致土壤退化、土地生产力下降及生态环境恶化的原因，而坡面径流是坡面水土流失的原动力，也是造成坡耕地生产力下降的主要根源。根据《中华人民共和国水土保持法》(2010 年修订)规定，我国禁止在 25°以上坡面开垦种植农作物。

浙江省 2009 年水土流失遥感监测数据显示，＞25°坡面占 73.9%，且全部禁止开垦，＜15°坡面占 10.5%，15°～25°坡面占 16.6%，36.7%的人类生产活动在此坡度区域内。浙江省全省坡耕地及园地水土流失面积占水土流失总面积的 14.4%，是水土流失治理的重点和难点。

5.1　坡耕地侵蚀产流产沙过程模拟

5.1.1　试验设计

为了研究坡耕地及野外裸坡地坡面上径流侵蚀产沙过程的坡长效应，在浙江省安吉县水土保持科技示范园区设置径流小区进行了控制坡长的人工模拟降雨试验。

1. 研究区概况

浙江省安吉县位于浙江省西北部，天目山北麓，北纬 30°23′～30°53′，东经 119°14′～119°53′，属中亚热带季风区，雨量充沛，气候温和。附近气象站资料显示该地区年平均气温 15.5℃，极端最高温 40.8℃，极端最低温–17.4℃。多年平均相对湿度 81%，年均降水量约 1509.4mm，年降水量最大值 1869.9mm，最小值 850mm，每年 4～5 月降水量占全年降水量的 20%，5～6 月为 15%，7～9 月为 58%。水土保持科技示范园区内土壤主要为红壤，坡度 20°，坡面为种植辣椒的坡耕地及无人为扰动的裸坡地(表 5-1)。

表 5-1　坡耕地及裸坡地土壤理化性质

土地利用方式	土壤类型	容重/(g/cm^3)	有机质/(g/kg)	黏粒/%	粉粒/%	砂粒/%	pH
坡耕地	红壤	0.49	0.17	36.80	30.40	32.80	4.70
裸坡地	红壤	1.53	1.65	34.90	39.80	25.30	4.45

本节研究选择坡度 20°，坡耕地选择当地广泛推广种植的浙椒 1 号，辣椒覆盖率约为 65%，生长期为 7 个月，坡面表层无任何其余植被的坡耕地为研究对象，探讨坡耕地侵蚀产沙的坡长效应。坡面土壤黏粒含量为 36.8%，粉粒为 30.4%，砂粒为 32.8%，为典型的壤质黏土。

2. 试验设计

本试验土地利用方式为种植辣椒的坡耕地及无人为扰动的裸坡地，试验设计 5 个宽度为 2 m，坡长分别为 2m、4m、6m、8m、10m 的径流小区，坡度 20°，雨强为 30mm/h、60mm/h、90mm/h、120mm/h 及 150mm/h，喷头装置在离地面 6m 的高度上，以使绝大部分雨滴达到降雨终速。每次降雨重复两次，共降雨 102 场(其中，坡耕地坡面 58 场，裸坡地坡面 54 场)，其中有效降雨 100 场。每次降雨前测定土壤前期含水量，以保证所有降雨试验土壤前期水分含量(绝对含水量)相对一致。每场试验中，记录降雨开始产流时间，产流后，每隔 3min 用 1L 的标有刻度的塑料瓶采集一次径流泥沙样，自产流开始持续降雨 30min，共采集 10 个径流样。

5.1.2　坡耕地产流动态过程

雨强 30～150mm/h，坡长由 2m 延长到 10m 时坡面径流量沿坡长变化的变化过程显示(图 5-1)，随坡长的延长，次降雨总径流量呈波动状态，雨强 30～60mm/h 时，径流量随坡长的延长(2～10m)呈增加趋势，但 2～4m 增幅较小，增速慢，30mm/h 雨强下其增量甚至为负值–0.004m^3，60mm/h 时增量为 0.008m^3(表 5-2)，而 4～6m 时，其增幅骤然增大，且增速很快，30mm/h 雨强下其增量为 0.105m^3，60mm/h 时增量为 0.144 m^3，为 2～4m 时的 18 倍。6～10m 时，增幅减慢，增速减小，尤其是 8～10m 时，雨强 30mm/h 及 60mm/h 坡面径流量增量分别仅为 0.048m^3 及 0.015m^3，较 6～8m 时的 0.049m^3 及 0.082m^3 分别小 0.001m^3 及 0.067m^3。而雨强 90～150mm/h，径流量在坡长 8m 时达到峰值，坡长继续延长时，其径流量减少，雨强越大，8～10m 坡面径流量减少的越多，雨强 90mm/h、120mm/h 及 150mm/h 时，坡面径流量减少量分别为 0.021m^3、0.058m^3 及 0.094m^3，但雨强 90mm/h 及 120mm/h 时，坡长由 4m 延长到 6m，其径流量增量分别较 2～4m 时增加 0.109m^3 及 0.024m^3。以上分析说明，在坡长延长相同长度 2m 时，坡面径流量增量不相等，且除 150mm/h 雨强外，其余雨强下坡长由 4m 延长到 6m 时坡面径流量增量陡然增加，6～8m 时增量较 4～6m 小，分析出现上述现象的原因，可能是因为翻耕使得坡耕地表面较疏松，随着坡长的延长，在坡面不同部位，其犁耕深度及坡面的均匀性差异使得坡面渗透性不同，其坡面径流量呈波动起伏状态。试验观察到，在径流向下流动的过程

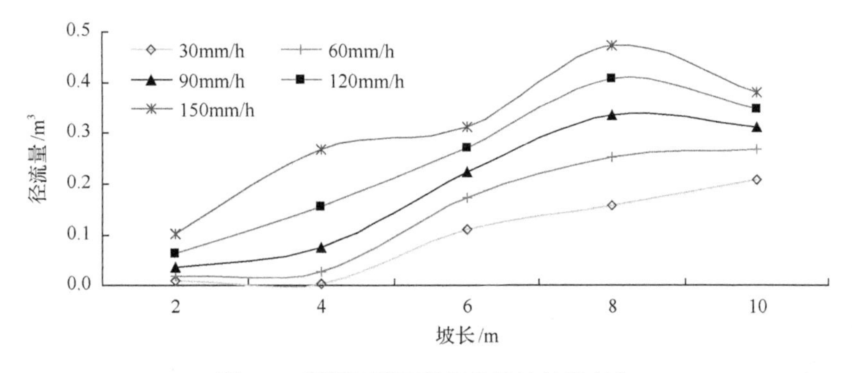

图 5-1　不同雨强下径流量沿坡长的变化

表 5-2　坡长每延长 2m 相应径流量的增量

雨强/(mm/h)	径流量增量/m^3			
	(2-4)	(4-6)	(6-8)	(8-10)
30	–0.004	0.105	0.049	0.048
60	0.008	0.144	0.082	0.015
90	0.039	0.148	0.111	–0.021
120	0.092	0.116	0.137	–0.058
150	0.167	0.044	0.161	–0.094

注：(2-4)表示坡长由 2m 延长到 4m；(4-6)表示坡长由 4m 延长到 6m，依此类推

中，坡面某些部位水流汇聚导致水流成股流下，流速加快，坡面有小细沟出现，坡长越长，雨强越大，尤其在坡面下部细沟发育较大，使得单位时间内流出出口断面的径流量增加。

本节用 SPSS 16.0 对径流量与坡长的关系进行回归分析(表 5-3)，结果表明，二者的关系可用线性方程很好地表达，其模型决定系数大多在 0.76 以上，说明该模型能很好地描述径流量随坡长延长的变化。

表 5-3　不同雨强下径流量与坡长的关系

	雨强/(mm/h)	植被类型	回归模型	R^2	n
径流量—坡长	30	浙椒 1 号	Q =0.05L–0.06	0.94	5
	60	浙椒 1 号	Q =0.07L–0.07	0.92	5
	90	浙椒 1 号	Q =0.08L–0.05	0.89	5
	120	浙椒 1 号	Q =0.08L–0.00	0.86	5
	150	浙椒 1 号	Q =0.07L–0.08	0.76	5

通过试验可以看出(图 5-1)，坡面在用作农耕地时，虽然随着坡长的延长同一强度降雨产生的径流量总体上增大，但图 5-1 显示坡长每隔 4m 径流量总是有减少的趋势，由此说明，如果在坡面上每隔 4m 设置水平沟，可有效地缓解坡面水土流失，防止土地生产力退化。雨强小于 60mm/h 时，其坡面径流量随坡长延长增加较慢，而当雨强大于 60mm/h 时，坡面径流量随坡长延长增速加快，增幅加大，说明 60mm/h 降雨是侵蚀性降雨的下限，当雨强大于 60mm/h 时，是水土保持需检验的重点，要加大农用耕地的水土保持防治力度。

1. 坡耕地产流动态过程与雨强的关系

将场降雨产流总量与雨强进行回归分析(表 5-4)，结果表明，二者的关系可用幂函数准确描述，其决定系数均大于 0.80，且总体而言，坡长越长，随着雨强的增大，坡面径流增加越快，表现为其幂函数系数逐渐增大。坡长 2～10m 时，其系数在 5×10^{-5}～6×10^{-2} 逐渐增大。分析径流量与雨强的关系曲线(图 5-2)，可以得出结论，随着雨强的增大，坡面径流量总体上呈增加趋势，与谢颂华等(2010)的研究结论相似。由于在土壤前期含水

率相同的情况下，雨强较小时，降雨到达坡面后大部分在原地渗透，即使形成径流，由于坡面土壤疏松，渗透率大，径流在沿坡面向下流动的过程中也会逐渐渗透，使得渗入土壤中的雨水增多，因此其径流量少且波动较小，而随着雨强增大，降雨初期雨水逐渐渗透，随着降雨时间的延续，土壤含水量逐渐增大，则渗透率下降，且单位时间内到达坡面的雨量增加，使得雨水来不及渗透或者渗透很少一部分就开始向坡面下部流动，导致单位时间内出口断面流量增加，次降雨径流量增大。另外，雨强越大，雨滴直径明显增大，且其降落终点速度较大，降落到坡面时动能明显增大，作用于土壤表面做功导致土粒分散，很大程度上堵塞土壤表层孔隙，降低坡面土壤渗透性，也是导致坡面径流量随雨强增大而增大的原因。

表 5-4　不同坡长下径流量与雨强的关系

	坡长/m	回归模型	R^2	n
径流量—雨强	2	$Q=5.0\times10^{-5}I^{1.48}$	0.88	5
	4	$Q=1.0\times10^{-6}I^{2.46}$	0.86	5
	6	$Q=1.0\times10^{-2}I^{0.65}$	0.80	5
	8	$Q=2.0\times10^{-2}I^{0.68}$	0.85	5
	10	$Q=6.0\times10^{-2}I^{0.37}$	0.87	5

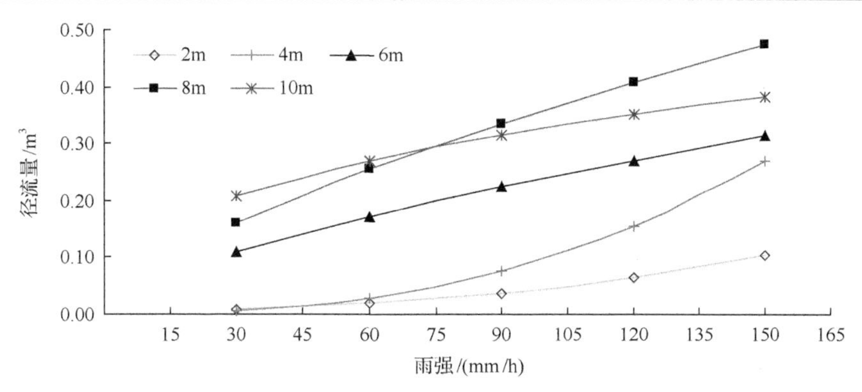

图 5-2　不同坡长下径流量随雨强的变化

2. 坡长和雨强对径流量的综合影响

在初始含水率近似的情况下，关于雨强对径流量的影响，早在 20 世纪 80 年代朱显谟和唐克丽等就指出雨强对降雨径流产沙过程有重要影响(朱显谟，1981；唐克丽，1987)，王文龙等(2003a，2003b)研究了黄土丘陵沟壑区降雨产流特点，认为雨强越大径流量越大。另外，随着坡长的增加，坡面微地貌等因素对径流量也有一定的影响，而以往的研究都是单独考虑雨强或者坡长对径流量的影响。为了反映坡长及雨强的综合作用对径流量的影响，本研究将坡面径流量与坡长及雨强进行相关分析(表 5-5)，结果表明，雨强及坡长与径流量在 0.01 水平上呈极显著正相关，相关系数分别为 0.54 及 0.77，说明当坡面用作耕地时，坡长对径流量的影响大于雨强。把降雨过程中实测的数据利用 SPSS 16.0

进行回归分析，得出拟合回归模型：

$$Q = 0.002I + 0.04L - 0.17 \quad R^2 = 0.94 \tag{5-1}$$

式中，Q 为径流量(m^3)；I 为雨强(mm/h)；L 为坡长(m)。

表 5-5　坡面径流量与坡长及雨强的相关性分析

	径流量	雨强	坡长
径流量	1		
雨强	0.54**	1	
坡长	0.77**	0.000	1

** 0.01 水平上极显著相关(n=25)

回归模型拟合度较好，且模型方差分析表明 F 统计量对应的 P 值为 0.000，远小于 0.05，则说明该模型整体是显著的，雨强与坡长对坡耕地坡面径流量的综合影响可以用线性相关方程描述。

5.1.3　坡耕地侵蚀产沙过程分析

坡面土壤的流失将使有限的土壤资源遭受严重破坏，土层变薄，土地肥力下降，且坡面长期水土流失容易造成土地粗化，直接影响农业生产的可持续发展。另外，人为不合理开垦使得坡耕地因水土流失产生的泥沙输移到下游，直接淤积于河道水库等水利设施中，降低水利设施的调蓄功能及河道的泄洪能力，因此对坡耕地径流侵蚀产沙过程的研究很有必要。

1. 坡耕地侵蚀产沙动态过程的坡长效应

坡面径流侵蚀产沙量随坡长延长的变化过程(图 5-3)表明，整体而言，随坡长的延长，坡面侵蚀产沙量呈现上升趋势，雨强越大，坡面径流侵蚀产沙量随坡长延长增幅越大，其关系可用幂函数表示(表 5-6)，回归模型决定系数均达到 0.84 以上，说明该模型能很好地描述二者的关系，如雨强 30mm/h 时，坡长由 2m 延长到 10m，坡面产沙量增幅为 0.237kg，雨强 60mm/h 时，其增幅为 0.598kg，较前者大 0.361kg，雨强 90mm/h 时，随坡长延长其增幅为 1.204kg，是雨强 60mm/h 时的 2.01 倍，而雨强增大到 120mm/h 及 150mm/h 时，坡面侵蚀产沙量增幅分别达到 2.125kg 及 3.363kg，且坡长由 2m 延长到 6m，坡面径流侵蚀产沙量增幅较 6～10m 时大，增速较快。坡长效应分析表明(表 5-7)，坡长延长相同长度 2m 时，产沙量增量不相等，有的甚至减少。雨强 30～120mm/h 时，2～4m 坡面产沙量增量分别为 0.003kg、0.032kg、0.164kg 及 0.570kg，而坡长由 4m 延长到 6m 时，其增幅分别为 0.225kg、0.519kg、0.811kg 及 0.908kg，分别为前者的 75.00 倍、16.22 倍、4.95 倍及 1.59 倍。而坡长从 6m 延长到 8m，产沙量增量较 4～6m 小，如雨强 30～120mm/h 时，坡长 6～8m 坡面产沙量增量变化范围为 0.028～0.096kg，均值为 0.061kg，而坡长 4～6m 时其变化范围为 0.225～0.908kg，均值为 0.616kg，雨强 150mm/h 坡长 6～8m，其产沙量增量甚至为负值–0.137kg，由此说明，每隔 4m 坡面产沙量增量有减少的趋势。

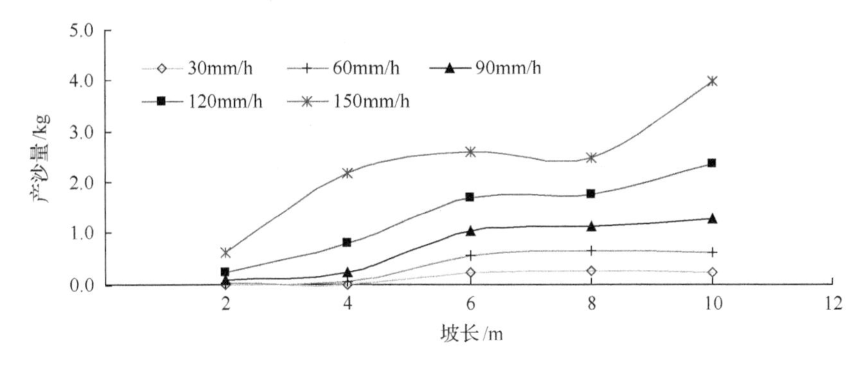

图 5-3　不同雨强下产沙量随坡长的变化

表 5-6　不同雨强下产沙量与坡长的关系

雨强/(mm/h)	坡度/(°)	回归模型	R^2	n
30	20	$S=0.10\times10^{-3}L^{3.56}$	0.85	5
60	20	$S=2.10\times10^{-3}L^{2.67}$	0.90	5
90	20	$S=1.77\times10^{-2}L^{1.98}$	0.84	5
120	20	$S=9.37\times10^{-2}L^{1.46}$	0.86	5
150	20	$S=3.60\times10^{-1}L^{1.05}$	0.88	5

表 5-7　坡长每延长 2m 相应产沙量的增量

雨强/(mm/h)	产沙量增量/kg			
	(2-4)	(4-6)	(6-8)	(8-10)
30	0.003	0.225	0.028	–0.019
60	0.032	0.519	0.073	–0.025
90	0.164	0.811	0.096	0.134
120	0.570	0.908	0.046	0.601
150	1.557	0.441	–0.137	1.502

注：(2-4)表示坡长由 2m 延长到 4m，(4-6)表示坡长由 4m 延长到 6m，依此类推

分析上述结果发生的原因，首先，坡耕地由于种植翻耕导致坡面土壤疏松，土壤机械结构遭到破坏，土壤抗蚀性减小，且随着坡长的延长，坡面可供侵蚀的物质来源增加，则随着降雨的进行，坡长越长，坡面侵蚀产沙量越大。该试验区土壤有机质含量仅为 1.700g/kg，则土壤本身的团粒结构较差，且黏结性不高，在降雨雨滴溅蚀的情况下，很容易被溅散并被径流挟带，尤其是大雨强下较大直径的雨滴挟带能力更强。其次，随着坡长的延长，坡面径流流路延长，有更多机会挟带泥沙流出出口断面，也是导致泥沙量随坡长延长而增大的原因。试验观察到，由于种植辣椒的缘故，为了防止植物之间营养的竞争，坡面上除了辣椒外，表土完全是裸露的，径流一旦形成，随坡长的延长，坡面下部流速及流量很容易快速增大。坡长由 2m 延长到 4m 时其产沙量增幅较 4m 延长到 6m 小，增速也较 4～6m 时慢，可能是由于在 4m 坡长范围内，坡面径流的流路不够长，不足以汇流成较大流量及流速的径流。根据图 5-2，坡长延长到 6m 后，其径流量增速很快，

增量较 2～4m 时大，则导致了较大较快的产沙量增加，当坡长继续延长时，虽然坡面径流量大，但试验观察到，由于坡面翻耕使得地表面比较粗糙，且在辣椒根部有稍微高出边缘的小土堆，则在坡面中部时就会有泥沙在土堆旁的停留堆积。由此得出结论，在坡耕地坡面上，可每隔 4m 设置山坡截流沟，削减径流冲刷动力，强化降雨就地入渗或拦蓄的同时，将水汇集于坡面蓄水工程用于灌溉农田，或者种植植物篱，一方面可防止水土流失导致的土壤粗化及土地生产力下降，另一方面还可以作为绿肥还田来增加土壤有机质含量、减少化肥及改善土壤水分状况等(唐亚等，2001)。

2. 坡耕地侵蚀产沙动态过程与雨强的关系

将相同坡长下场降雨坡面径流侵蚀产沙量与雨强的关系绘制成图(图 5-4)，整体而言，随着雨强的增大，坡面径流侵蚀产沙量呈增大趋势，与谢颂华等(2010)的研究结论一致，其关系可用幂函数表示(表 5-8)，回归模型决定系数均达到 0.76 以上，说明该模型能非常好地表达二者的关系。回归模型系数随雨强增大而增大，说明坡长越长，产沙量随雨强增大增加速度越快。坡长 2～10m，雨强由 30mm/h 增大到 150mm/h 时，各坡长产沙量分别在 0.002～0.610kg、0.004～2.160kg、0.229～2.610kg、0.257～2.470kg 及 0.240～3.970kg 变化，其增幅分别为 0.608kg、2.156kg、2.381kg、2.213kg 及 3.730kg，由此可知除 8m 坡长外，坡长越长产沙量随雨强增加的增幅越大。另外，图 5-4 显示，坡长 2m 及 4m 时，雨强由 30mm/h 增加到 60mm/h，坡面产沙量增量较小，仅为 0.010kg

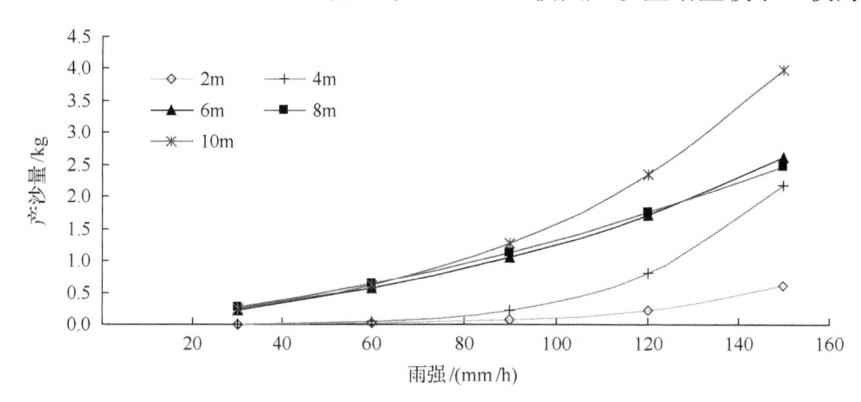

图 5-4　不同坡长下产沙量随雨强变化的变化

表 5-8　不同坡长下产沙量与雨强的关系

	坡长/m	回归模型	R^2	n
产沙量—雨强	2	$S=0.70\times10^{-10}I^{3.62}$	0.85	5
	4	$S=0.90\times10^{-10}I^{3.83}$	0.82	5
	6	$S=0.13\times10^{-4}I^{1.49}$	0.76	5
	8	$S=0.21\times10^{-4}I^{1.40}$	0.80	5
	10	$S=0.60\times10^{-3}I^{1.73}$	0.88	5

及 0.040kg，而雨强由 60mm/h 增加到 90mm/h，其产沙量增量为 0.050kg 及 0.180kg，约为前者的 4 倍，雨强由 90mm/h 增加到 150mm/h 时，其产沙量增量达到 0.550kg 及 1.940kg，为 60～90mm/h 雨强时产沙量增量的 10 倍，其余坡长也有类似的变化趋势，说明对于坡耕地而言，雨强 60mm/h 是侵蚀性降雨的下限，需要特别预防坡面水土流失，与前文径流量随坡长变化而变化的结论一致。

对于坡耕地而言，降雨对坡面侵蚀的影响主要在于雨滴对疏松表土的击溅侵蚀及径流挟带小颗粒泥沙。雨强较小时，雨滴直径及末速度都较小，因此雨滴具有较小的动能，对土壤颗粒的破坏作用较轻，降雨大部分被植物截留或者入渗，即使形成径流也非常小，而随着雨强的增大，雨滴直径及末速度都增大，因而其动能也大，对土壤的击溅作用表现得十分强烈，可将坡面疏松颗粒溅散，且相同时间内土壤的渗透量及植被的截留量远远小于雨量，当雨强增大到一定程度时，在短时间内就能形成大量地表径流，具有较强的冲刷能力，坡面细颗粒极易被挟带出出口断面，从而造成坡耕地的粗化，坡面表层肥沃土壤逐渐变薄，土壤肥力逐年下降。根据国际制粒级划分标准，直径＜0.002mm 的颗粒为黏粒、0.002～0.02mm 为粉粒、0.02～0.2mm 为细砂粒、0.2～2mm 为粗砂粒。为了进一步研究雨强对坡面产沙的影响，本节研究对种植辣椒的坡耕地未降雨前的原始土壤及降雨后侵蚀泥沙样颗粒情况进行比较(图 5-5)，结果显示，坡耕地坡面上，径流侵蚀产生的泥沙中主要为粒径＜0.02mm 的粉粒及黏粒，其粉粒、黏粒含量分别为 47.1%，40.9%，约为粗砂粒含量的 11 倍、细砂粒含量的 5.5 倍，较未侵蚀土壤二者含量 30.4%、35.8% 分别大 16.7%、5.1%，与张光辉(2011)的研究结论一致，Basic 等(2002)也指出，径流侵蚀挟带的泥沙中粉粒及黏粒含量较细砂粒及粗砂粒多，黄道友等(2005)通过对红壤丘陵区坡耕地固体径流基本理化性状分析，也得出类似的结论。分析其原因，由于在降雨初期，粒径较小的颗粒受雨滴击溅起动，随着降雨的进行，坡面径流深增大，雨强越大，单位时间内径流深增加越快，径流挟带泥沙颗粒的能力增强，相对于粗颗粒而言，侵蚀产生的小颗粒更易被径流挟带移动较长的流程，甚至流出坡面，而粗颗粒即使起动，随径流流动一段距离后在重力作用下发生沉积，如此反复，只有很少部分会流出坡面。

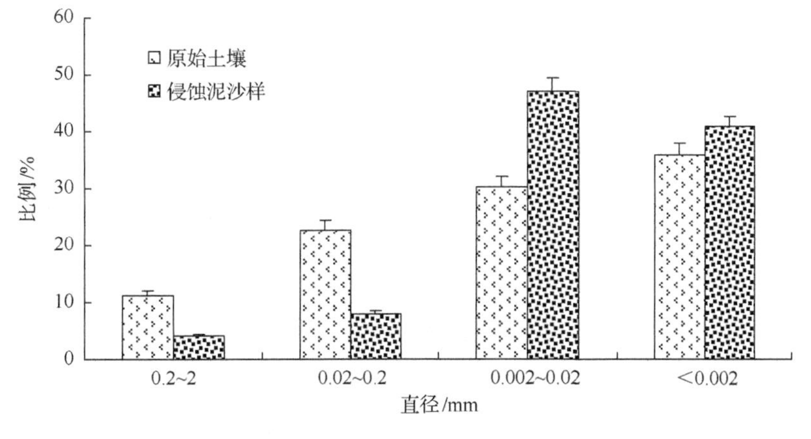

图 5-5　坡耕地原始土壤与侵蚀泥沙颗粒分级对比

5.1.4 不同坡长径流与输沙过程研究

1. 不同坡长下坡面径流的输沙过程

对于特定的坡面，径流量是影响侵蚀产沙的重要因素。结果显示，随着坡长的延长，坡面径流输沙过程中存在着泥沙的沉积现象(图 5-1，图 5-3)。雨强 30 mm/h 及 60mm/h 时，随着坡长的延长，坡面径流量整体呈增大趋势，径流含沙量逐渐增大，坡长 6m 时达到峰值，随着坡长的继续延长，径流含沙量呈减小的趋势。例如，雨强 30mm/h 时，坡长由 2m 延长到 10m，坡面径流量由 0.009m^3 增大到 0.208m^3，而径流含沙量由坡长 2m 时的 0.195kg/m^3，增大到坡长 6m 时的 2.084kg/m^3，当坡长延长到 8m 及 10m 时，其径流含沙量呈下降趋势，分别为 1.616kg/m^3 及 1.148kg/m^3；雨强 60mm/h 时，随着坡长的延长坡面径流含沙量有类似的变化趋势。由此说明，雨强较小(30～60mm/h)时，随着坡长的延长，坡面径流输沙过程中存在泥沙的沉积，而雨强 90～150mm/h 时，径流量随着坡长的延长呈增大趋势，坡长 8m 时其径流量达到峰值，但坡长继续延长到 10m 时，其径流量减小，径流含沙量在坡长 6m 时达到峰值，坡长 8m 时其值减小，这与小雨强时的变化一致，但当坡长继续延长到 10m 时，径流含沙量却增大，且雨强越大，其增幅越大，如雨强 90mm/h 时，8～10m 坡长的径流含沙量增幅为 0.658kg/m^3，120mm/h 时其增幅为 3.688kg/m^3，是前者的 5.6 倍，而雨强 150mm/h 时其含沙量增幅是 120mm/h 时的 5.2 倍。分析其原因，雨强 30～60mm/h，坡长 2～6m 时，随着坡长的延长，降雨产生的径流主要用于泥沙的输移，而当坡长由 6m 延长到 8m 时，虽然坡面径流量增大到峰值，但试验观察到由于坡面翻耕比较粗糙，且在辣椒根部有稍微高出边缘的小土堆，则在坡面中部时就会有泥沙在土堆旁停留堆积。另外，说明随着坡长延长，雨滴及径流增加的侵蚀泥沙量大于径流的输移能力，所以发生泥沙的沉积。随着坡长延长到 10m，坡面可供侵蚀的物质明显增多，且流路的延长导致了径流汇流时间的延长，增大了坡面水流入渗的机会，使得坡面径流量增量减少，径流侵蚀泥沙的能力下降，径流含沙量也呈下降趋势。另外，雨强 90～150mm/h 时，当坡长延长到 10m 时，坡面径流量较 8m 坡长小，但其径流含沙量却增大，说明径流能量主要用于泥沙的输移。

另外，试验观察到，随着雨强的增大，各坡长下径流含沙量整体呈增大趋势，说明径流输移泥沙的能力随雨强的增大而增强。例如，坡长 4m、雨强 30mm/h 时坡面径流含沙量为 0.885kg/m^3，雨强 60mm/h 时其值为 1.626kg/m^3，是前者的 1.84 倍，雨强 90mm/h、120mm/h 及 150mm/h 时径流含沙量分别为 3.012kg/m^3、5.119kg/m^3 及 8.040kg/m^3，其他坡长下随着雨强的增大，坡面含沙量呈现类似的变化趋势。这是由于随着雨强的增大，雨滴的直径增大，其降落到地面的速度增大，则动能增大，导致其对坡面的溅蚀能力增强，另外，雨强越大，单位时间内坡面径流越多，则径流挟沙能力增强。

2. 水动力学参数沿坡长变化的变化

试验结果表明(表 5-9)，坡长 2～10m、雨强 30～150mm/h 时，坡面径流弗劳德数均小于 1，说明坡面薄层径流为缓流。坡长 2m，雨强 30～90mm/h，径流雷诺数在 73.139～

414.386 变化，其值均小于 500，说明此时径流属层流范畴，雨强大于 90mm/h 时，雷诺数大于 500，径流流态为紊流；坡长 4m，雨强 30～60mm/h 时，径流雷诺数范围为 29.983～173.460，径流为层流，雨强 90mm/h 时，雷诺数为 497.387，可视为过渡流；雨强大于 90mm/h 时，雷诺数大于 500，水流为紊流；而当坡长大于 4m 时，雨强 30～150mm/h，雷诺数均大于 500，说明水流为紊流。由此说明，随着雨强及坡长的延长，坡面水流紊动性不断增强，短坡长(2～4m)时，雨强达到 90mm/h，坡面径流由层流向紊流过渡，而坡长较长(6～10m)时，雨强 30～150mm/h，径流均为紊流，且随着雨强的增大，坡面径流紊动性不断增强，这与大雨强降雨对坡面径流的击溅扰动及坡长延长导致坡面水流流速增大等原因有关。

表 5-9　不同坡长及雨强下坡面径流水力学参数变化

坡长/m	雨强/(mm/h)	雷诺数	弗劳德数
2	30	73.139	0.213
	60	188.458	0.170
	90	414.386	0.148
	120	871.390	0.140
	150	1665.997	0.130
4	30	29.983	0.592
	60	173.460	0.267
	90	497.387	0.171
	120	1116.722	0.132
	150	2048.189	0.106
6	30	632.007	0.230
	60	1041.334	0.194
	90	1428.169	0.179
	120	1816.059	0.172
	150	2215.151	0.168
8	30	642.295	0.206
	60	1173.431	0.187
	90	1767.343	0.186
	120	2458.817	0.193
	150	3274.952	0.205
10	30	821.307	0.248
	60	1178.397	0.241
	90	1520.576	0.247
	120	1878.071	0.259
	150	2264.361	0.275

坡面径流在顺着坡面向下流动时，会对坡面土壤产生剪切应力，而土壤相应产生抗蚀力，只有当径流产生的剪切应力大于土壤颗粒被分散的临界切应力时，土粒才会被分离及被径流输移带走，从而产生土壤侵蚀(Nearing et al.，1989；Foster et al.，1977)。对

于特定坡度的坡面，坡面薄层径流剪切力与坡长及坡面下垫面状况有很大的关系。根据试验结果，本节用 SPSS 16.0 对雨强 30～150mm/h 时生长辣椒的坡耕地坡面径流剪切力与坡长的关系进行回归分析，结果表明，二者的关系可用二次函数表示(表 5-10)，回归模型决定系数为 0.70 以上，说明此回归模型能很好地表达二者的关系。从回归模型的物理意义分析，该组函数为开口向下的抛物线，随着雨强从 30mm/h 增大到 150mm/h，坡面径流剪切力达到最大值所需的坡长由 15.83m 减小到 5.08m，说明，雨强越小，剪切力达到最大所需的坡长越长，其所需累积的径流越多。

径流剪切力随坡长变化的变化曲线(图 5-6)显示，坡长由 2m 延长到 8m 时，相同雨强下坡面径流剪切力均呈增大趋势，坡长 8m 时达到峰值，雨强 150mm/h 时，剪切力波动较大。雨强 30mm/h 及 60mm/h，4m 坡长时剪切力较 2m 坡长小，如雨强 30mm/h，坡长 2m 时径流剪切力为 8.199Pa，坡长延长到 4m 时剪切力为 2.287Pa，仅为前者的 27.89%，而坡长 8m 时其剪切力达到 35.543Pa，雨强 60mm/h 时随着坡长的延长径流剪切力有类似的变化趋势。分析其原因，随坡长的延长，径流汇流流路延长，使得坡面下部径流流速增大，对土粒的冲刷力增强，使得径流分离土壤的能力增强。但坡耕地耕作培土等原因导致坡面径流分离的土粒并非一定会被挟带出出口断面，前文产沙量及径流含沙量的部分已经阐述过其原因及结果。坡长延长到 10m 时，径流剪切力较 8m 坡长有下降趋势，说明随着坡长的延长坡面径流主要用于泥沙的输移，与前文中径流含沙量的结果相符合。特别需要注意的是，雨强小于 90mm/h，坡长 4m 时，坡面径流剪切力有减小的趋势，而

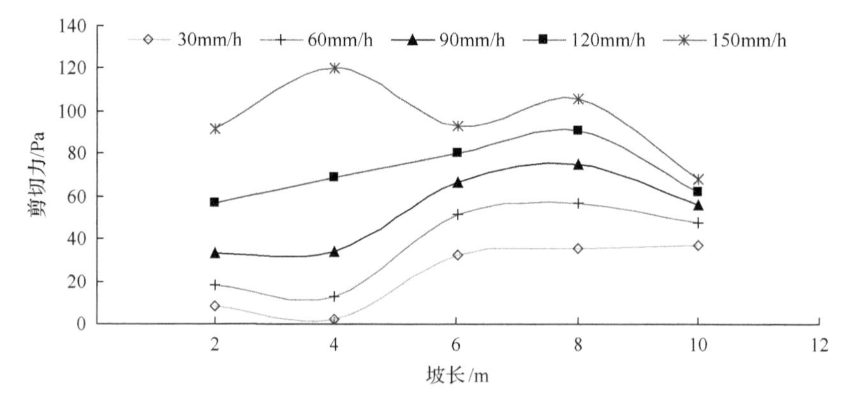

图 5-6 径流剪切力随坡长的变化

表 5-10 剪切力与坡长的关系

	雨强/(mm/h)	回归模型	R^2
剪切力—坡长	30	$\tau = -0.23L^2+7.28L-10.51$	0.76
	60	$\tau = -0.71L^2+13.78L-14.04$	0.72
	90	$\tau = -1.14L^2+17.96L-4.78$	0.73
	120	$\tau = -1.48L^2+19.48L-20.39$	0.79
	150	$\tau = -1.67L^2+16.98L-67.48$	0.70

前文对坡面径流量及侵蚀产沙量的分析都有类似的结果，说明在坡耕地坡面上，以 4m 为步长设置水土保持措施在一定程度上能缓解耕作导致的水土流失及土地生产力下降。

随着雨强的增大径流剪切力增加。雨强 30mm/h 时剪切力变化范围为 8.199～37.081Pa，平均值为 23.170Pa，雨强 60mm/h 时，剪切力在 17.875～48.032Pa 变化，平均值为 37.284Pa，雨强 90mm/h 时剪切力变化范围为 33.252～55.956Pa，平均值为 52.934Pa，雨强 120mm/h 及 150mm/h 时，剪切力的平均值分别为 71.938Pa 及 95.776Pa。这个结果可以用雨滴动能来解释，研究表明，雨滴动能与雨强用幂函数关系表示(Salles et al., 2002)，随着雨强的增大，雨滴动能增大，雨滴动能的增加显然增强了降雨侵蚀力，促使更多的土壤颗粒起动随径流流失，径流深的增加增强水流对土壤颗粒的推力及上举力，并且减小颗粒跳跃途中停留的时间，故随着雨强的增大，坡面径流剪切力增加。

3. 坡面径流深与侵蚀模数的关系

径流是泥沙输移的载体，为了进一步研究不同坡长下径流深与侵蚀模数的关系，利用 SPSS16.0 对试验数据进行了回归分析。结果表明，侵蚀模数与径流深呈正相关关系，可用幂函数拟合二者的关系，具体回归模型为

$$M_s = 0.37h^{1.81} \qquad R^2 = 0.90 \tag{5-2}$$

式中，h 为径流深(mm)；M_s 为侵蚀模数(t/km^2)。

回归模型决定系数达到 0.90，且模型方差分析表明 F 统计量对应的 P 值为 0.000，远小于 0.05，则说明该模型整体是显著的，可以很好地表达二者的关系，其实际观测值与预测值相似度很高(图 5-7)，说明该区可用实测的径流深来较准确地预测坡面实际侵蚀模数。

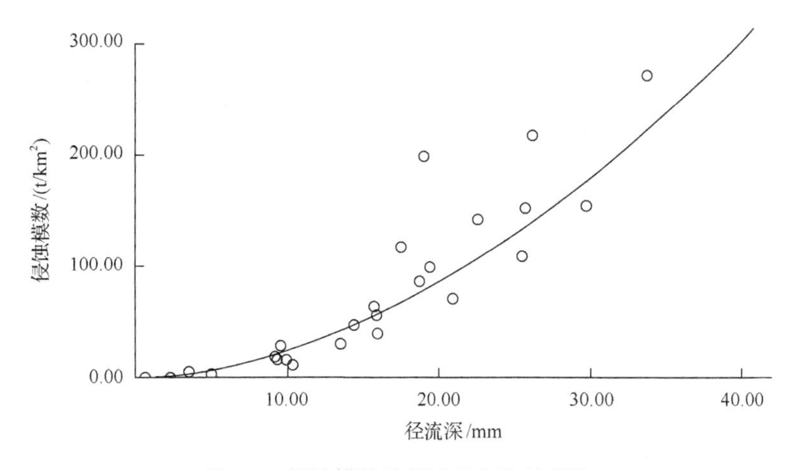

图 5-7　侵蚀模数随径流深变化的变化

虽然根据回归模型能很好地估算出区域侵蚀模数，从而预测该土地利用方式下坡面水土流失情况，但是此模型在野外应用中会受到一些因素的影响，存在一定的局限性，如地表植被变化。试验地降雨前地面除了辣椒生长外，表面无其他杂草，若地表面有其

他杂草生长，则能有效避免雨滴直接打击坡面，很大程度缓解降雨造成的坡面溅蚀，降低细沟形成的可能性，且杂草根系对土壤理化性质及土壤内部水分运移情况也有一定的影响，已有研究表明，植物细根能改善土壤结构(李勇等，1991)，故本模型在地表有植被覆盖的坡面侵蚀预测中还存在一定的局限性。

5.1.5 坡长和雨强对坡面径流侵蚀产沙过程的综合影响

产沙量随雨强变化的变化过程显示，当坡长大于 4m 时，不同坡长下坡面产沙量随雨强变化的变化曲线在雨强小于 90mm/h 时几乎重叠，说明雨强小于 90mm/h 时，坡长对坡面产沙量的影响较雨强小。为了进一步对比分析雨强及坡长对坡耕地坡面径流侵蚀产沙过程的影响大小及其综合影响关系，本节用 SPSS16.0 进行相关性分析(表 5-11)，结果表明，雨强较坡长对径流侵蚀产沙量的影响显著，雨强与产沙量在 0.01 水平上极显著正相关，相关系数为 0.75，坡长与其在 0.05 水平上显著正相关，相关系数为 0.50，说明当坡面用作坡耕地时，雨强对产沙量的影响大于坡长。

表 5-11　坡面产沙量与坡长及雨强的相关性分析

	产沙量	雨强	坡长
产沙量	1		
雨强	0.75**	1	
坡长	0.50*	0.00	1

** 0.01 水平上极显著相关，* 0.05 水平上显著相关(n=25)

将降雨过程中实测的数据利用 SPSS 16.0 进行回归分析，得出拟合回归模型：

$$S = 0.02L + 0.18I - 1.71 \qquad R^2 = 0.91 \tag{5-3}$$

式中，S 为产沙量(kg)；L 为坡长(m)；I 为雨强(mm/h)。

回归模型拟合度较好，且模型方差分析表明 F 统计量对应的 P 值为 0.000，远小于 0.05，则说明该模型整体是显著的，雨强与坡长对坡耕地产沙量的综合影响可以用线性相关方程较准确地描述，模型决定系数高达 0.91。

5.1.6 结论

在野外人工模拟降雨的基础上，本节研究了种植浙椒 1 号的坡耕地坡面径流侵蚀产沙及动力学过程的坡长效应，主要得出如下结论。

(1)径流量、产沙量坡长效应研究结论：坡长延长相同长度 2m 时，坡面径流量、产沙量增量不相等，且除 150mm/h 雨强外，其余雨强下坡长由 4m 延长到 6m 时坡面径流量、产沙量增量陡然增加，较 2～4m、6～8m、8～10m 大，每隔 4m 产沙量有减少的趋势，且径流侵蚀产生的泥沙中主要为粒径＜0.02mm 的粉粒及黏粒，说明在坡耕地坡面上，可每隔 4m 设置山坡截流沟，削减径流冲刷动力，强化降雨就地入渗或拦蓄的同时，将水汇集于坡面蓄水工程用于灌溉农田，或者种植植物篱，一方面可防止水土流失导致的土壤粗化及土地生产力下降，另一方面还可以作为绿肥还田来增加土壤有机质含量、减少化肥及改善土壤水分状况等。

(2) 径流量、产沙量与坡长、雨强关系研究结论：径流量、产沙量随坡长延长整体呈增大趋势，但存在一定的波动，二者与坡长的关系分别可用线性函数($R^2>0.76$)及幂函数($R^2>0.84$)表示；径流量、产沙量与雨强的关系可用幂函数表示($R^2>0.80$、$R^2>0.76$)；坡长较雨强对径流量的影响显著，而雨强较坡长对产沙量的影响显著，二者对径流量、产沙量的综合影响均可用线性函数(R^2=0.94、R^2=0.91)描述；雨强大于 60mm/h 时，产沙量随坡长延长增速加快，增幅加大，要加大农用坡耕地的水土保持防治力度。

(3) 径流输沙过程研究结论：雨强 30～150mm/h 时，随着坡长的延长，径流含沙量逐渐增大，坡长 6m 时达到峰值，坡长的继续延长到 8m，径流含沙量呈减小的趋势，说明坡面径流输沙过程中存在泥沙的沉积；随着雨强的增大，各坡长下径流含沙量整体呈增大趋势，说明径流输沙能力随雨强的增大而增强。

(4) 水动力学参数沿坡长变化的研究结论：坡长 2～10m、雨强 30～150mm/h 时，坡面薄层径流为缓流；坡长 2m、雨强 30～90mm/h 时，径流属层流范畴，雨强大于 90mm/h 时，径流流态为紊流；坡长 4m，雨强 30～60mm/h 时，径流为层流，雨强 90mm/h 时，雷诺数为 497.387，可视为过渡流，雨强大于 90mm/h 时，水流为紊流；而当坡长大于 4m 时，雨强 30～150mm/h，雷诺数均大于 500，说明水流为紊流。径流剪切力与坡长的关系可用二次函数表示($R^2>0.70$)，坡长由 2m 延长到 8m 时，相同雨强下坡面径流剪切力均呈增大趋势，坡长 8m 时达到峰值，坡长延长到 10m 时，径流剪切力较 8m 坡长有下降趋势，说明随着坡长的延长坡面径流主要用于泥沙的输移；随着雨强的增大径流剪切力增加，雨强 150mm/h 时，剪切力波动较大；侵蚀模数与径流深在 0.05 水平上呈显著正相关关系，可用幂函数拟合(R^2=0.90)，但该模型野外应用中还存在一定的局限性。

5.2　荒草坡地侵蚀产流产沙过程模拟

5.2.1　人工模拟降雨试验及过程设计

本研究实行野外原位人工模拟降雨试验进行水土流失特征研究。试验选在浙江省兰溪水土保持综合试验站内进行，采取野外人工模拟降雨试验的研究方法，讨论了不同坡度和不同雨强情况下的荒草坡地降雨侵蚀产沙情况。整个试验共进行了 45 场人工模拟降雨。试验前期对试验场地的土壤容重、土壤颗粒组成、pH、有机质含量等土壤基本特性进行了测定。测得 pH 为 4.48，容重为 1.4591g/cm^3，有机质含量为 6.11g/kg。土壤颗粒组成见表 5-12。

表 5-12　土壤颗粒组成

粒级/mm	>2	0.2～2	0.02～0.2	0.002～0.02	<0.002
颗粒所占比例/%	14.59	13.88	5.33	24.6	41.6

1. 人工模拟降雨试验设计

试验仪器为中国科学院水利部水土保持研究所生产的可调控、高扬程大水量、变雨强的、压控双向侧喷式的、可移动的小型人工模拟降雨装置。装置由喷头系统(美国V-80100)、驱动系统、动力系统、供水系统4部分组成。降雨高度2.4m，降雨均匀系数在75.3%以上。人工模拟降雨装置由喷头、压力表、调节阀、可伸缩主钢管、三个侧向支撑钢架、接配导水干管和潜水泵等组成。其中喷头是由喷头体、出流孔板和碎流挡板等部件组成的变孔式喷头。出流孔板是一组不同孔径组成的系列铜板(参见第2章)。

根据试验装置，设计相应的径流试验小区。径流小区的长为2m，宽为1m，径流区边界由铁板密封并高出地面20cm，入土深度为10cm，小区下端设置可嵌入地表的钢制集水槽，以保证小区内的径流全部汇入设于出水口处的径流桶内。又由于人工降雨要求高扬程大水量，使雨滴达到自由落体，故试验场地必须就近水源，采用了斜坡土壤、坡度的近距离相似移动。

径流小区坡度设计，基本上是依据兰溪水土保持综合试验站的水土流失监测资料，选择浙江省内面积比例最大的坡地坡度、水土流失最严重的红壤坡地，设计有3个坡度，分别是8°、15°、20°，地表特性为天然荒坡地。

雨强的设计，是经过对浙江省历年降雨资料的统计分析，选择高频率、短历时、易引起侵蚀的大强度降雨为试验雨强，设计4个雨强，分别为1.0mm/min、1.5mm/min、2.0mm/min、2.5mm/min，但由于野外实地人工模拟降雨试验的影响因素很多，如风、电力、水压、潜水泵的输水稳定性等，都会引起设定雨强的误差，故将雨强设定在一个区域范围0.9～2.8mm/min，降雨总量控制在50mm。

2. 人工模拟降雨试验过程设计

在径流小区两侧，安置两个人工模拟降雨装置，装置的高度控制在5～9m，抽水管直径为1.5寸①，潜水泵扬程为26m。为了能够准确地测定径流量，在集水槽下部设置一个直径30cm、高40cm的径流桶。

在每场降雨试验之前，测定径流小区的土壤前期含水量；降雨过程中，统计产流时刻，观测坡面微形态变化，隔3min测径流桶水深，并进行累积径流量的计算。同时在集水槽出口处用1000mL径流瓶取径流含沙水样，供土壤侵蚀强度计算。试验之后测降雨入渗深度及降雨后土壤含水量。由于自然条件(如风、降雨等)及现场条件的影响，需在径流小区周围均匀布置6个雨量筒进行降雨均匀性标定。试验中采用克里斯琴森(Christiansen，1941)提出的描述喷灌水量分布均匀性的定量指标——喷灌均匀系数(CU)进行每场降雨的均匀系数计算。

根据所述的试验过程，将取回的土壤样品和径流泥沙样品在室内进行过滤、称量、烘干，计算产沙量和侵蚀模数，分析产沙过程。

5.2.2 产流时刻与雨强及土壤前期含沙量的关系

产流时刻的研究，主要是讨论前期含水量和雨强大小对产流时刻的影响。相关分析表明(表5-13)，在坡度为8°时，产流时刻与雨强和前期含水率呈显著负相关，表示雨强

① 1寸=3.33cm。

越大，前期含水率越高，产流越快；在坡度为 15°时，产流开始时间与前期含水率呈极显著负相关；在坡度为 20°时，产流开始时间与雨强呈极显著负相关。

表 5-13　产流时间与雨强、前期含水率的相关性

坡度/(°)	产流时间与雨强的相关性	产流时间与前期含水率的相关性
8	−0.6315*	−0.5873*
15	−0.4850	−0.8339**
20	−0.9103**	−0.1158

** 0.01 水平上极显著相关，* 0.05 水平上显著相关

然后进行逐步回归分析(表 5-14)，研究前期含水量和雨强大小对产流时刻的双因素影响作用，对 8°、15°、20°时前期含水率和雨强对产流时刻影响进行回归分析，发现 8°时决定系数呈显著相关，而 15°和 20°时，决定系数呈极显著水平。由此，我们可以认为雨强和土壤前期含水率共同成为决定产流时刻的重要因素，雨强越大，前期含水率越高，产流越快。

表 5-14　产流时刻与雨强、前期含水率之间的多元回归方程

坡度/(°)	回归方程	R
8	$Y = 431.9490 - 57.7590X_1 - 7.4690X_2$	0.5839*
15	$Y = 708.3056 - 19.0207X_1 - 17.6868X_2$	0.7856**
20	$Y = 371.9125 - 48.0450X_1 - 6.1785X_2$	0.7466**

** 0.01 水平上极显著相关，* 0.05 水平上显著相关

注：X_1 代表雨强，X_2 代表前期含水率

5.2.3　累积径流量

根据试验结果，在坡度 8°情况下，雨强 0.84mm/min、1.68mm/min、1.78mm/min、2.21mm/min 的累积径流量随时间变化的变化趋势线方程见表 5-15。由表 5-15 可以看出，累积径流量与时间呈极显著相关。从斜率变化来看，随着雨强变大，累积径流量递增速率也越大。

表 5-15　坡度为 8°时累积径流量随时间变化的变化趋势方程

雨强/(mm/min)	累积径流量随时间变化的线性方程	R
0.84	$Y = 0.5637X - 2.5914$	0.9692**
1.68	$Y = 1.9442X - 6.0886$	0.9854**
1.78	$Y = 3.0395X - 3.4705$	0.9989**
2.21	$Y = 5.3638X - 4.2952$	0.9954**

** 0.01 水平上极显著相关

选取三种坡度下，对两个雨强段的累积径流量变化趋势做比较(表 5-16)。雨强越大，相关系数越大。三种坡度相近雨强段上的累积径流变化方程斜率较为相近，表示递增速

率相接近。

表 5-16　三种坡度相近雨强段、累积径流量随时间变化的变化趋势方程

坡度/(°)	雨强/(mm/min)	累积径流量随时间变化的线性方程	R
8	0.84	$Y=0.5637X-2.5914$	0.9692**
15	0.92	$Y=0.3689X-0.8332$	0.9756**
20	0.88	$Y=0.309X-0.7514$	0.9736**
8	1.78	$Y=3.0395X-3.4705$	0.9989**
15	1.86	$Y=3.977X-4.5962$	0.9864**
20	1.74	$Y=3.1193X-3.2033$	0.9921**

** 0.01 水平上极显著相关

5.2.4　累积产沙量

根据试验结果建立了坡度 8°情况下，雨强 0.84mm/min、1.68mm/min、1.78mm/min、2.21mm/min 的累积产沙量随时间变化的变化趋势方程(表 5-17)。做出的累积产沙方程(表 5-17)与累积径流方程(表 5-15)一样，也显示了与降雨时间的极显著线性相关。随雨强增大，累积产沙随时间递增的相关系数增大。从斜率上看(图 5-8)，雨强越大，累积产沙量随时间变化的递增速率越快。将累积产沙方程(表 5-17)与累积径流方程(表 5-15)进行比较，累积产沙方程的斜率普遍大于累积径流的斜率，表明随雨强的增大，累积产沙的递增速率比累积径流的递增速率要快。

表 5-17　坡度为 8°时累积产沙量随时间变化趋势方程

雨强/(mm/min)	累积产沙量随时间变化的线性方程	R
0.84	$Y=0.4736X-1.9792$	0.9719**
1.68	$Y=2.2992X-7.2944$	0.9758**
1.78	$Y=4.2891X+6.4879$	0.9825**
2.21	$Y=10.668X+11.887$	0.9910**

** 0.01 水平上极显著相关

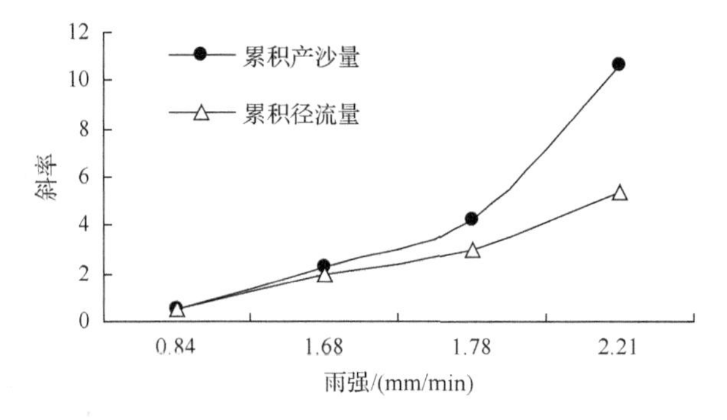

图 5-8　累积产沙方程与对应累积径流方程的斜率比较

分析三种坡度两个相近雨强段的累积产沙方程(表 5-18)。雨强大的累积产沙递增速率明显高于雨强小的累积产沙递增速率。相关系数也有相同现象，即雨强大的相关系数明显高于雨强小的相关系数。将累积产沙方程(表 5-17)与对应的累积径流方程(表 5-15)做比较,可以看到,累积产沙随时间增加的递增速率比累积径流大。对比表 5-18 和表 5-16,从三种坡度相近雨强的斜率情况来看，发现相近雨强的累积径流方程的斜率表现得较为接近，累积产沙的区别较明显。说明坡度对侵蚀产沙的影响比对径流的影响要大。

表 5-18　三种坡度相近雨强段、累积产沙量随时间变化趋势方程

坡度/(°)	雨强/(mm/min)	累积产沙量随时间变化的线性方程	R
8	0.84	$Y = 0.4736X - 1.9792$	0.9719**
15	0.92	$Y = 0.2018X - 0.5006$	0.9696**
20	0.88	$Y = 0.0651X - 0.1391$	0.9750**
8	1.78	$Y = 4.2891X + 6.4879$	0.9825**
15	1.86	$Y = 7.9472X - 5.4034$	0.9962**
20	1.74	$Y = 6.5617X - 6.6189$	0.9922**

** 0.01 水平上极显著相关

5.2.5　同一坡度、不同雨强的 15min 累积产沙量趋势探讨

根据不同雨强和坡度在降雨 15min 内的累积产沙实测数据得拟合曲线(图 5-9)。

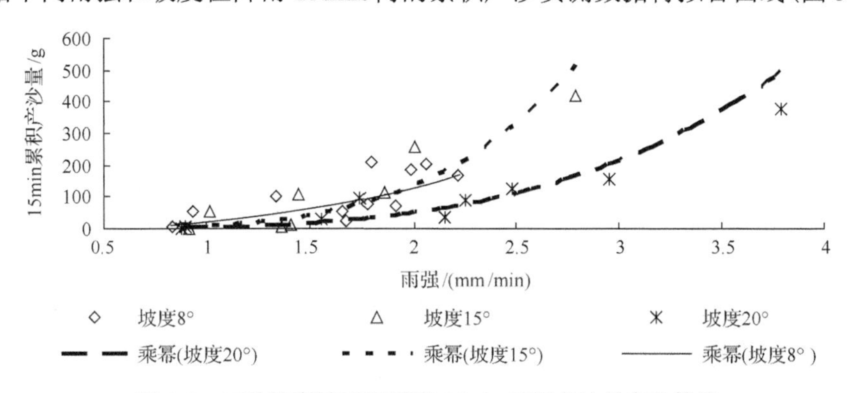

图 5-9　三种坡度随雨强递增 15min 累积产沙量变化趋势

图 5-9 反映的是三种坡度 15min 累积产沙量随雨强增大的变化趋势。不同坡度其累积产沙的变化趋势、累积量的大小和曲线陡度不同，其拟合公式如下：

$$\text{当坡度为 8°时：} y = 21.738x^{2.5958} \quad R = 0.7426 \tag{5-4}$$

$$\text{当坡度为 15°时：} y = 8.5158x^{3.9993} \quad R = 0.7924 \tag{5-5}$$

$$\text{当坡度为 20°时：} y = 4.2883x^{3.5646} \quad R = 0.9436 \tag{5-6}$$

虽然各坡度的趋势线都有波动，但总体还是呈现上升趋势。从相关性来看，坡度越大，雨强与产沙量的相关性越好。

5.2.6　泥沙粒径问题

在国外，对土壤颗粒大小影响土壤侵蚀重要作用的研究已有很多。有人把英国低地的 56 种土壤的颗粒分布标绘在三角图上。在整个简图上，散点的范围很大。土壤基质中土粒的粗细不同，不但比表面积有巨大差异，而且土粒间孔隙的孔径也有显著区别。土壤颗粒组成对土壤的持肥能力、植物生长及抗蚀能力影响很大。实际上，土粒由粗到细是连续变化的，并没有截然分明的界限，为了研究方便，世界各国大都按土粒粗细分为砾、砂粒、粉粒和黏粒 4 个粒级，但具体界限和每个粒级的进一步划分有一定差异。本研究采用的是国际制的土壤粒级划分方案(表 5-19)。本研究对小于 0.2mm 的颗粒组成分析采用的是目前较为常用的甲种比重计法(鲍氏比重计法)。

表 5-19　国际制土壤粒级划分方案

粒级名称	石砾	粗砂	细砂	粉砂粒	黏粒
粒级/mm	＞2	0.2～2	0.02～0.2	0.002～0.02	＜0.002

径流泥沙中的粒径与雨强和径流的关系密切，降雨的击溅作用促进了泥沙的起动，径流的选择性搬运是造成坡面土壤粗化的主要原因，泥沙的粒径分布特征能反映土壤的粗化程度。为了便于分析，采用国际制土壤颗粒组分划分方案。在颗粒分析试验中，由于单场降雨所取回的径流泥沙量较少，达不到颗粒组成分析 50g 测定量的要求，所以我们合并同坡度相近雨强段上的泥沙，进行颗粒组成分析。将场降雨的泥沙颗粒进行了分级测试(表 5-20)。

表 5-20　泥沙颗粒组成分析结果对比总表　　(单位：%)

坡度与雨强	粒级				
	＞2mm	0.2～2mm	0.02～0.2mm	0.002～0.02mm	＜0.002mm
原土	14.59	13.88	5.33	24.6	41.6
8°，(雨强 1.34～1.78mm/min)	2.16	6.55	8.08	41.06	42.16
8°，(雨强 1.91～2.21mm/min)	2.23	8.15	9.18	40.12	40.32
8°，(雨强 3.52 mm/min)前 6min	4.89	7.93	10.51	31.11	45.56
8°，(雨强 3.52 mm/min)后 6～27min	7.04	9.27	11.57	26.67	45.45
8°，(雨强 4.94 mm/min)前 6min	7.66	7.42	6.86	35.08	42.98
8°，(雨强 4.94 mm/min)后 6～15min	8.44	9.26	9.50	36.11	36.68
15°，(雨强 1.37～1.86 mm/min)	0.21	3.34	10.29	43.94	42.22
15°，(雨强 2～2.2 mm/min)	2.52	6.87	8.42	38.28	43.90
15°，(雨强 2.79 mm/min)	2.44	5.89	9.59	35.02	47.06
15°，(雨强 5.4 mm/min)前 6min	6.59	5.48	10.46	29.23	48.24
15°，(雨强 5.4 mm/min)中 6～10min	8.33	7.94	10.33	27.98	45.42
15°，(雨强 5.4 mm/min)后 10～15min	10.76	8.04	9.28	26.21	45.7
20°，(雨强 1.48～1.74 mm/min)	1.24	4.22	11.02	31.72	51.8
20°，(雨强 2.15～2.48 mm/min)	1.78	4.83	11.32	31.13	50.94
20°，(雨强 2.74～3.02 mm/min)	2.20	3.21	10.85	31.29	52.45

由表 5-20 可以看出，土壤颗粒组成在降雨前后发生一定变化，降雨侵蚀产沙的石砾(＞2mm)含量比原土的石砾含量小，幅度降至 1.38%～69.91%不等。从同坡度的变化趋势来看，坡度为 8°和 15°条件下，降雨侵蚀产沙的石砾含量随着雨强的增大而增大，但都小于原土的石砾含量。但在 20°条件下，降雨侵蚀产沙的石砾含量随着雨强的增大反而呈现下降趋势，这与理论设想不一致。

从相近雨强来看，坡度 8°时在 1.34～1.78mm/min 雨强段的降雨侵蚀产沙中，＞2mm 石砾含量为 2.16%；15°时 1.37～1.86mm/min 雨强段的降雨侵蚀产沙中，＞2mm 石砾含量为 0.21%；20°时 1.48～1.74mm/min 雨强段的降雨侵蚀产沙中，＞2mm 石砾含量为 1.24%。表明 8°、15°、20°时，雨强在 1.37～1.78mm/min 时，降雨侵蚀产沙中的石砾含量变化有很大不同，无相似，亦无明显规律。然而在 1.91～2.48mm/min 雨强段，三个坡度的降雨侵蚀产沙中的石砾含量却表现地十分相近，从表 5-19 中可以看出，坡度 8°，雨强为 1.91～2.21mm/min 时，＞2mm 石砾含量为 2.23%；坡度 15°，雨强为 2～2.2mm/min 时，＞2mm 石砾含量为 2.52%，坡度 20°，雨强为 2.15～2.48mm/min 时，＞2mm 石砾含量为 1.78%。这样的差距与雨强段 1.34～1.78mm/min 的情况相比，已有很大的改善。

另外，分析统计的三次随降雨时间变化的侵蚀，侵蚀产沙的颗粒组成中＞2mm 的石砾的含量比例变化情况，坡度 8°时，3.52mm/min 和 4.94mm/min，以及 15°时，5.4mm/min，这三次雨强较大，侵蚀较为严重，因而有较足够的泥沙来测其颗粒成分分析，测得结果从表中可看出，这三次侵蚀的共同点都是，随着降雨时间延长，侵蚀产沙中的石砾含量增加，但仍旧都小于原土中＞2mm 的石砾含量。

在泥沙粒径 0.2～2mm 含量中，坡度 8°已占绝对优势，没有了在粒径＞2mm 粒径规律不明了的情况。可以看出在任何相近雨强段上，侵蚀产沙中 0.2～2mm 的含量与坡度增大呈负相关趋势，坡度越大，0.2～2mm 粒径所占含量越小。与原土比较，侵蚀产沙中 0.2～2mm 的粒径含量全部小于原土中该粒径范围的含量。从同一坡度来看，8°和 15°时，大体呈现随着雨强增大，0.2～2mm 粒径含量增大的趋势。然而 20°的趋势正相反，呈现出了随着雨强增大，0.2～2mm 粒径含量减少的趋势，与 20°时＞2mm 石砾含量随雨强变化趋势相同的现象。另外，在同次降雨中，侵蚀产沙含量的变化随时间先后变化，坡度 8°时，3.52mm/min 和 4.94mm/min，以及 15°时，5.4mm/min，0.2～2mm 粒径含量分别呈现随时间延长增大的趋势。即在大雨强情况下，随着降雨时间的延长，0.2～2mm 粒径所占含量增大，这种趋势与＞2mm 粒径的趋势相同。分析原因为，随着降雨时间的延长，表层不稳定土被分批冲走，产沙量越来越少，每次的产沙中细颗粒比例逐渐减少，粗颗粒比例相对增加。将 0.2～2mm 含量和＞2mm 含量相比，在原土阶段，＞2mm 含量大于 0.2～2mm 含量，在侵蚀产沙中，0.2～2mm 粗砂含量整体大于＞2mm 石砾含量。

泥沙中粒径＜0.2mm 所有的颗粒组成几乎都呈现出一种比较平缓稳定的下降趋势。在 8°、15°、20°三种坡度情况下，原土的该粒径范围含量小于降雨侵蚀产沙中该粒径的含量比例。在 8°、15°趋势图(图 5-10)中，在同一坡度情况下，显现出了雨强小的颗粒含量大于雨强大的颗粒含量的现象，而后在一个粒径点上，开始出现反向趋势，即雨强大的粒径组分含量大。而坡度 20°在图 5-10 表现出的现象与 8°、15°恰相反，在粒径分析前半段，颗粒含量比例与雨强大小呈正相关，在粒径分析后半段，颗粒含量比例与雨强大小呈负相关。

在图 5-10 和图 5-11 中，可以看到，在两组相近雨强不同坡度的粒径＜0.2mm 的颗粒组分变化图中，各次降雨几乎都有较稳定的下降趋势。与原土对比，侵蚀产沙中的细颗粒组分有所增加，在＜0.003mm 之后，原土的粒径含量相对变大。三个不同坡度雨强较小的相近组，规律不太清晰，15°坡显现出了较大的比例，8°和 20°坡的趋势有些混乱。在雨强较大的相近组中，略微显现出坡度大的细颗粒侵蚀产沙较大，但规律依旧不明显。规律不明的原因也许是野外模拟降雨试验方面存在某些误差所造成的局限性。

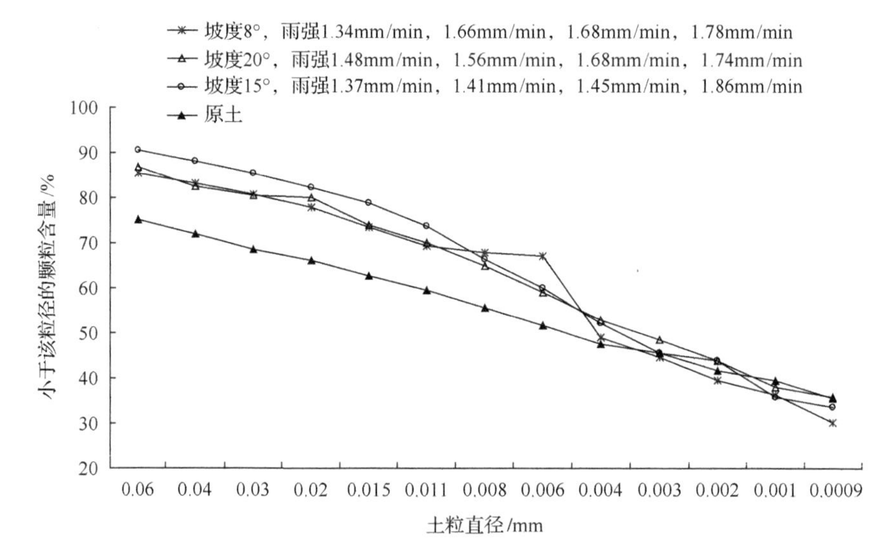

图 5-10　坡度递增，雨强较小组颗粒组分变化

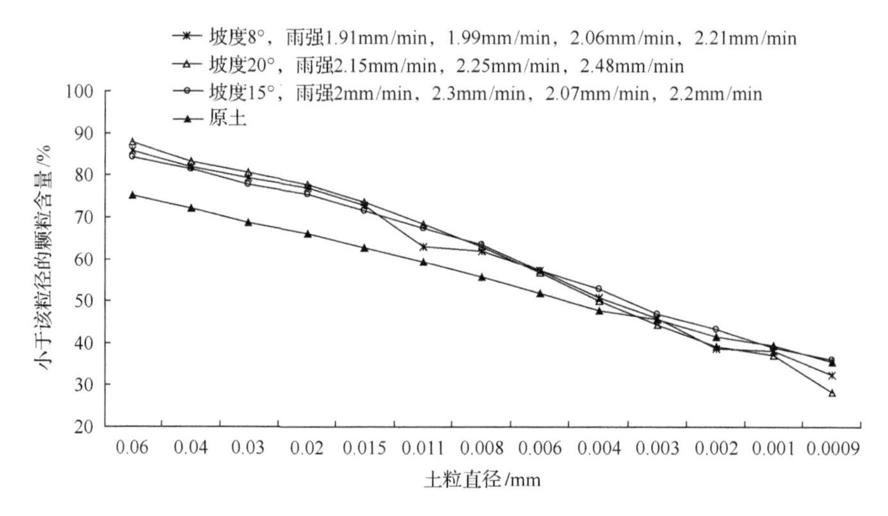

图 5-11　坡度递增，雨强较大组颗粒组分变化

随着降雨时间的延长，＜0.2mm 的各粒径级的颗粒组分所占比例变小，相对应地也就是随着降雨时间延长，＞0.2mm 的粒径组分含量变大。分析原因，土壤侵蚀主要发生于径流侵蚀，而土壤细颗粒相比粗颗粒更易在径流液中搬运，这种径流侵蚀在土壤表面

的泥沙搬运特性决定了土壤侵蚀过程中首先搬运土壤表层细颗粒。这也导致随着降雨时间变长，土壤侵蚀产沙中的细颗粒组分含量逐渐变小。从坡面侵蚀机制来说，当坡面水分入渗速率小于雨强时产生径流。径流是坡面土壤泥沙流失的动力和载体，径流在坡面传递过程实际上是径流与坡面土壤颗粒相互作用的过程，在这个过程中，径流首先选择性地挟带土壤细颗粒。与原土相比，泥沙中细颗粒特别是黏粒含量显著增加，导致泥沙黏粒的富集。

5.2.7　结论

(1) 对坡度 8°、15°、20°时前期含水率和雨强对产流时刻的影响进行回归分析，发现 8°时决定系数呈显著相关，而 15°和 20°时，决定系数呈极显著水平。由此，我们可以认为雨强和前期含水率共同成为决定产流时刻的重要因素。雨强越大，前期含水率越高，产流越快。

(2) 对产流过程研究分析，得出：坡度 8°时，变化趋势较为稳定，各雨强的径流量趋势波动较小。坡度 15°时，随着雨强的增大，产流趋势也较稳定，只是和坡度 8°时不同，在雨强 1.4mm/min 时，径流量有了一个跳跃。坡度 8°时，雨强段 1～2 mm/min 上的径流量多集中在 5～10L；而在坡度 15°时，雨强段 1.4～1.5mm/min 上的径流量多集中在 10～15L。坡度 20°时，雨强段 1.5～2.25mm/min 上的径流量多集中在 5～10L。从坡度 20°的各时段产流稳定度来看，雨强小于 2.25mm/min 的径流量趋势较稳定，雨强大于 2.25mm/min 时，产流趋势波动相对较大。各雨强的累计径流量都表现出良好的线性增长趋势，并基本都符合雨强越大，累计产沙量变化趋势的斜率越大的规律。累计径流量与时间呈极显著相关。雨强越大，累积径流量的递增速率越快。

(3) 对各次降雨的时刻产沙量，即每隔 3min 时 1L 径流内含沙率进行讨论分析，在各个坡度中，时刻侵蚀产沙量不是稳定的，较多的趋势是其中会出现一个峰值，但并不是每次降雨侵蚀都会出现峰值现象，通常出现峰值的那些降雨前土壤比较干燥，前期含水量较低。累积产沙量和累积径流量关系密切。随雨强增大，累积产沙量的递增速率比累积径流量的递增速率要快。坡度越大，15min 累积产沙量随雨强增大递增的相关性越好。在同一坡度中，随着雨强的增大，雨强大的侵蚀产沙曲线的斜率大，表示累计产沙量与雨强呈正相关关系，雨强越大，累计产沙量也越大。对同坡度不同雨强的累计产沙量讨论分析，结果表明，坡度越大，侵蚀产沙量随雨强增大而增大的趋势越明显。对不同坡度间的产沙量比较也进行了讨论，但得出的结果规律不明显，可见在本次降雨中，坡度对产沙量没有起到决定性的影响。

(4) 泥沙颗粒组成随雨强、坡度和降雨历时变化而发生变化。粒级小于 0.2mm 的泥沙富集率高，并随着粒级的减小而增大。表明短降雨历时的侵蚀下，对细颗粒的径流侵蚀较为严重，所以南方红壤区的侵蚀中多为径流侵蚀，应针对性地建立引水沟，或者横水沟，或者垄坡，阻断径流的路径。对同次降雨随降雨时间变化的颗粒组分含量变化趋势讨论，随着降雨时间的延长，＜0.2mm 的各粒径级的颗粒组分所占比例变小，相对应地也就是随着降雨时间延长，＞0.2mm 的粒径组分含量变大。对同坡度不同雨强进行讨论，在 8°、15°时，在同一坡度情况下，显现出雨强小的＜0.2mm 颗粒含量大于雨强大的颗粒含量的现象，而后在一个粒径点上，开始出现反向趋势，即雨强大的粒径组分含量大。而坡度 20°时表现出的现象与 8°、15°恰相反，在粒径分析前半段，颗粒含量与雨强大小呈正相关，在粒径分析后半段，颗粒含量与雨强大小呈负相关。

5.3 不同土地利用方式长期侵蚀产沙监测资料的分析

5.3.1 试验区概况

兰溪市地处浙江省金衢盆地北缘，区内地势缓和，海拔 50～80m，相对高差 30～50m，地理位置为北纬 29°05′～29°27′，东经 119°13′～119°53′。属亚热带季风气候，全年湿润温热，干湿分明，无霜期长，多年平均气温 17.7℃，多年平均降水量 1431.5mm，多年平均蒸发量 1493.5mm，无霜期 265d。降水量年际变化大，年内分配也不均匀，6 月中下旬暴雨频繁，常引起水土流失。境内为第四纪红壤，具有富铝化、高岭石化，强酸性(pH 4.5～6.5)特征。由于境内坡耕地水土流失较为严重，土地瘠薄，故而作物产量低而不稳。

兰溪水土保持综合试验站位于兰溪市上华街道办事处石宕金村低丘红壤区。建于 1983 年，共有面积 5.6hm^2，设计有 18 块(其中，租用地 5 块，站内 13 块)不同土地利用和不同水土保持措施处理的试验小区和小型气象观测站。从 1987 年开始进行水土流失监测，获得了 1987～1999 年(除 1989 年外)12 年比较完整的珍贵的试验数据和观测资料。为浙江省乃至南方低丘红壤地区的自然降雨条件下水土流失规律研究提供了基本的试验数据，为南方低丘红壤地区农业规划及生态环境规划提供基本数据。

径流小区设置在同一坡面上，长 20m，宽 10m，面积为 200m^2，坡度 15°，坡向东偏南。在各个径流小区出口处建有监测室，室内设有沉沙池，其出口处安装一个“V”形薄壁三角堰，高度 40cm，最大流量为 0.025m^3/s，径流量用 SW40 型日自记水位计观测径流量，根据日自记水位计记录及水池面积、三角堰出口高度，以 1 次降雨过程为单位，测定逐次降雨的径流量和径流历时。悬移质测定于沉沙池出口处(或沉沙池中) 取出 1000mL 径流液，置于试剂瓶中，加盖，静置 1 周，倒去上部清液，洗出悬移质，烘干称量，计算悬移质浓度，然后根据径流量的测定结果，计算悬移质的流失量。与此同时，取出 500mL 径流液，置于塑料瓶中，加 2mL 浓硫酸带回实验室用于分析。推移质测定于径流结束后，放完径流液，取出推移质，风干，称量，测其含水量，计算推移质流失量。雨量测定用 ST 型自记虹吸式雨量计自行测定，并辅以 SMI 型人工雨量计人工测定雨量。降雨侵蚀力则根据自记雨量记录结果，求出 30min 最大雨强(I_{30})，采用 Wischmeier 降雨侵蚀力的求算公式计算出。

5.3.2 水土流失监测资料数据库的建立和优势

在当今的数据库管理中存在两种类型的数据库：操作型数据库和解析型数据库。当一个组织、机构或者公司的日常生活中需要收集、维护和修改数据时，便采用操作型数据库。这种类型的数据库保存动态的数据，即数据经常发生变化，可以反映精确到分钟的信息。操作型数据库的应用实例有库存量数据库、定单维护数据库、患者跟踪数据库和期刊订阅数据库。而解析型数据库通常用于保存和跟踪历史的及与时间相关的数据。当一家公司或者组织需要在长时间内跟踪某种发展趋势、查看统计数据或者发展长期项目时，会使用一个解析型数据库存储必要的数据。解析型数据库中的数据是静态的，也就是说数据从来不会被修改或至少很少修改，数据库反映的信息适用于某个特定的时间点。解析型数据库的应用实例包括化学测试数据库、地理标本数据库和调查数据库。兰溪水土保持综合试验站的水土流失监测资料数据库则是属于解析型数据库。

每一个数据库都是为了某种特定的目的而创建。通常而言，数据库建立的目的和优点在于维护其数据，并提供进行各类统计分析所需的信息。水土流失监测资料数据库作为解析型数据库，它的建立是为了保存和跟踪历史降雨和土壤侵蚀资料，试图建立一个完整的降雨侵蚀信息系统。据实地考察，兰溪水土保持综合试验站针对南方红壤的普遍利用状况，在小生态区域内，同时建立农、林、茶、荒坡、果园，研究历年降雨规律和不同降雨对不同土地利用方式的土壤侵蚀情况，具有很强的对比性，实在是一个难得的试验基地，应充分加以利用，完善其数据采集和资料数据的记录保存系统，以便后人研究利用，为后人的研究提供一些帮助。因此，建立兰溪水土流失监测资料数据库具有一定的必要性。

在数据库设计过程中，通常分析两种类型的数据库：遗留数据库(legacy database)或者基于文件的数据库(paper-based database)。遗留数据库是指一个已经存在且使用多年的数据库，其中的术语已经改变或者其结构已经不健全。基于文件的数据库是由表格、索引卡、文件夹之类构成的一个松散的集合。基于文件的数据库本身存在若干问题，尤其是在收集和管理数据的方式等方面，导致了这类数据库最大的缺点通常是包含不一致的数据、错误数据、重复数据、冗余数据、不完整实体和早就该清除的数据。两者相比较，分析一个遗留的数据库比分析一个基于文件的数据库稍微容易一些，因为一个遗留的数据库通常比一个基于文件的数据库更有组织性、更具结构化，遗留的数据库中的结构已经被明确定义了。

兰溪水土流失监测资料数据库是基于文件的数据库。数据来源是兰溪水土保持综合试验站的水土流失监测资料，根据收集到的文件进行归纳，数据库主要包括的数据表主要有：1987～1999年(除1989年外)12年来的降雨情况，各小区不同土地利用方式和作物种植情况，各小区土壤年侵蚀情况，各小区土壤月侵蚀情况，逐次暴雨对各小区的侵蚀情况，偶尔几年的文件资料里会出现日蒸发量、日雨量的数据。由于收集和管理数据方式等因素的影响，文件数据库本身存在很多问题，如不一致的数据、错误数据、重复数据、冗余数据、不完整实体和早就该清除的数据，这给分析人员带来了很大困难，只能尽量做到最好。另外，据兰溪水土流失监测资料显示，每年的土地利用方式差别较大，稳定性不强，没有系统的研究方案，采集到的数据信息十分零散，这对其数据统计分析又构成一障碍。

5.3.3 数据分析

1. 历年降雨月分布规律统计

由兰溪水土保持综合试验站历年降雨侵蚀资料中，得出 1987～1995 年中每年 12 个月的降雨分布情况。每年的降雨高峰期主要发生在 3～9 月，特别是 4～7 月，6 月最为严重。

降雨类型的划分标准是按 1986 年 10 月农业出版社出版的《中国农业百科全书》农业气象卷的划分标准：小雨＜10mm/24h，中雨 10.0～24.9mm/24h，大雨 25.0～49.9mm/24h，暴雨 50～99.9mm/24h，大暴雨 100～199.9mm/24h，特大暴雨＞200mm/24h。

通过对兰溪水土流失监测资料统计分析，发现受降雨历时影响，侵蚀严重的降雨平均雨强并不一定很大，但是其 I_{10} 很大；I_{10} 一般在 60mm/h 以上，少数在 30～50mm/h；I_{30} 一般在 40mm/h 以上，少数在 20～40mm/h；最大 1h 雨量一般在 20mm/h 以上，少数在 20mm/h 以下；由此可见，1h 内的强降雨的侵蚀影响很大。平均雨强相同，雨量大的侵蚀大；总雨量差不多，雨强大的侵蚀大；侵蚀大的平均雨强不一定很大，但 I_{10} 或 I_{30} 大。

2. 不同土地利用方式的侵蚀差异

根据兰溪水土流失监测资料，兰溪水土保持综合试验站的工作人员计算出了，1987～1995 年不同土地利用小区的侵蚀模数(表 5-20)，由表 5-20 知，随着水土保持措施利用年限的增长，除顺坡种植和茶叶地外，任何一种水土保持措施都能显著减少土壤坡面的水土流失，坡面小区的试验结果表明，梯田、草粮轮作、杉木林和毛竹林都可以明显减小坡面土壤流失。梯田、杉木林和毛竹林可以显著减少降雨形成的径流和侵蚀泥沙中的大颗粒物质(推移质)。而草粮轮作主要是通过减少侵蚀泥沙中的大颗粒物质而使侵蚀程度减轻。

对 1～6 区的农耕地处理上，研究人员对 1 区、2 区、4 区、6 区进行坡改梯治理，种植各类农作物等，在开发初期的一两年侵蚀都相当严重，其后随着作物的生长，植被覆盖度逐渐增加，扰动土壤逐渐沉实，土壤侵蚀趋于稳定。对农耕地的另外两个处理，见表 5-21 中的 3 区和 5 区，这两个农耕地小区采取顺坡的种植措施，从表 5-21 中，很容易可以看出它的侵蚀状况明显严重于其他处理的农地。可见只要稍微改变作物种植方式，就可以显著地减少土壤侵蚀。7～11 区林地的抗侵蚀能力很好，在观测期的第二、第三年，侵蚀模数显著减少，在观测期的第四年后几乎不发生侵蚀。茶叶地的土壤侵蚀较为严重，是因为其人为扰动较大，引起土壤人为方面的侵蚀。

对于种植农作物或发展林地，有助于水土保持的原因，可从两方面来分析，一方面是雨滴击溅作用方面，另一方面是植被方面。雨滴击溅作用，一方面封堵土地表面从而减少土壤渗透量和增加地表径流的作用；另一方面一种植物或任何其他一种植物冠层在减少雨滴动量或能量，防止地表封堵方面的作用。

表 5-21　兰溪水土保持综合试验站试验小区部分年侵蚀模数统计表　[单位：t/(km²·a)]

年份	1 区	2 区	3 区	4 区	5 区	6 区	7 区	8 区	9 区	10 区	11 区	12 区	13 区
	梯田	水平	顺坡	等高	顺坡	水平	毛竹	混交	杉木	稀柑	蜜柑	茶叶	原始
1987	2545	835	3760	1480	5650	865	138	100	3260	953	1628	103	14
1988	1220	487	2920	40	1200	129	23	90	50	22	427	293	90
1989	22	76	85	62	177	28	3	5	7	6	1	357	55
1990	5	4	525	2	2	1	1	2	1	0	0	62	12
1991	87	80	406	1	612	1	2	6	0	0	0	177	8
1992	6	5	188	3	185	1	8	5	1	0	0	211	23
1993	7	26	409	4	570	3	1	6	0	0	0	367	32
1994	4	17	391	2	347	2	3	0	0	0	0	262	34
1995	1	8	372	4	413	3	9	0	0	0	0	447	66
平均	433	171	1006	178	1017	115	110	24	369	109	228	253	37
最大	2545	835	3760	1480	5650	865	138	100	3260	953	1628	447	90

植被方面，完全被植被覆盖的坡面，径流和土壤侵蚀都较小，通常情况下，径流和侵蚀量分别不到裸地的 5%和 1%。与裸地相比，由于水流通过渗透率高的有植被的地面，所以，径流量低，这是因为有植被的土壤通常具有较好的结构和较稳定的团粒体。一些水分被植被截留并蒸腾到大气中，保留的雨水滴到地面，或者沿草茎和沿树干流入下面的土壤中。由于雨水在植物枝叶上的聚结，所以，从枝叶上滴下来的水珠常常大于当初的雨滴。然而，在草被或林下往往有一层枯落物层，它截留了穿过植物冠层落下来的水滴，使进入土壤的水所含杂质少，不会填充土壤孔隙，而且表层的土壤孔隙不会被溅蚀的土壤颗粒所充塞。如果发生径流，植物的枝叶和根系则阻止土壤颗粒的移动。枯枝落叶形成一粗糙表面，阻止水流，降低流速，而且植物根系能够固结土壤。

部分被植被覆盖的坡面，植被覆盖率小于 70%之后，径流和侵蚀迅速地增加。在半干旱地区，植被盖度往往低于 30%。径流量和侵蚀量与裸露的土地总面积有关，与裸地面的面积成正比增加。但是，被侵蚀土壤进入河流的泥沙总量与裸地的比例无关，径流总量也与裸地的比例没有关系，这是因为被移动的土壤不能到达河流，而被植被拦截，或者沉积于坡面下部或坡面凹形段。

在农耕地上，随着作物覆盖度增加，侵蚀量降低，当植被覆盖度高于 30%时，这种降低作用更为明显。谷类作物对地面的覆盖度很难高于 90%，种植稀疏作物的土壤侵蚀率高于种植禾谷类作物，即使在良好的地面覆盖条件下，种植高秆作物，也可能出现比所预料的侵蚀量高的土壤侵蚀，因为玉米的高度使落下的聚结雨滴获得了高的终点速度，从而发生溅蚀和片蚀。

5.3.4　结论

(1) 兰溪水土保持综合试验站小流域土壤侵蚀主要发生在 3～9 月，特别是 4～7 月。6 月最为严重，这是由区域降雨季节分布特征决定的。另外，这一时期的农事活动比较频繁，较多的降雨和农事活动相遇导致较大的侵蚀。

(2) 对不同土地利用方式的抗侵蚀能力进行比较，结果为林地＞农地＞茶叶地。林地的抗侵蚀能力除最初一两年外，始终具有很好的抗侵蚀能力，在第四年之后几乎不发生侵蚀。农耕地的抗侵蚀能力相对林地较弱，但与茶叶地相比，还是有很好的防治水土流失作用。而抗侵蚀能力最弱的茶叶地，由于通常茶叶地的人为扰动较大，所以造成它的侵蚀概率最高。

(3) 农耕地的不同种植方式比较，顺坡的抗侵蚀能力最弱。因为顺坡有助于径流侵蚀，而南方的侵蚀多以径流侵蚀居多，所以采取顺坡方式种植农作物的农耕地，其土壤侵蚀最为严重。

主要参考文献

付兴涛. 2012. 坡面径流侵蚀产沙及动力学过程的坡长效应研究. 浙江大学博士学位论文.

黄道友, 陈桂秋, 刘守龙, 等. 2005. 红壤丘陵区坡地固土径流基本理化性状探讨. 中国生态农业学报, 13 (3): 87-90.

李勇, 朱显谟, 田积莹. 1991. 黄土高原植物根系提高土壤抗冲性的有效性. 科学通报, 36 (12): 935-938.

唐克丽. 1987. 黄土高原水土流失与土壤退化的研究. 水土保持通报, 7 (6): 12-18.

唐亚, 谢嘉穗, 陈克明, 等. 2001. 等高固氮植物篱技术在坡耕地可持续耕作中的应用. 水土保持研究, 8 (1): 104-109.

王文龙, 雷阿林, 李占斌, 等. 2003a. 黄土丘陵区坡面薄层水流侵蚀动力机制实验研究. 水利学报, (9): 66-70.

王文龙, 莫翼翔, 雷阿林, 等. 2003b. 坡面侵蚀水沙流时间变化特征的模拟实验. 山地学报, 21 (5): 610-614.

谢颂华, 曾建玲, 杨洁, 等. 2010. 南方红壤坡地不同耕作措施的水土保持效应. 农业工程学报, 26 (9):81-86.

朱显谟. 1981. 黄土高原水蚀的主要类型及其相关因素. 水土保持通报, 1 (3): 1-9.

朱晓梅. 2008. 红壤丘陵区土壤水蚀过程的产沙动态模拟试验研究. 浙江大学硕士学位论文.

Basic F, Kisic I, Nestroy O. 2002. Particle size distribution (texture) of eroded soil materia. Journal of Agronomy and Crop Science, 188: 311-322.

Christiansen J E. 1941. The uniformity of application of water by sprinkler systems.Agricultural Engineering, 22: 89-92.

Foster G R, Meyer L D, Onstad C A. 1977. An erosion equation derived from basic erosion principles.Trans. of ASAE, 20 (4): 678-682.

Nearing M A, Foster G R, Lane L J. 1989.A process based soil erosion model for USDA water erosionprediction project technology. Trans. of ASAE, 32 (5): 1578-1593.

Salles C, Poesen J, Sempere-Torres D. 2002. Kinetic energy of rain and its functional relationship withintensity. Journal of Hydrology, 257 (1-4): 256-270.

第6章 红壤坡地侵蚀产沙过程及影响因素的室内模拟

水力侵蚀是坡面侵蚀产沙的主要外动力，坡面径流是泥沙的搬运介质，坡面泥沙的起动、搬运和沉积过程主要由坡面流水动力沿程的变化特征决定。关于坡面流和坡面侵蚀产沙水动力特征的研究一直是坡面侵蚀产沙机理揭示的主要内容，各领域的相关专家从不同的角度开展了研究，并取得了大量相应的成果(田凯等，2010；翟娟等，2012)。将坡度、雨强和植被覆盖作为变量，采用人工模拟降雨和变坡水槽放水试验的方法，研究坡面流水动力学特征方面的成果显著。一般认为坡面流速随坡度的增大而增大，径流深与坡度成反比，降雨具有增大陡坡表层流速效应(潘成忠和上官周平，2009)。水流流型随雨强和坡度变化而发生变化，当坡度较缓、雨强较小时，水流宏观上呈缓流，反之，宏观上多呈急流(张宽地等，2012)。坡面流的水动力学特性与明渠水流存在较大差异，在坡面水蚀机理研究过程中应予以充分考虑(朱智勇等，2011)。随着雨强的增大，坡长对流速的影响逐渐减小，流量随着雨强的增大而增大；相同雨强条件下不同坡度间的流量变化较小，相同坡度条件下坡面流水深及单宽流量与雨强具有较好的函数关系(赵小娥等，2009；Fu et al.，2012)。上方汇水和雨强的增大使坡沟系统水流雷诺数和弗劳德数呈明显增大，水流流态由缓流演变为急流，坡面水流阻力系数明显减小(肖培青等，2009)。草地覆盖度增加将改善坡面流水力性质，总体上减小了坡面流速，增加了阻力和粗糙度(李毅和邵明安，2008)，覆盖度对坡面流阻力系数的影响大于空间格局对阻力系数的影响(杨坪坪等，2016)，坡面径流剪切力随覆盖度的提高而减小(吴卿等，2008)。由于植被的黏滞阻力和压差阻力的相互作用，植被阻力系数随雷诺数的增加而增大，而随弗劳德数的增加而减小(杨帆等，2016)。下垫面的差异对坡面流水力学特征的影响很大。在紫色土和红壤地区，坡面径流剪切力、单位水流功率、过水断面单位能量及水流功率 4 个参数与坡面土槽的剥离及分离速度均存在着明显的线性关系，但二者临界水流功率值不同，紫色土坡面远远大于红壤坡面(丁文峰，2010)。在砒砂岩坡面径流流速随冲刷流量和坡度的增大而增大，雷诺数随冲刷流量的增大而增大，而弗劳德数的变化趋势正好相反。径流阻力系数随压实度增大而减小，随冲刷流量的增大而增大(苏涛和张兴昌，2012；苏涛等，2011)。径流功率是描述风沙区土质和含砾石工程堆积体土壤侵蚀参数更为合理的因子(康宏亮等，2016)，坡度对流速的影响大于流量(李永红等，2015)。黄土坡面形态复杂，坡面细沟浅沟发育，沟间地与沟道的水流特性不同。细沟内水流流速、雷诺数和弗劳德数一般比细沟间要大，但阻力系数一般小于细沟间水流阻力系数(王龙生等，2013)。坡面地表一旦产生结皮，影响坡面降水入渗和径流特征，土壤结皮坡面具有较大坡面流流速，较小径流深度、水流剪切力和水流功率(韩珍等，2016)。坡面水土保持措施旨在减少径流的侵蚀动力，进而保持水土，针对有水土保持措施坡面的研究显示，地表状况与流量大小直接影响着坡面流态，水流受阻力显著增加(吴淑芳等，2010)。

综上可知，对坡面流水动力特征的研究较多，得出了不同影响因素设计范围内的变化规律。这些规律大都是从试验结论的角度在设计的限制条件下进行的探讨和解释，就水动力学参数之间规律性差异的数学机理讨论较少，对坡面流水动力学参数与侵蚀产沙之间相关性的研究不多。在分析坡面径流侵蚀产沙过程中，这些坡面流水动力学参数中一些参数的综合性和灵敏度较高的问题，也没见到相关报道。不同的试验设计规模，所得结论的精确度不同，探讨适宜的试验设计规模也是研究中的主要问题。鉴于此，本研究拟采用人工模拟降雨的方式，通过不同坡长和雨强的组合试验，应用经典水力学和相关拟合线性分析的方法，探讨坡面侵蚀产沙与水力学特征参数的关系，揭示坡面径流侵蚀产沙的综合判断参数及适宜的试验设计规模。

6.1 坡面侵蚀产沙与水力学特征参数关系模拟

6.1.1 试验设计和方法

本节研究所实施的人工模拟降雨试验是于 2012 年 9 月～2014 年 11 月在浙江大学玻璃温室内完成的。试验采用木制的径流槽，其几何规格为宽 0.5m，高 0.5m，长分别为 1m、2m、3m、4m、5m，坡度为 20°，5 个径流槽平行排列，降雨试验可同时进行。试验水温维持在 20℃。坡面无植被生长，径流槽下端设置有边缘高 5cm 的集水槽便于收集径流样品。径流槽填充的试验用土是浙江省临安市的典型红壤，在原位进行分层(每层厚度 10cm，共 5 层)采集，室内对应层位填充，并保持层位和容重基本相同。人工模拟降雨装置采用的是中国科学院水利部水土保持研究所研制生产的可移动、变雨强、压控双向侧喷式小型人工模拟降雨装置，雨滴降落时的高度为 6m。通过调整喷头喷孔直径的大小和水压来调整雨强，同时在小区的边缘设计了 18 个集雨桶来监测降雨的均匀度，要求降雨均匀度均达到 90%左右。试验雨强设置范围为 0.65～2.0mm/min，每场降雨重复 3 次。每次降雨试验前测定土壤前期含水量，以保证所有降雨试验土壤前期含水量相对一致。产流开始以 2min 为一个时段采集径流水样，产流时间控制在 30min，即 15 个时段。坡面径流断面流速采用染色剂法($KMnO_4$)测定。将含有泥沙的径流样品带回实验室静置 24h，通过量测瓶中水的深度和质量得出径流体积和容重，然后倒去上清液，将泥沙烘干称重(105℃的条件下烘 12h)得到泥沙量。统计时 5 个径流槽分别进行。然后分别计算每场降雨，不同坡长径流槽的总径流量、总产沙量、平均流速(表 6-1)。

表 6-1　坡面侵蚀产沙模拟降雨试验测试统计数据

场次	雨强/(mm/min)	监测项目	坡长/m				
			1	2	3	4	5
1	0.63	平均流速/(m/s)	0.040	0.053	0.069	0.080	0.127
		总径流量/m^3	0.005	0.022	0.011	0.019	0.032
		总产沙量/g	4.090	134.417	32.579	25.431	210.441
2	0.69	平均流速/(m/s)	0.023	0.034	0.044	0.057	0.080
		总径流量/m^3	0.001	0.010	0.014	0.012	0.019
		总产沙量/g	0.500	41.266	86.496	24.596	81.516

续表

场次	雨强/(mm/min)	监测项目	坡长/m				
			1	2	3	4	5
3	0.83	平均流速/(m/s)	0.033	0.071	0.110	0.120	0.125
		总径流量/m³	0.001	0.026	0.034	0.035	0.034
		总产沙量/g	0.150	247.892	405.211	265.619	257.263
4	0.85	平均流速/(m/s)	0.030	0.054	0.081	0.099	0.133
		总径流量/m³	0.033	0.071	0.110	0.120	0.125
		总产沙量/g	0.470	95.358	33.999	40.503	465.111
5	1.01	平均流速/(m/s)	0.035	0.042	0.046	0.048	0.107
		总径流量/m³	0.006	0.049	0.039	0.044	0.157
		总产沙量/g	3.860	805.156	619.502	469.736	7211.529
6	1.20	平均流速/(m/s)	0.069	0.075	0.091	0.102	0.143
		总径流量/m³	0.005	0.045	0.054	0.091	0.098
		总产沙量/g	4.070	667.667	1429.628	2019.312	2022.656
7	1.36	平均流速/(m/s)	0.054	0.071	0.083	0.091	0.120
		总径流量/m³	0.008	0.033	0.045	0.046	0.081
		总产沙量/g	12.920	232.690	783.210	212.940	753.060
8	1.37	平均流速/(m/s)	0.031	0.054	0.085	0.113	0.130
		总径流量/m³	0.002	0.039	0.017	0.038	0.159
		总产沙量/g	0.920	854.545	92.512	396.420	2905.225
9	1.54	平均流速/(m/s)	0.063	0.103	0.095	0.147	0.180
		总径流量/m³	0.012	0.128	0.048	0.100	0.187
		总产沙量/g	27.920	5233.520	790.594	1968.485	5571.578
10	1.68	平均流速/(m/s)	0.071	0.094	0.112	0.121	0.165
		总径流量/m³	0.006	0.056	0.067	0.090	0.141
		总产沙量/g	5.600	1053.009	1775.080	995.751	3498.199
11	1.75	平均流速/(m/s)	0.063	0.076	0.110	0.120	0.136
		总径流量/m³	0.006	0.039	0.045	0.069	0.163
		总产沙量/g	19.480	371.710	773.000	680.435	3574.150
12	1.80	平均流速/(m/s)	0.033	0.073	0.091	0.122	0.133
		总径流量/m³	0.004	0.082	0.034	0.098	0.337
		总产沙量/g	1.960	3760.939	438.244	2011.941	4321.880
13	2.00	平均流速/(m/s)	0.099	0.125	0.136	0.126	0.161
		总径流量/m³	0.011	0.087	0.064	0.079	1.256
		总产沙量/g	45.111	2259.183	1784.106	1773.239	5333.053

6.1.2 分析要素计算

根据坡面侵蚀产沙水动力学分析参数要求，需计算径流深、雷诺数、弗劳德数、阻力系数、坡面径流剪切力等。计算所用流速是观测断面流速，取每个径流槽的平均流速。

平均径流深 h：采用每场降雨的总径流量与每个径流槽的面积换算而得，计算公式：

$$h=\frac{Q}{A}\times 1000 \tag{6-1}$$

式中，h为坡面径流深(mm)；Q为径流量(m^3)；A为径流槽面积(m^2)。

雷诺数 R_e：是用来判断坡面薄层水流的流态。借用明渠水流的判别法，当R_e小于500时水流为层流，R_e大于5000时为紊流，R_e在500～5000为过渡流，计算公式为

$$R_e=\frac{\nu h}{\upsilon} \tag{6-2}$$

$$\upsilon=\frac{0.01775}{1+0.0337t+0.000221t^2} \tag{6-3}$$

式中，ν为运动黏滞系数(m^2/s)；υ为断面平均流速(m/s)；t为水温(℃)。

弗劳德数 F_r：是判断水流的流型流态。当$F_r=1$时，说明惯性力作用与重力作用相等，水流为临界流；当$F_r>1$时，说明惯性力大于重力作用，水流为急流；当$F_r<1$时，说明惯性力小于重力作用，水流为缓流，计算公式为

$$F_r=\frac{\upsilon}{\sqrt{gh}} \tag{6-4}$$

式中，g为重力加速度(m/s^2)；其他符号的物理含义同上。

阻力系数f: 坡面流阻力是指水流在沿坡流动过程中所受到的来自水土界面摩擦力的阻滞作用和水流内部质点紊动所产生的阻碍水流运动力的总称。阻力系数是径流流态、床面粗糙程度、断面特性、水流密度、雨滴直径和水流表面张力系数等因素的综合体现。计算公式为

$$f=\frac{8\text{gsin}\alpha}{\upsilon^2} \tag{6-5}$$

式中，α为坡度；其他符号的物理含义同上。

径流剪切力τ：是坡面薄层水流在沿坡面梯度方向运动时，在其运动方向上产生的一个作用力。水流顺坡向下流动时，径流剪切力破坏土壤原有结构，分散土壤颗粒，使被剥蚀的土壤颗粒随径流输出坡面，从而造成水土流失。计算公式为

$$\tau=\frac{1}{8}\rho f\upsilon^2 \tag{6-6}$$

式中，τ 为径流剪切力(Pa)；ρ 为水的容重(kg/m^3)；其他符号的物理含义同上。

6.1.3　侵蚀产沙与坡面径流水动力学参数的相关性

为了能更好地分析坡面侵蚀产沙的水动力学特征，结合实际坡面汇水面积弧形的地貌形态特点，对表 6-1 的 13 场人工模拟降雨试验数据进行了跨雨强和跨坡长的综合性分析。根据表 6-1 数据及式(6-1)～式(6-6)计算，获得了 13 场不同坡长情况下模拟降雨试验的主要水动力学参数，并与每场降雨不同坡长的总产沙量进行了拟合(图 6-1)。

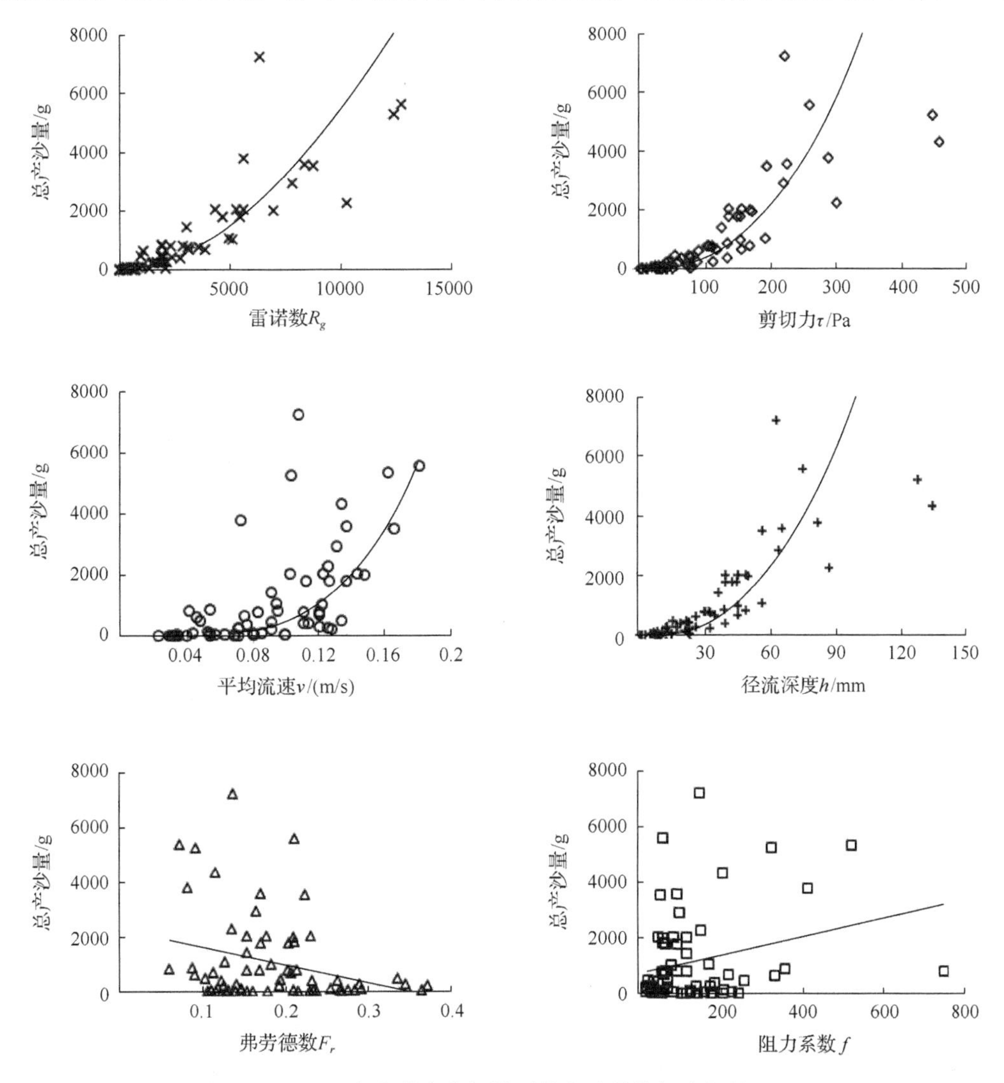

图 6-1　水力学参数与坡面总产沙量的拟合相关

由图 6-1 可知，总产沙量随剪切力、雷诺数、径流深度、平均流速的增大均呈现出幂函数形式的增长规律，其相关性都非常显著，其相关系数 R 分别为 0.92、0.94、0.92、0.78。在本节试验设计范围内，随坡长和雨强变化的变化并不明显。由 65 组数据计算得，雷诺数＜500 的层流占到总数的 15.4%，其中雨强＜0.7mm/min 的雷诺数占到层流数的

55%，绝大部分为层流。这一规律与张宽地和肖培青的研究结果相类似(张宽地，2012；肖培青，2009)。雷诺数＞5000的紊流占到总数的24.6%，坡长为5m的雷诺数占到紊流数的64%，紊流出现的最小雨强为1.01mm/min。雷诺数在500～5000的过渡流达到总数的60%。但是，总产沙量随弗劳德数增大，却呈现出减少的趋势，并且负相关性系数很小(R=0.29)，与王广月等(2015)在三维土工网护坡坡面流水动力学特性试验研究的结论一致。总产沙量与阻力系数的关系虽然是正相关，但相关系数很小(R=0.27)。根据弗劳德数判断流型流态，所有的65组数据都属于缓流的范畴。

若将坡长考虑进去(付兴涛等，2015；付兴涛和张丽萍，2014)，则这些水力学参数与产沙量关系的规律发生了变化(表6-2)。由表6-2可知，剪切力和径流深与产沙量的乘幂相关性所呈现的规律一致，而且几乎不受坡长的影响。但是最大值都是呈现在3m的坡长处。雷诺数与产沙量的乘幂相关性显著大于流速与产沙量的相关性，但是在3m坡长处出现了最小值。将弗劳德数分别与坡长1m、2m、3m、4m、5m的不同雨强的总产沙量进行乘幂相关性拟合，其相关系数R分别为0.28、0.43、0.51、0.56、0.77，明显呈现出随坡长增加相关性增大的趋势，进一步拟合坡长与确定系数(弗劳德数与不同坡长产沙量)的相关性达到了0.98。同理，将阻力系数分别与坡长1m、2m、3m、4m、5m的不同雨强的总产沙量进行乘幂相关性拟合，其相关系数R分别为0.28、0.51、0.60、0.70、0.77，其相关系数随坡长延长增大的速度更快，坡长与阻力系数随坡长确定系数的相关性达到了0.99。由此可见，坡长在分析弗劳德数和阻力系数对侵蚀产沙作用时影响明显。

表6-2　水力学参数与产沙量乘幂关系随坡长延长变化的R^2

坡长/m	剪切力 τ/Pa	径流深/mm	雷诺数 R_e	流速 v/(m/s)	弗劳德数 F_r	阻力系数 f
1	0.9222	0.9218	0.9352	0.6963	0.0784	0.0776
2	0.9602	0.9569	0.875	0.4785	0.1853	0.2555
3	0.9858	0.9854	0.8455	0.2489	0.2585	0.3555
4	0.9473	0.9455	0.8694	0.324	0.3133	0.4963
5	0.9194	0.9142	0.9094	0.3868	0.5877	0.5949

6.1.4　坡面径流水动力学参数对侵蚀产沙的影响

水动力学参数计算式(6-1)～式(6-6)所用的自变量主要涉及流速、径流深、坡度、重力加速度和动力黏滞系数等，其中设计坡度固定不变为20°，重力加速度是常量，动力黏滞系数与水温有关，在本试验设计中水温控制在20℃不变，由此可见，只有径流深和流速的相对大小发生变化，影响着剪切力、雷诺数、阻力系数和弗劳德数。

4个水力学参数对侵蚀产沙的影响呈现出不同的规律，从式(6-2)～式(6-6)的公式中各物理参数的关系可推得造成影响差异的内因。在雷诺数计算式(6-2)中，径流深和流速这两个参数都在分子上，二者是相乘的关系，是随着径流深和流速的增大而增大。剪切力计算式(6-6)中，剪切力与流速的平方成正比。而由弗劳德数计算式(6-4)中可看出，弗劳德数的大小变化，取决于流速和径流深开平方的比值。在本节试验的65组数据中，弗劳德数值全部为小于 1，则说明流速小于径流深与重力加速度乘积开平方的值，即惯性力小于重力。再由阻力系数计算式(6-5)中得知，阻力系数的大小，取决于径流深与流速平方的比值。

为了分析径流深与流速对 4 个水力学参数与侵蚀产沙关系的影响，可将径流深与总产沙量的拟合式，与流速与总产沙量的拟合式进行联解，得

$$\frac{\upsilon}{h} = 4.97S^{3.11} \tag{6-7}$$

式中，S 为场降雨总产沙量(g)；其他符号的物理含义同上。

由式(6-7)推得，当总产沙量≥0.6 时，等式右边是一个永远大于 1 的值，说明流速对坡面侵蚀产沙的作用要大于径流深。当总产沙量＜0.6 时，等式右边是一个小于 1 的值。但在本试验的 65 组总产沙量中只有两个数据＜0.6，其他的数据均大于 1。由此可知，在缓流的范畴内，流速对水动力学参数与总产沙量的关系远远地大于径流深。

6.1.5　坡面侵蚀产沙的多要素综合影响

由式(6-7)分析可知，基于本研究的试验设计背景，流速是坡面侵蚀产沙主要的水动力学要素。在不同的坡长和不同的雨强作用下，流速变化的规律不同(图 6-2)。

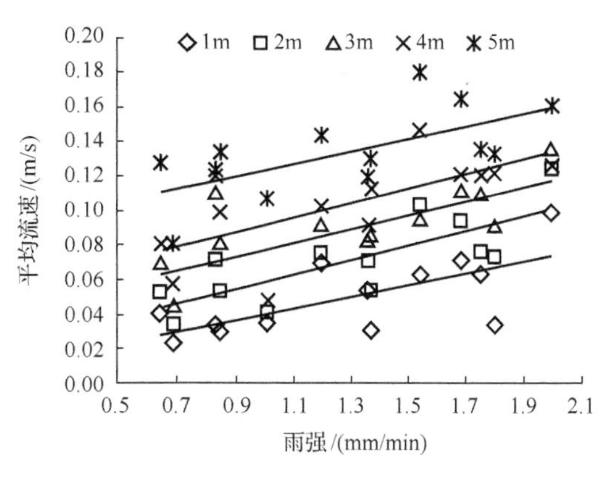

图 6-2　平均流速随雨强与坡长的变化规律

由图 6-2 显示可知，平均流速随雨强的增加而增加，5 个坡长的直线趋势拟合变化规律几乎一致，其斜率的值和相关系数相近。平均流速与坡长的关系，虽然，其绝对值随着坡长的增加也呈现出增加趋势，但是，在等距离变坡长的设计中，水力学各要素并非呈等差值增加。在坡长 2m、3m、4m 之间，随雨强的增加，流速的增加几乎是围绕 0.01m/s 等值在增加，但是在 4m 和 5m 之间，随雨强的增加，流速的增加速率是围绕 0.03m/s 在增加。由此可推得，坡面径流的流速具有波动性，在 3 m 坡长的附近，流速随雨强的增加是相对稳定的。从水文学和水力学的理论来分析，坡面径流的流速不仅与雨强有关，与坡面的汇流面积也关系密切(汪晓勇等，2009)。坡面径流的汇流过程还与坡面径流含沙量、泥沙的起动、泥沙的沿程沉积有关，当径流中含沙量大于挟沙能力时，流速就会减缓，泥沙就会沉积。当泥沙沉积后的短时间内，径流含沙量减少，径流的流速加大。进而可知，坡面径流侵蚀产沙存在一个随泥沙起动—搬运—沉积过程的波动步长。

为了说明流速和径流深及试验设计的自变要素雨强和坡长对侵蚀产沙的综合影响，用 SPSS20.0 进行了回归分析，得回归模型：

$$S = 9845.9\upsilon + 10.902h + 182.644L + 462.225I - 1339.927 \quad R = 0.7333 \tag{6-8}$$

式中，S 为总产沙量(g)；υ 为平均流速(m/s)；L 为坡长(m)；h 为径流深(mm)；I 为雨强(mm/min)。

模型的方差表明 F 统计量对应的 P 值为 0.000，远小于 0.01，则说明该模型整体是显著的，其拟合度相对较好。

6.1.6 结论

通过上述分析讨论，可得如下结论。

(1) 就坡长对水动力学参数与总产沙量的关系而言，在小雨强时，坡长对坡面径流的流态影响不明显，紊流出现的最小雨强为 1.01mm/min。坡长对弗劳德数和阻力系数的影响较大。剪切力和径流深受坡长的影响很小。流速是坡面侵蚀产沙的主要影响参数，是坡面侵蚀产沙强度判断的敏感性指标。

(2) 由不同坡长各水力学参数与产沙量的相关性分析可知，剪切力和径流深与产沙量相关系数的最大值，雷诺数和平均流速与产沙量相关系数的最小值，都出现在 3m 坡长处。流速随雨强变化的变化规律在 3m 坡长附近趋势比较稳定，可推得 3m 坡长是坡面径流过程波动的步长，是模拟试验研究水动力学参数的最小设计坡长。

(3) 在研究坡面径流水动力学特征参数与侵蚀产沙过程时，剪切力是判断坡面侵蚀产沙强度的综合性指标之一。这一研究结论为实地大范围通过径流量和流速来预测侵蚀产沙的强度提供了简便快速的判断方法。

6.2 坡面径流含沙量随雨强和坡长变化的动态过程

坡面径流的含沙特征是研究坡面径流侵蚀强度分析的重要指标，径流含沙量的沿程变化过程是坡面水力侵蚀受力变化的数据体现，是坡面径流侵蚀—搬运—沉积过程中一个很重要的子过程，是定量化分析坡面径流输沙过程的依据之一。坡面径流的含沙量变化明显不同于河流断面的输沙强度，其变化频率和受力的复杂性远大于河流的输沙过程。

6.2.1 试验设计和方法

本研究所实施的人工模拟降雨试验是于 2012 年 9 月～2014 年 11 月在浙江大学玻璃温室内完成的。试验采用木制的径流槽，其几何规格为宽 0.5m，高 0.5m，长分别为 1m、2m、3m、4m、5m，坡度为 20°，5 个径流槽平行排列，降雨试验可同时进行。坡面无植被生长，径流槽下端设置有边缘高 5cm 的集水槽便于收集径流样品。径流槽填充的试验用土是浙江省临安市的典型红壤，在原位进行分层(每层厚度 10cm，共 5 层，共 50cm)采集，室内对应层位填充，并保持层位和容重基本相同。人工模拟降雨装置采用的是中国科学院水利部水土保持研究所研制生产的可移动、变雨强、压控双向侧喷式人工模拟降雨装置，雨滴降落时的高度为 6m。通过调整喷头喷孔直径的大小和水压来调整雨强，同时在小区的边缘设计了 18 个集雨桶来监测降雨的均匀度，要求降雨均匀度均达到 90%左右。试验雨强范围设置为 0.65～2.0mm/min，每场降雨重复 3 次。每次降雨试验前测定土壤前期含水量，以保证所有降雨试验土壤前期含水量相对一致。产流开始以 2min 为一个时段采集径流水样，产流时间控制在 30min，即 15 个时段。坡面径流断面流速采用染色剂法($KMnO_4$)测定。将含有泥沙的径流样品带回实验室静置 24h，通过量测瓶中水的深度和质量得出每隔 2min 的径流体积和容重，然后倒去上清液，将泥沙烘干称量(105℃的条件下烘 12h)得到每隔 2min 的泥沙量，计算每个浑水径流样品的含沙量。在此基础上，分别统计和计算 5 个径流槽每场降雨、不同坡长径流槽的含沙量(表 6-3)。

表 6-3　坡面侵蚀产沙模拟降雨试验场降雨含沙量统计数据　(单位：kg/m^3)

雨强/(mm/min)	含沙量/(kg/m^3)				
	坡长 1m	坡长 2m	坡长 3m	坡长 4m	坡长 5m
0.63	0.779	6.207	2.949	1.374	6.586
0.69	0.435	4.238	6.300	2.015	4.247
0.83	0.193	9.443	11.773	7.490	7.644
0.85	0.572	6.921	2.716	2.673	11.523
1.01	0.695	16.394	15.955	10.637	45.911
1.20	0.873	14.745	26.401	22.293	20.571
1.36	1.678	7.115	17.412	4.642	9.329
1.37	0.483	22.104	5.359	10.387	18.240
1.54	2.377	41.023	16.355	19.624	29.839
1.68	0.996	18.784	26.633	11.055	24.879
1.75	3.046	9.439	17.013	9.814	21.876
1.80	0.474	46.017	13.031	20.604	12.840
2.00	3.952	26.405	27.789	22.510	4.703

6.2.2　含沙量随雨强和坡长增加的变化特征

通过对 13 个雨强 5 个坡长整场降雨的 65 个总产沙量和 65 个平均含沙量的数据拟合(图 6-3)，二者呈现出很强的正相关性，其乘幂相关性系数可达 0.959。可见，坡面径流含沙量是分析坡面侵蚀产沙的关键指标(和继军等，2012；肖培青等，2007)。

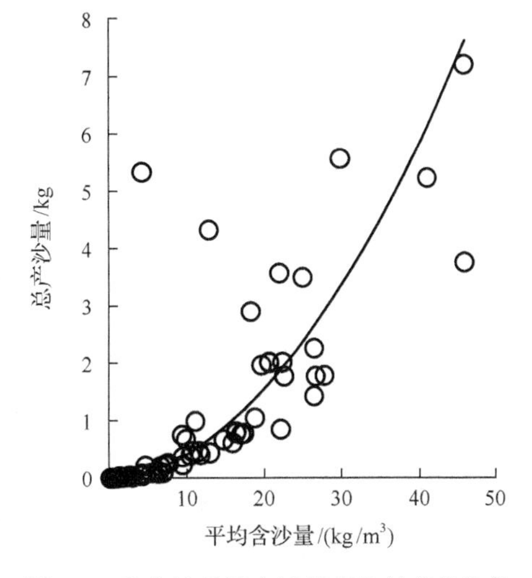

图 6-3　总产沙量随含沙量变化的变化趋势

根据场降雨试验的总径流量和总产沙量，计算得每场降雨试验的平均含沙量，在此基础上，将雨强、坡长和平均含沙量三要素关系进行了绘图(图 6-4)。由图 6-4 可知，在坡长为 1m 的情况下，含沙量与雨强的相关性以直线为最好，其相关系数为 0.677，但总体来讲，径流中含沙量都比较少。在坡长为 2m、3m 和 4m 的坡长下，含沙量随雨强变化的变化趋势基本上一致，其所呈现的乘幂相关性最好，分别为 0.743、0.705 和 0.81。而且随着坡长的增加，在任何雨强情况下，都呈现出增加的趋势，增加的幅度也相差不大。在 5m 坡长的试验槽中，虽然含沙量随雨强的变化呈现为正相关性，但其相关性很差，最好的为乘幂相关性，其相关系数也只有 0.345。

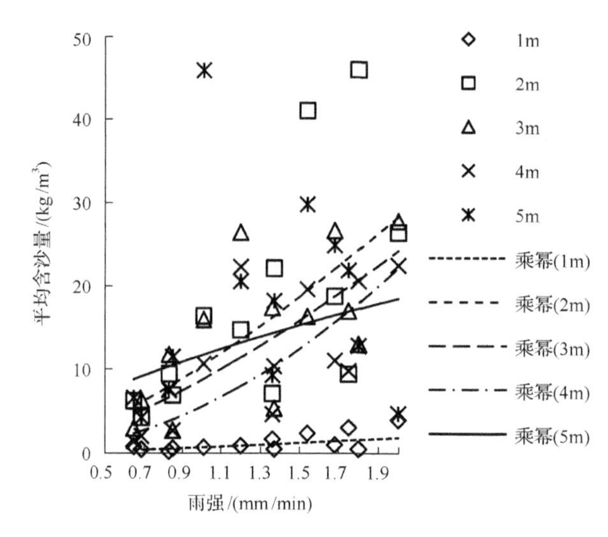

图 6-4　不同坡长平均含沙量随雨强变化的变化趋势图

6.2.3　含沙量过程波动特征

根据试验设计，在每场降雨试验中，每个坡长都有一个由 15 个含沙量数值构成的曲线，在分析过程中共有 65 条含沙量随产流历时变化的不同波动曲线。现选择雨强为 0.65mm/min、1.20mm/min、1.68mm/min，对应坡长为 1m、3m、5m 的 9 场降雨试验为例，绘制了含沙量随产流历时的变化曲线(图 6-5)。由图 6-5 显示分析，在雨强较小时，含沙量随产流历时的变化趋势相对比较稳定，曲线波动较小，并呈现出增长的趋势；当雨强增大时，曲线波动较大，含沙量随产流历时的变化曲线的拟合趋势相关性都很差，并随产流历时呈现出递减的趋势。从产流原理来讲，在小雨强时，主要以蓄满产流为主，坡面径流量是逐渐增加的，因而其所挟带泥沙运动的过程所呈现的是缓慢的递增趋势。随着雨强的增大，产流方式发生了变化，逐渐向超渗产流的方式转变，其产流波动明显。并随着坡长的增加，又增加了坡面汇流的要素，以及沿程挟沙能力的消长，所以，含沙量随降雨历时的波动越显突出。

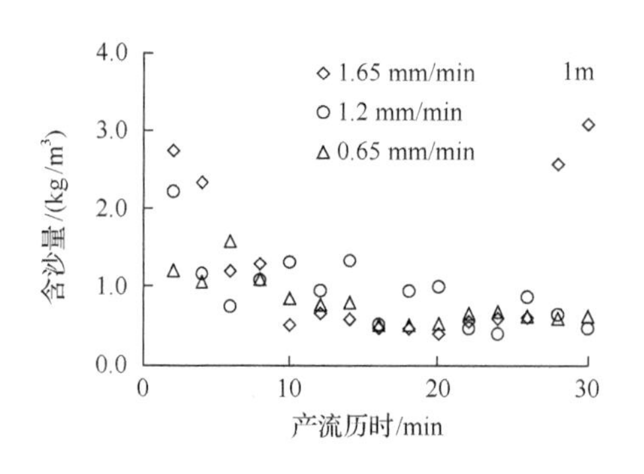

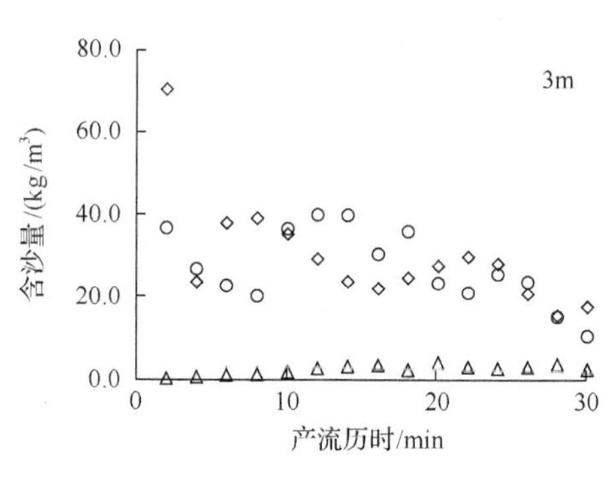

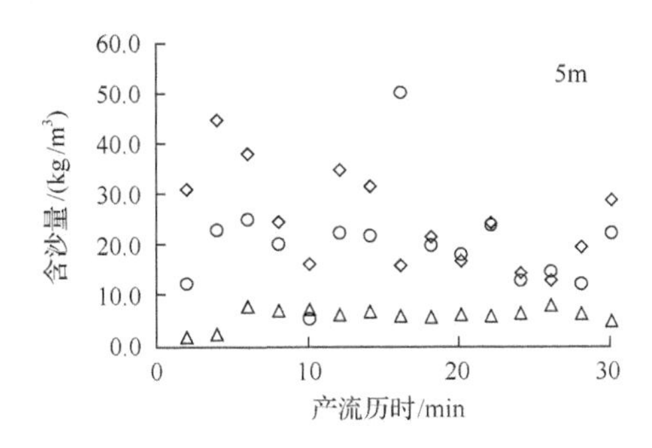

图 6-5　不同坡长和雨强场降雨含沙量过程曲线

为了分析含沙量随产流历时的动态过程，引入了波动系数的计算方法，对 13 场降雨试验 5 个坡长每间隔 2min 含沙量的波动特征进行了场降雨计算(表 6-4)。

$$波动系数=\frac{最大值-最小值}{平均值} \tag{6-9}$$

表 6-4　不同坡长不同雨强下场降雨含沙量波动系数

雨强/(mm/min)	波动系数				
	1m	2m	3m	4m	5m
0.65	1.330	0.796	1.530	0.934	0.985
0.69	1.691	2.097	1.492	0.882	1.403
0.83	0.454	1.324	1.244	1.248	1.004
0.85	3.012	1.532	2.201	2.257	1.532
1.01	1.117	1.172	2.428	1.320	2.502
1.20	1.933	1.100	1.082	2.118	0.962
1.36	1.590	1.950	1.480	1.106	0.734
1.37	1.052	1.286	1.013	2.292	1.750
1.54	1.111	0.962	1.486	1.090	1.630
1.68	2.228	2.064	1.847	1.488	1.256
1.75	5.431	0.482	1.836	1.218	1.203
1.80	1.497	2.391	1.246	1.318	0.780
2.00	0.918	2.090	1.797	1.080	3.646

波动系数计算式(6-9)的含义表示，波动系数越小，场降雨过程中含沙量的变化过程波动越小，相对比较稳定。由表 6-4 数据显示，在 65 个总体数据中，波动系数最大值为 5.431，发生在雨强为 1.75mm/min 试验的 1m 坡长，最小值为 0.454，发生在雨强为 0.83mm/min 试验的 1m 坡长。波动系数在 0～1 的占总数的 17%，1～2 的占 61.5%，2～3 的占 17%，大于 3 的占 4.5%。就坡长分析，2m、3m 和 4m 坡长的波动系数都很小，都小于 2.5，也比较稳定；1m 坡长波动系数大于 3 的值分别出现在雨强为 0.85mm/min 和 1.75mm/min 两场降雨试验中。由此可见，1m 坡长随雨强变化的波动最大；5m 坡长出现了一个波动系数大于 3 的畸值，除此之外，都小于 3。从雨强来讲，规律性并不

明显。

从理论上来讲，泥沙进入径流是径流侵蚀力和土壤抗蚀力一对矛盾斗争的结果，是径流侵蚀—搬运—沉积的周期性波动过程。当径流侵蚀力大于土壤抗蚀力时，土壤颗粒随侵蚀力的大小差别选择性进入径流，随径流一起运移。当进入径流的泥沙颗粒大于径流的侵蚀力和搬运能力时，径流中的泥沙就逐渐沉积，因此，就出现了径流含沙量随产流历时的波动现象。从试验实测含沙量数据的波动特征，可以概括性地推得，当雨强较小时，含沙量的最大值一般出现在产流开始后的 14～20min，随着坡长的增加，最大值出现的时间较早。当雨强较大时，含沙量的最大值一般出现在产流的初期，即 4～12min。但也有例外，如果坡面出现沟蚀或者小型的崩坡现象时，含沙量的最大值在试验过程中可能会随时出现一些奇特的变化。所以，坡面径流的含沙量过程与河川径流的含沙量过程差异很大。

6.2.4 影响含沙量变化的水文要素与水力学特征参数

从径流、泥沙起动和含沙量三者的理论关系来分析，坡面土壤从剥离、起动进入到径流过程中的主要水文要素包括径流量、径流系数和流速。

在同等坡度的情况下，径流量与坡面的汇流面积有关，面积越大则在径流槽出口径流量就越大(汪晓勇等，2009；郑粉莉和高学田，2004)。如果我们对 13 场人工模拟降雨试验所有场次的平均含沙量和径流量数据进行跨雨强和跨坡长的综合性相关拟合(图 6-6a)，二者所呈现的乘幂关系最好，相关系数达到了 0.920。

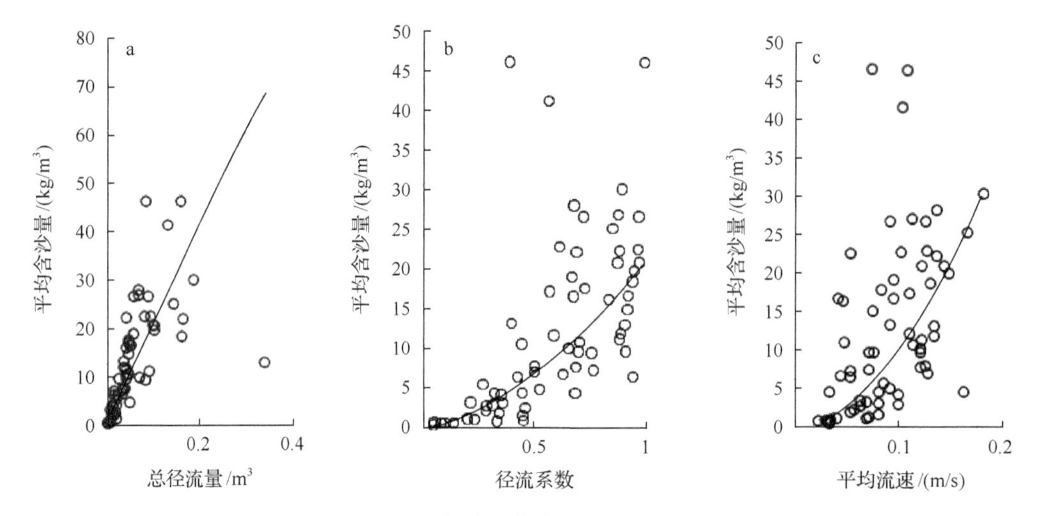

图 6-6 径流量、径流系数流速与含沙量之间关系

径流系数不仅能反映径流量的大小，同时也能间接地反映出土壤的入渗特征和产流方式。将 13 场人工模拟降雨试验所有场次的场降雨的平均含沙量和径流系数进行相关性拟合(图 6-6b)，二者所呈现的乘幂相关系数为 0.836。

影响坡面泥沙起动的主要因素是径流剪切力和坡面土壤颗粒特性，在坡面土壤机械组成相对一致的背景下，泥沙进入径流的主要动力就是径流的剪切力。浙江大学环境与资源学院土壤侵蚀与水土保持研究小组曾经推算得，当总产沙量≥0.6g 时，流速对坡面侵蚀产沙的作用要大于径流深(张锐波等，2017)。但在本试验的 65 组总产沙量中只有 2 个数据＜0.6g，由此可知，在缓流的范畴内，流速对水动力学参数与总产沙量的关系的影响远远地大于径流深。为此，将 13 场人工模拟降雨试验所有场次的场降雨的平均含沙量和径流的平均流速进行相关性拟合(图 6-6c)，二者的乘幂相关系数为 0.683。

从上述 3 个坡面径流主要水文要素的相关性分析来看，在相同的乘幂关系背景下，与平均含沙量相关系数的排序为总径流量＞径流系数＞平均流速。

为了说明场降雨不同坡长的平均流速、总径流量和径流系数对平均含沙量的综合影响，用 SPSS20.0 进行了回归分析，得回归模型：

$$W_s = 68.557Q + 14.385\alpha + 13.784\upsilon - 1.080 \qquad R = 0.673 \tag{6-10}$$

式中，W_s 为平均含沙量(kg/m^3)；υ 为平均流速(m/s)；Q 为总径流量(m^3)；α 为径流系数。

在泥沙起动—运移—沉积过程的分析中，泥沙起动流速(韩其为和何明民，1999)和泥沙运动(钱宁和万兆惠，2003)过程中的力学分析是河川径流输沙研究的经典方法，坡面径流的输沙研究在经典力学分析的基础上，引入了坡面复杂下垫面的因素(姚文艺和汤立群，2001)。根据试验设计的 13 个雨强和 5 个坡长的 65 组场降雨数据，计算了相应数据的雷诺数(R_e)、弗劳德数(F_r)、阻力系数(f)、剪切力(τ)和径流深(h)，将场降雨不同坡长的平均流速(υ)加入，通过最小二乘法对 455 个数据拟合计算，得出了以平均含沙量为因变量的回归模型：

$$W_s = 243.188\upsilon - 0.002R_e - 62.128F_r + 0.008f + 3.130\tau - 10.507h + 1.901 \quad R = 0.950 \tag{6-11}$$

上述模型(6-10)和(6-11)的方差表明 F 统计量对应的 p 值均为 0.000，远小于 0.01，则说明这两个模型整体是显著的，其拟合度相对较好。

6.2.5　结论

通过上述分析讨论，得如下结论。

(1)就坡长对含沙量的关系而言，在不同坡长情况下，含沙量与雨强的相关性不同，并且随着雨强的增加增长的斜率也不同，以 2～4m 坡长范围内的增加规律最明显，5m 坡长的相关性最差。虽然，1m 坡长的直线相关性较好，但增长的斜率很小(1.73)，而且截距为负数。由此，可推得含沙量随雨强变化的变化步长以 3m 最为适宜。

(2)含沙量随产流历时的延续总体上呈现出波动性的递减趋势。在 65(13×5)条含沙量过程曲线中，绝大部分为乘幂相关性递减。并随着雨强的增大，波动的步长在增大。总的波动特征值在 2～4m 坡长范围内波动性较小，但是波动频率较大，1m 和 5m 坡长的含沙量波动特征值较大，但波动频率较小。由此可推得，坡面径流的含沙量随坡面微地貌的改变、坡面跌坎和细沟的形成，而发生变化的频率远大于河川径流含沙量的变化频率，即稳定性较差。

(3) 主要水文要素和水力学特征参数与含沙量的拟合关系都呈现出极显著相关性，从拟合模型中的系数来看，流速、流量和剪切力是影响含沙量波动的重要因素。然而，剪切力与流速的平方成正比，可推得流速是影响含沙量波动的关键性要素。由于不同的下垫面泥沙的起动流速不同，所以在坡面侵蚀产沙过程研究中，及时、准确和动态地测量水流速度和含沙量，是研究坡面径流侵蚀产沙多要素复杂关系的关键(夏卫生等，2003)。

6.3 坡长和植被覆盖度对侵蚀产沙过程的影响模拟

本节试验设置在室内坡面菜地上进行，采用人工模拟降雨装置，从产沙和土壤养分流失两个研究角度出发，结合方差分析和回归分析的方法，综合分析降雨过程中土壤及养分流失过程，重点进行多因素下强降雨过程中坡面菜地的土壤养分流失状况及侵蚀产沙特征的研究，以期为南方红壤丘陵区保土保肥和非点源环境污染治理工作的开展，提供科学依据。

6.3.1 坡面产流产沙的坡长效应

试验设计与第 3 章的 3.4 节相同。坡长 5 个，植被覆盖度 7 个。

1. 坡长对坡面产流产沙过程的影响

我们首先以裸坡为例，选择了 5 个不同坡长(1m、2m、3m、4m、5m)的径流量和产沙量随降雨时间延长的变化数据，点绘于图 6-7 和图 6-8，用于分析不同坡长下坡面产流产沙过程的变化。

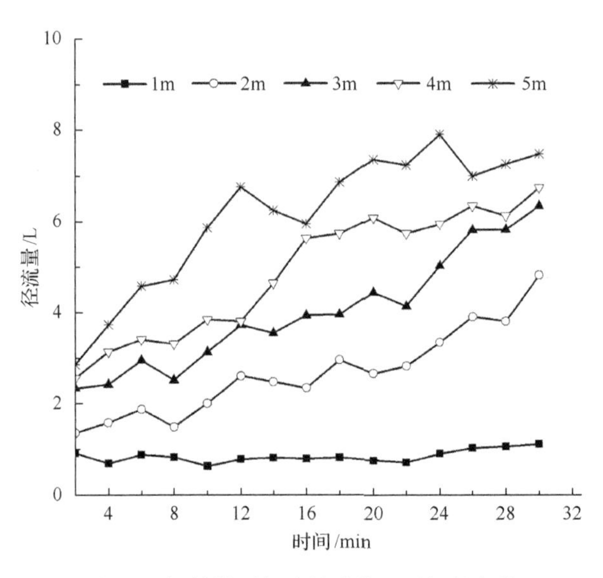

图 6-7 裸坡坡面径流量随降雨时间的变化

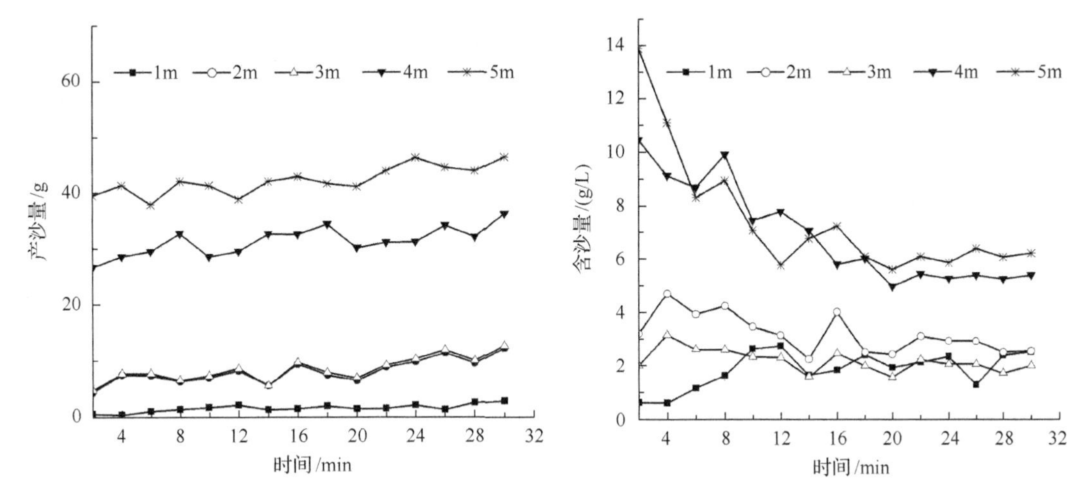

图 6-8　不同坡长坡面产沙量和含沙量随降雨时间变化的变化(以裸坡为例)

由图 6-7 可知，不同坡长条件下的径流量随降雨历时的变化过程，总体上均随降雨历时的增加呈现出上升趋势，并且坡长越长，曲线越显曲折。径流量曲线波动幅度及其大小基本遵循：5m＞4m＞3m＞2m＞1m，同时由图 6-7 可看到，除 1m 坡面的径流量较少以外，其他几个坡长随着降雨历时延续坡长越长的坡面径流量增速越快。分析原因可能为同一降雨条件下，降雨初期各坡长小区单位面积的承雨量和入渗状况基本相同，所以各坡长小区径流量差别不大，但是随着降雨时间的延续，坡长越长的坡面汇水量越大，径流在坡面的流速越快；其次坡长越长，坡面更易形成细沟，进一步增快了坡面径流流速，增加产流的速率。

从图 6-8 侵蚀产沙量及泥沙含量随降雨时间变化的变化过程曲线可知，在无覆盖条件下，产沙量随产流历时呈小幅度增加的趋势，产沙量的大小变化为 5m＞4m＞3m＞2m＞1m；径流中泥沙含量总体呈现下降趋势(1m 坡面除外)，其中，径流泥沙含量在较长的 4m 和 5m 坡面呈现出明显的下降趋势。总产沙量在 1m、2m、3m、4m、5m 上依次为 23.77g、122.00g、127.50g、471.60g、635.39g，产沙量增加的幅度不相等，坡长由 1m 延长至 2m 时，增幅为 98.23g，为 1m 的 5.13 倍；坡长由 2m 增至 3m 时，增幅为 5.50g，为 2m 的 1.05 倍；坡长由 3m 增至 4m 时，增幅为 344.11g，为 3m 的 3.70 倍；由 4m 增至 5m 时，增幅为 163.79g，为 4m 的 1.35 倍，在其他覆盖度下也存在同样的变化趋势，且均在坡长 4m 或 5m 时产沙量明显减少。

在裸地坡长对产沙量的影响最为显著，因其无植被覆盖，表土极易被冲刷挟带，坡长越长，径流量增加，径流流速增大，径流含沙率越大。而在有植被覆盖的小区，植被可截留降雨、减小径流流速，植被根系还可固持土壤，由此导致径流不易挟带大量泥沙，含沙率低。本节研究中，当在裸地上，坡长由 1m 延至 5m 时的产沙率的增量为 6.89g/(m^2·min)，覆盖度增至 30%时，产沙率增量为 3.15g/(m^2·min)，比裸地减少了 54.27%，覆盖度 60%时为 1.72g/(m^2·min)，比植被覆盖度 30%时减少了 45.50%；覆盖度 90%时，产沙率的增量 1.18g/(m^2·min)，比植被覆盖度 60%时减少了 31.48%。因此可看出，随着覆盖度的增加，坡长对坡面侵蚀产沙的影响逐渐减弱。

图 6-9 点绘了不同坡长(1m、2m、3m、4m、5m)，裸坡面上累积径流量(Q_W)和累积产沙量(Q_S)随着产流时间延续的变化趋势。

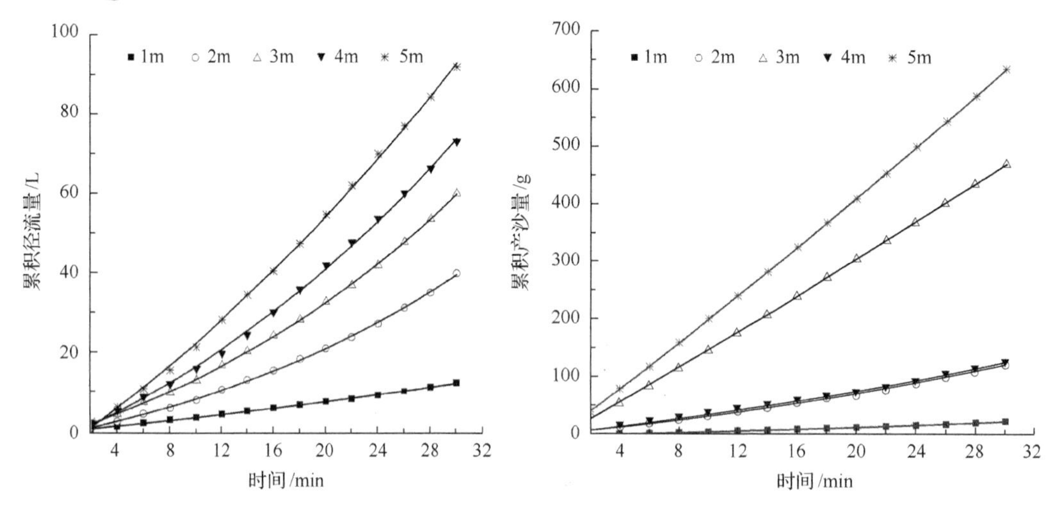

图 6-9　不同坡长坡面累积径流量和累积产沙量(以裸坡为例)

由图 6-9 可知，累积径流量和累积产沙量均随着坡长的增加而逐渐增大，其中，累积径流量的增速要快于累积产沙量。可能的原因是坡长增加坡面的承雨面积增大，坡面的产流产沙量也会随之增加。但是随着产流时间延长，径流在坡面上逐渐形成细沟，减弱径流对坡面表土的冲刷；其次，由于坡面上易于被径流挟带的松散表层土壤比重减少，更多的土壤颗粒在坡面上移动一段距离又沉积下来，一定程度上减少了坡面的产沙量。

通过分析累积径流量(Q_W)和累积产沙量(Q_S)与产流时间的相互关系，可知累积径流量和累积产沙量随产流时间延长呈现出极显著的幂函数关系，关系式为 $y=at^b$，随着坡长的增加，累积径流量和累积产沙量的增速逐渐增大(表 6-5)。

表 6-5　不同坡长下累积产流产沙量随降雨历时的变化

坡长/m	累积径流量/L	决定系数 R^2	累积产沙量/g	决定系数 R^2
1	$Q_W=0.4371t^{0.9714}$	0.9840**	$Q_S=0.1743t^{1.4455}$	0.9959**
2	$Q_W=0.5139t^{1.2499}$	0.9878**	$Q_S=2.1526t^{1.1767}$	0.9972**
3	$Q_W=0.8992t^{1.2062}$	0.9878**	$Q_S=2.2918t^{1.1698}$	0.9969**
4	$Q_W=0.9813t^{1.2499}$	0.9934**	$Q_S=12.829t^{1.0583}$	0.9999**
5	$Q_W=1.1122t^{1.2989}$	0.9997**	$Q_S=18.334t^{1.0220}$	0.9996**

** 0.01 水平上极显著相关

2. 累积产沙量和累积径流量相关性

国内外的大量研究结果表明，径流量是引起坡面侵蚀产沙的主要动力，对于某一个特定坡面，产沙量与径流量之间往往能建立较好的相关关系(刘栋等，2011)。为此，我们分析表面径流在不同坡长的坡面上的侵蚀产沙作用，计算了在模拟降雨试验坡面径流与侵蚀产沙过程中累积产沙量与累积径流量之间的关系，通过数据拟合后得出它们之间均呈现良好的二项式关系，决定系数均大于 0.9(表 6-6)。

表 6-6　不同坡长下累积产沙量与累积径流量的关系

坡长/m	回归方程	决定系数 R^2
1	Q_s=0.0210Q_W×Q_W+1.7387Q_W−1.8429	0.9968**
2	Q_s= −0.0149Q_W×Q_W+3.5702Q_W+2.0365	0.9988**
3	Q_s= −0.0054Q_W×Q_W+2.4032Q_W+1.4581	0.9990**
4	Q_s= −0.0298Q_W×Q_W+8.3329Q_W+13.483	0.9983**
5	Q_s= −0.0132Q_W×Q_W+7.7078Q_W+31.877	0.9998**

** 0.01 水平上极显著相关

从表 6-6 可知，总的趋势是坡面越长，径流量所引起的侵蚀产沙量越大，但达到某一峰值后又会减少。其主要原因是，坡面越长，受雨面积越大，水流流速增加，径流对坡面侵蚀强度也增大，其侵蚀产沙量增多，但当径流量达到一定量时，坡面径流厚度增加，掩盖雨滴的溅蚀作用，其次坡面细沟的形成，一定程度上减低了径流对坡面的侵蚀强度，使得坡面产沙量又逐渐减少。

3. 侵蚀模数变化特征

侵蚀模数是土壤侵蚀强度单位，是土壤侵蚀程度的一个量化指标，它主要描述降雨过程中在雨滴分离或径流冲刷作用下，土壤迁移的总量；将每场降雨过程中径流小区的冲刷泥沙进行沉淀、风干、称量最后得到的产沙量，并结合小区的面积通过式(6-12)计算得到降雨土壤侵蚀模数：

$$M_s = 1000 \times \frac{S}{A} \tag{6-12}$$

式中，M_s 是土壤侵蚀模数(t/km^2)；S 为产沙量(kg)；A 为径流小区的面积(m^2)。将坡长、植被覆盖度两个自变量和侵蚀模数进行多元回归拟合，得计算式(6-13)。

$$M_s = 58.645 - 1.295L - 24.707C \qquad R^2 = 0.721 \tag{6-13}$$

式中，M_s 为侵蚀模数；C 为植被覆盖度；L 为坡长。

该模型的决定系数为 0.721，模型的拟合度较好，通过拟合结果确立的标准偏回归系数，植被覆盖度和坡长分别为–0.662 和 0.532，可确定这两个因子中影响径流侵蚀的最大因素是植被覆盖度。当前的许多研究结果也表明，增加植被覆盖度可有效地控制坡面水土流失，减少降雨和径流引起的土壤侵蚀，植被覆盖度是影响土壤侵蚀的敏感性因子，具有从根本上治理水土流失的作用(焦菊英和王万忠，2001)。植被覆盖度可以有效降低雨滴动能、增加土壤入渗率、减少径流量与泥沙量(Zhou and Shang Guan，2008)。

6.3.2　植被覆盖度对坡面侵蚀产流产沙过程的影响

1. 植被覆盖对坡面侵蚀产沙过程的影响

由于污染物或土壤养分流失的载体是径流和泥沙，因此研究降雨过程中径流和产沙量的变化十分重要。以室内模拟降雨试验为基础，本节以 5m 坡长为例，首先选择了 4 个不同植被覆盖度下产沙量数据，并将计算得到的含沙量随降雨时间延长的变化趋势点绘于图 6-10。

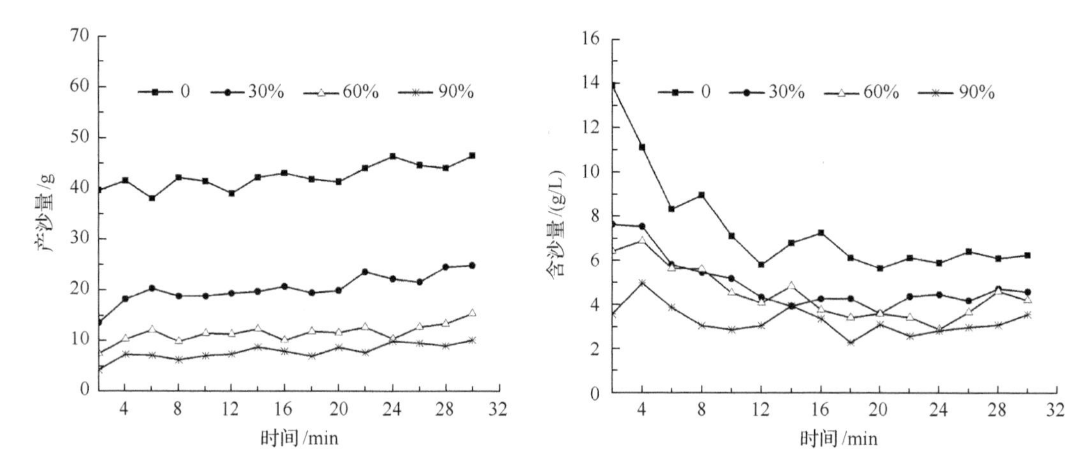

图 6-10　不同覆盖度下坡面产沙量和含沙量随降雨时间变化的变化(以 5m 坡长为例)

当其他环境条件一定时，植被覆盖度的变化会很大程度上影响坡面雨水的入渗过程及土壤结构的稳定性，最终导致坡面降雨及径流的侵蚀能力发生变化，这些影响主要体现于坡面产沙量上。由图 6-10 可知，产沙量随降雨时间的延续，变化较为恒定，基本在很小的范围内波动，其中产沙量整体变化趋势是随降雨历时而轻微地增加，产沙量的大小和变化幅度遵循裸地＞30%＞60%＞90%。总体上径流中的泥沙含量表现出下降趋势，产流初期泥沙含量较高，裸地为 7.98g/L，30%覆盖度小区为 6.25g/L，60%覆盖度小区为 6.45g/L，90%覆盖度小区为 3.92g/L；不同植被覆盖度下，坡面径流中泥沙含量会随着产流时间的延续逐渐减少并最终达到相对稳定。这一变化现象可能的原因是产流初期，坡面表土结构较为松散、不够紧实，表土的抗蚀能力不强，雨滴击溅和径流冲刷极易破坏表土结构。随着降雨的持续及径流选择性搬运土壤的细颗粒，随径流迁移的原有的土壤细颗粒会逐渐减少，同时表土结皮的逐渐形成及土壤入渗率也逐步趋于稳定等的共同影响下，坡面土壤侵蚀强度明显减弱，径流中的泥沙含量降低。到了产流后期因雨滴剥蚀分散，土壤大团聚体崩解分散，使相当数量的泥沙颗粒随径流迁移，因此图中趋势线虽然已达到稳定但仍存在一些波动。也曾有一些研究者得出类似的结论，认为径流泥沙含量在产流早期阶段随时间延续呈线性增加后稳步降低，后期阶段又趋于稳定状态(Arnaez et al.，2007；张冠华等，2009)；但是 Parsons 等(1994)和 Wainwright 等(2000)却在研究中发现，草地径流中泥沙含量随产流时间的延续呈持续上升的变化趋势。研究结论存在差别的可能是雨强、植被类型、土壤质地、小区面积等外部环境因素不同所造成。

图 6-11 点绘了不同植被覆盖度(裸坡、30%、60%、90%)，5m 坡面上累积径流量和累积产沙量随着产流时间延续的变化趋势。

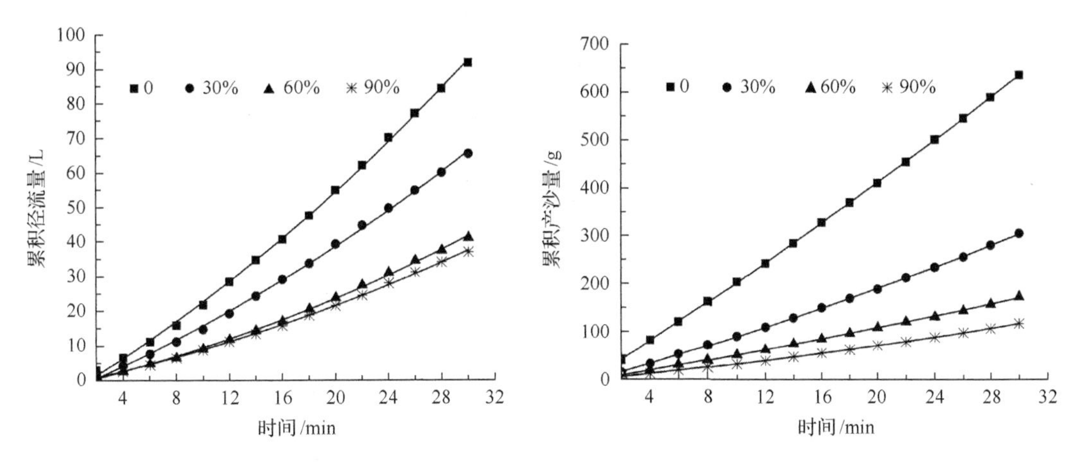

图 6-11　不同植被覆盖度下坡面累积径流量和累积产沙量(以 5m 坡长为例)

由图 6-11 中可知，累积径流量和累积产沙量随植被覆盖度变化的变化趋势基本一致，均随着植被覆盖度的增加，坡面累积径流量、累积产沙量减少。其可能的原因总结为以下三点：①随着植被覆盖度的增大，植被削弱了雨滴动能，使土壤表面的结皮不易形成，从而相对地增加了径流向土壤深层渗透，径流量逐渐减少；②随着植被覆盖度的增大，植被对降雨的截留作用也增强，径流量和产沙量则相应地减少；③植被覆盖度增大，增强了植被拦阻坡面径流的能力，降低表面径流的流速，延长了表面径流在坡面停留的时间，增加土壤入渗量，最终减少了径流总量和产沙量。

通过分析累积径流量、累积产沙量与产流时间的相互关系，可知累积径流量、累积产沙量与产流时间之间表现为极显著的幂函数关系，关系式为 $y=at^b$，其中随着植被覆盖度的增加，其增速逐渐放缓。a 表现为随着植被覆盖度的增大而逐渐减少，b 表现为随着植被覆盖度的增大而逐渐增加(除植被覆盖度 90%时累积径流量以外)(表 6-7)。

表 6-7　不同覆盖度下累积径流量和累积产沙量随降雨历时的变化

植被覆盖度/%	累积径流量/L	决定系数 R^2	累积产沙量/g	决定系数 R^2
0	$Q_W=1.1122t^{1.2989}$	0.9997**	$Q_S=19.334t^{1.0220}$	0.9996**
30	$Q_W=0.6738t^{1.3513}$	0.9993**	$Q_S=6.5129t^{1.1290}$	0.9995**
60	$Q_W=0.4241t^{1.3023}$	0.9989**	$Q_S=3.5901t^{1.1382}$	0.9988**
90	$Q_W=0.4463t^{1.2958}$	0.9991**	$Q_S=1.9914t^{1.1928}$	0.9994**

** 0.01 水平上极显著相关

2. *植被覆盖度的坡面减水减沙效应*

从 46 场有效降雨中选择了 4 个不同植被覆盖度(0、30%、60%、90%)和 5 个不同坡长(1m、2m、3m、4m、5m)下(共 4 场降雨)产流率、产沙率数据，点绘于图 6-12 和图 6-13，用于分析坡长和植被覆盖度对坡面减流减沙的作用。

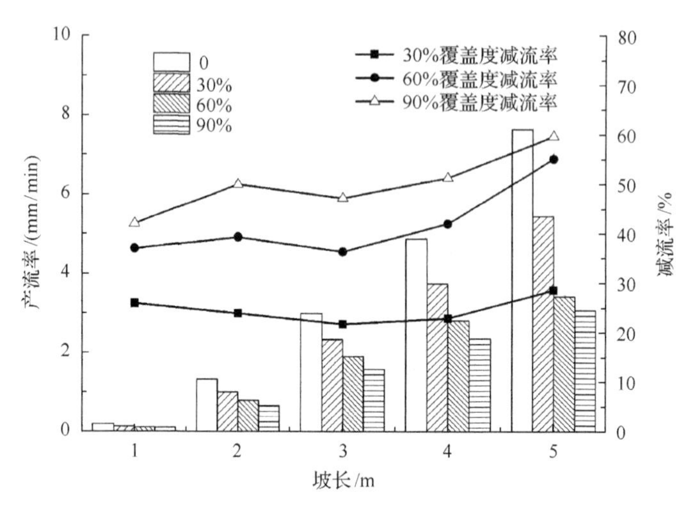

图 6-12　不同植被覆盖度下坡面产流率及植被减流率

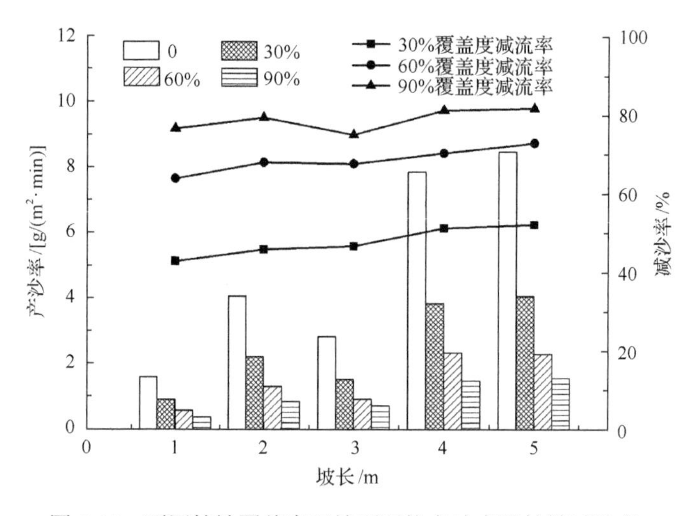

图 6-13　不同植被覆盖度下坡面平均产沙率及植被减沙率

由图 6-12 和图 6-13 可知，增大坡长坡面的产流率和产沙率增强，而增大植被覆盖度坡面的产流率和产沙率降低。相比较于空白裸地，植被的覆盖具有明显的减流减沙作用，并且随植被覆盖度的增加，坡面的减流减沙作用增强。如与空白裸地相比，坡面植被覆盖的径流率减少 21.90%～59.71%，产沙率减少 42.85%～81.76%，植被覆盖对坡面减沙的作用明显强于对坡面径流的削减作用。其次，植被覆盖的减流减沙作用会随着坡长的增加而逐渐增大，从图 6-12 可看出，坡长 1m 时产流率在覆盖度 30%、60%、90%，分别比空白裸地减少了 26%、37%、42%；坡长延长至 5m 时，产流率分别比裸地减少了 29%、55%、59%；同时，在图 6-13 中，坡长 1m 时产沙率在植被覆盖度 30%、60%、90%，分别比裸地减少了 43%、64%、77%，坡长延长至 5m 时，产沙率分别比裸地减少了 52%、73%、82%。

3. 累积产沙量和累积径流量的相关关系

通过曲线拟合得出累积产沙量(Q_S)与累积径流量(Q_W)之间呈良好的二项式关系，决定系数均大于 0.9(表 6-8)，这同诸多相关的研究结果基本一致(马琨等，2004；邵明安，1999)即坡面产沙量与径流量之间具有极好的相关关系。通过曲线拟合公式可知，降雨和径流对坡面侵蚀作用过程大致为，产流的早期阶段，坡面径流量较小，径流对坡面的剪切力较弱，只能将土壤表层结构较松散、小的细颗粒物质冲刷离坡面；随着降雨过程的持续，径流量和流速不断增加，径流的剪切力也逐渐加大，使径流冲刷泥沙的能力增强，从而使累积产沙量增多；同时，表面径流形成的薄水层会保护坡面土壤表层免受雨滴的冲击，在一定程度上削弱了径流挟沙能力，使得累积产沙量增速逐渐减慢。

表 6-8　不同覆盖度下累积产沙量与累积径流量的相关关系

植被覆盖度/%	回归方程	决定系数 R^2
0	$Q_s=-0.0232Q_W*Q_W+8.1767Q_W+23.129$	0.9992**
30	$Q_s=-0.0292Q_W*Q_W+6.2839Q_W+11.315$	0.9967**
60	$Q_s=-0.0264Q_W*Q_W+4.9072Q_W+8.8243$	0.9941**
90	$Q_s=-0.0361Q_W*Q_W+4.3292Q_W+1.3980$	0.9959**

** 0.01 水平上极显著相关

6.3.3　降雨过程中坡面土壤颗粒粗化过程研究

土壤侵蚀所引起的土壤退化问题，一直以来都是国内外研究者极为关注的环境问题。土壤侵蚀主要是引起土壤颗粒的粗化、土层变薄及土壤养分流失等问题，最终降低土壤质量、土地生产力及土壤对环境变化的缓冲能力等。特别是土壤颗粒粗化及土层变薄，它们对土壤造成的危害是通过人工措施难以得到修复的，因此在大力开展土壤退化治理、提高土壤肥力、控制土壤养分流失引起的水体富营养化方面，首先应有效地控制土壤侵蚀所导致的土壤颗粒粗化(张燕等，2003)。

坡面土壤粗化亦指在土壤侵蚀过程中，土壤黏粒随径流迁移损失，而砂粒或砾石等大粒径的土壤颗粒在坡面上沉积、含量增高的现象，最终使坡面表层土壤和侵蚀泥沙颗粒的机械组成发生相应的改变。由于土壤和侵蚀泥沙颗粒组成与土壤粗化程度间存在密切的联系，土壤和泥沙颗粒组成的变化成为衡量土壤粗化程度的指标之一，可用于划分土壤退化的等级(史德明等，2000)。例如：符素华等(2001)曾在对不同土地利用方式下密云石匣小流域坡面土壤的研究中，利用大于 2mm 石砾质量在全量土壤中所占的比重来判定土壤粗化程度。目前，多数研究结论认为土壤粗化过程中产生的侵蚀泥沙主要以<0.002mm(黏粒)和 0.002～0.05mm(粉砂)等细颗粒的富集为主，与此同时 0.5～2.0mm(粗砂)、0.25～0.5mm(中砂)和 0.05～0.25mm(细砂)则会在坡面趋于沉积。而土壤粗化现象也逐步被引入建立土壤侵蚀预报模型中，如西方国家的一些学者在建立土壤侵蚀模型时，都考虑了雨水和径流导致土壤表层石砾含量增加，土壤颗粒粗化及降雨入渗和土壤侵蚀的变化(Poesen et al.，1992；Poesen et al.，1999)。牟金泽和孟庆枚(1981)基于黄土丘陵

沟壑区地理环境，建立了流域侵蚀预报模型。我国对土壤粗化现象的研究也多集中于黄土高原区(张颖等，2011)，对南方红壤区降雨径流引起土壤粗化现象的研究相对薄弱。

在本研究中，主要是从坡面土壤在降雨前、后表层土壤颗粒组成和表层土壤团聚体稳定性的变化，以及坡面侵蚀泥沙颗粒组成的变化两方面入手，结合所设定的不同坡长、植被覆盖度等外部环境条件，进行人工模拟降雨，来研究土壤粗化过程，目的是分析强降雨过程中南方红壤坡面菜地表层土壤粗化特征，并做出定量化的分析结果。

1. 降雨侵蚀泥沙颗粒机械组成变化特征

在坡面上，降雨侵蚀过程主要有以下几部分：雨滴击溅使土壤团聚体破碎；雨水湿润表层土壤使团聚体崩解；径流迁移过程中挟带土壤细颗粒和进一步冲刷破坏表层土壤团聚体；其中雨滴击溅和雨水湿润对土壤团聚体的破坏作用基本上是同时发生的，是土壤侵蚀的早期阶段，对其后的径流迁移及冲刷破坏土壤团聚体存在极大影响。在小雨强时，雨滴的溅蚀作用较弱，降雨所产生的径流冲刷强度不大，对土壤表面的破坏力较小；但当雨强增大时，雨滴的终点速度增加，对土壤的溅蚀作用增强，同时在短时间内所形成的表面径流，具有较强的动能，极易带走坡面的细颗粒物，使表土层泥沙颗粒粗化，土壤的肥力降低。

本节从 46 场有效降雨中选择了 2m 和 4m 坡面上，4 个不同植被覆盖度(0、30%、60%、90%)下，共 4 场有效降雨的土壤、泥沙颗粒的机械组成的测定结果，并对其进行比较分析。按照中国制粒径分级标准将土壤颗粒划分为 4 个区间：0～2μm、2～20μm、20～50μm、＞50μm，来指示坡面径流侵蚀和泥沙输移过程中不同粒径颗粒的变化情况。

表 6-9 数据显示，黏粒(0～2μm)和细粉粒(2～20μm)含量之和从原土中的仅占总量的 43.92%，到泥沙中增至总量的 53.24%～58.97%，均出现不同程度的增加，即泥沙＜20μm 的颗粒含量均比原地表土壤含量高；粗粉粒和砂粒均比原地表土壤含量低，分别较原土减少了 20.47%～38.98%和 7.96%～28.51%。

表 6-9　整场降雨所收集的泥沙颗粒粒径分布情况

植被覆盖度/%	坡长/m	黏粒(0～2μm)/%	细粉粒(2～20μm)/%	粗粉粒(20～50μm)/%	砂粒(＞50μm)/%
0	2	33.76	23.13	23.28	19.83
	4	33.49	23.03	24.32	19.16
30	2	33.90	23.67	23.21	19.22
	4	30.92	22.32	23.29	23.47
60	2	33.46	23.68	22.07	20.47
	4	34.08	24.61	18.66	22.65
90	2	35.21	23.76	22.80	28.51
	4	34.06	23.59	23.80	18.55
原土	—	25.40	18.52	30.58	25.50

侵蚀泥沙主要以粒径较小的细颗粒物为主，即细颗粒物的含量高于对应原土，这在以往关于其他母质发育的土壤研究中也有过类似的结论：如黄丽(1998)等在侵蚀紫色土土壤颗粒流失的研究中指出，相较原土，侵蚀泥沙中黏粒(＜2μm)有大量富集；Neibling

等(1983)的研究结果表明，侵蚀坡面泥沙组成均以<30μm 颗粒的富集为主。Palis 等(1990)认为，降雨剥离和沉积作用及径流的选择搬运作用共同决定了侵蚀泥沙的粒径分布特征。在本研究中，大雨强时雨滴动能大于土壤颗粒内部的黏结力，这种黏结力在大雨强下会被破坏，土壤团聚体破碎崩解，同时降雨过程中形成的表面径流不断冲刷土壤中的泥沙颗粒，粒径较小的泥沙颗粒会随径流迁移出坡面，而大粒径的颗粒较易在坡面上移动一段距离后被沉积，使表土层泥沙颗粒粗化。

增加坡长可使坡面径流的剪切力增大，从而增加产沙量，并最终使侵蚀泥沙中砂粒的含量增多。然而在本研究中，砂粒自身的重力及沿坡面所产生的摩擦力很快抵消了增加的径流剪切力，使得粗砂沿坡面移动一段距离之后被沉积下来，致使坡长对泥沙中各级粒径颗粒比例的影响不明显，在相同覆盖度下，2m 和 4m 坡面上各级粒径泥沙颗粒含量变化差异并未达到显著性水平($P>0.05$)。

不同植被覆盖下，除(0～2μm)的黏粒含量随着植被覆盖度的增加而有轻微增大的趋势以外，其他各粒径泥沙颗粒均在一定范围内波动，没有表现出较为明显的变化趋势。原因可能是：覆盖度较小时，坡面大团聚体被雨滴剥离和分散，并存在着较粗的颗粒沉积甚至覆盖在侵蚀坡面的过程，粗颗粒沉积层成为侵蚀表面，引起被选择搬运的侵蚀泥沙颗粒变粗；当植被覆盖度增大时，减少雨滴对土壤表面的溅蚀力，增加降雨向土壤深层渗透，其次由于植物截留雨量及拦截径流能力的增强，减慢径流的流速，进一步减少了大粒径的泥沙颗粒的迁移，使侵蚀泥沙中的细颗粒物比重增加。

2. 坡长和植被覆盖度的变化对坡面土壤粗化过程的影响

在雨强约为 2.0mm/min 的强降雨条件下，将不同坡长(2m、3m、4m)，不同植被覆盖度(0%、30%、60%)坡面上，通过 S 形路线分别采集降雨前和降雨后 0～10cm 的表层土壤的混合样，进行土壤颗粒机械组成分析。土壤颗粒机械组成分级是按照中国制划分的标准，将土壤颗粒划分三大类，分别为砂粒(0.05～2mm)、粉粒(0.002～0.05mm)和黏粒(<0.002mm)，并将计算所得的降雨前和降雨后的表土各级土壤颗粒的含量列于表 6-10。

表 6-10　降雨前和降雨后表土机械组成的变化特征

坡长/m	植被覆盖度/%	降雨前			降雨后		
		砂粒/%	粉粒/%	黏粒/%	砂粒/%	粉粒/%	黏粒/%
2	0	27.01	41.64	31.35	29.56	38.55	31.89
	30	28.44	40.05	31.51	30.2	37.78	32.02
	60	29.81	38.62	31.57	30.97	37.21	31.82
3	0	23.69	43.14	33.17	25.99	40.53	33.48
	30	26.1	39.58	34.32	27.81	37.51	34.68
	60	26.44	39.1	34.46	27.54	37.82	34.64
4	0	24.21	43.55	32.24	26.15	41.46	32.39
	30	25.51	42.03	32.46	27.06	40.19	32.75
	60	25.97	41.32	32.71	26.89	40.27	32.84

根据表 6-10 所得的试验结果，对两个主要影响因素(坡长和植被覆盖度)分别与降雨后坡面表土各级颗粒含量的变量进行相关分析，结果见表 6-11。

由表 6-10 所示，从不同坡长对坡面土壤机械组成的影响来看，砂粒含量在降雨后均比降雨前增加了，且随着坡长的增加，砂粒增量逐渐减少。例如，在裸坡上，坡长为 2m、3m、4m 时砂粒含量分别比降雨前原地表土壤增加了 2.55%、2.30%和 1.94%；覆盖度为30%时，分别比降雨前土壤增加了 1.76%、1.71%、1.55%；覆盖度增至 60%时增加了 1.16%、1.10%和 1.01%；黏粒含量在降雨后也出现了轻微的增加，随着坡长的增加其增量也逐渐减少，其含量最大值出现在坡长 2m 的裸坡面上，比降雨前原表土增加了 0.54%，将降雨后坡面土壤中砂粒的增量与黏粒的增量进行比较后发现，砂粒增加含量均远高于黏粒，特别是在覆盖度 60%时的 4m 坡面上，砂粒增量是黏粒的 7.77 倍，坡面土壤出现一定程度的粗化。各粒级的土壤颗粒中仅粉粒含量在降雨后减少，并且随着坡长的增加粉粒含量减少速度减慢。

坡面砂粒含量在降雨后均出现了增多的原因可能是一方面大雨强时雨滴的溅蚀强度增加，超过了土壤大团聚体的抗蚀能力，使得土壤中更多的大团聚体破碎崩解成不同粒径的土壤颗粒；另一方面，大雨强时，产生的径流动能增加，在径流迁移的过程中，坡面的土壤颗粒会进一步破碎成细粒径的颗粒，同时更多的泥沙颗粒也会随径流流失，粒径较大的粗颗粒在粗糙坡面的流动过程中会消耗部分能量，产生沉积，因此砂粒的比重会相应增加。当坡长增加时，坡面汇水面积增大，径流量和径流流速都会增大，径流冲刷能力增强，不同粒径的颗粒沉积会出现在距离侵蚀源头更远的位置，或是可能迁移出整个坡面而导致土壤流失量增加，因此随着坡长的增加坡面上砂粒的增量会逐渐减少。

从不同覆盖度对坡面土壤机械组成的影响来看，随着植被覆盖度的增加，黏粒含量变化趋势不明显；砂粒含量在降雨后出现了一定程度的增加，并且随着覆盖度的增加砂粒的增量逐渐减少，其含量最大值出现在裸坡面上，2m、3m、4m 坡面上分别比降雨前原表土层增加了 2.55%、2.30%、1.94%，粉粒含量在降雨后减少。

坡面砂粒含量随着植被覆盖度增大而减少的可能原因是一方面植被覆盖度的增加，减弱雨滴对土壤表层的直接冲击，减慢了土壤大团聚体破裂崩解成泥沙颗粒的速度，减少各粒级的泥沙颗粒；另一方面，植被覆盖度的增加，减少了表面径流量，减慢径流流速和减弱径流的冲刷能力，使得坡面的泥沙总流失量要远小于裸坡，两者共同作用下使得增加植被覆盖度，坡面的粗化现象不明显。

表 6-11 降雨后表土各级颗粒含量变量与各主要影响因子间的相关分析

降雨后较降雨前	坡长	植被覆盖度	坡长×植被覆盖度
砂粒的减量	0.316	0.949**	0.949**
粉粒的减量	0.422	0.896**	0.979**
黏粒的减量	0.685*	0.474	0.553

* $P<0.05$ 呈显著性水平，** $P<0.01$ 呈极显著性水平

由表 6-11 可知，植被覆盖度对坡面土壤粗化的影响明显强于坡长，植被覆盖度对砂粒、粉粒的影响均达到极显著性的水平，坡长对砂粒、粉粒的作用均不显著，但坡长与

植被覆盖度的综合作用却与坡面砂粒和粉粒的含量呈极显著相关，因此可判定植被覆盖度是影响坡面土壤颗粒粗化进程的主要因素。

6.4　雨强和植被覆盖度对坡地侵蚀产沙的复合影响

6.4.1　试验设计和方法

自然界坡地侵蚀产沙是多因素综合作用的结果。在地貌和土壤特性相同或者相似的背景下，对侵蚀产沙起主导作用的是降雨和植被覆盖情况，以及二者的复合作用。为了揭示降雨与植被覆盖度的复合影响，本研究在 12 场模拟降雨试验数据的基础上，选择了植被覆盖度系列完整与雨强分布幅度较宽(从 0.99～2.74mm/min)的具有代表性的 8 场模拟降雨试验数据(表 6-12)进行了分析。

表 6-12　侵蚀产沙模拟降雨试验测试统计数据

场次序号	雨强/(mm/min)	覆盖度/%	径流量/(L/场)	含沙量/(g/L)	产沙量/(g/场)
1	1.70	30	51.14	57.31	2930.84
2	0.99	40	43.68	31.97	1396.57
3	1.04	60	42.40	49.56	2100.97
4	1.74	80	64.37	39.97	2573.16
5	2.62	70	84.56	27.36	2313.67
6	2.16	80	89.94	14.83	1334.13
7	1.75	90	68.38	8.55	584.69
8	2.74	100	98.05	7.50	735.07

模拟降雨试验是在浙江大学实验大棚内进行的。设计试验的径流土槽的几何尺寸：长×宽×高为 200cm×100cm×50cm，坡度为固定坡度 20°。土槽填充土来自浙江省临安市的荒坡地，土壤类型为红壤。为了最大限度地保持土壤特性不变，在土槽的填充过程中，采用原地从表层向下分层(10cm 深)测容重、分层装载，室内以与原地顺序相同进行分层填充，每层的容重与实地相同层位的容重压实到一致。人工模拟降雨装置采用的是中国科学院水利部水土保持研究所研制生产的可移动、变雨强、压控双向侧喷式小型人工模拟降雨装置，雨滴降落时的高度为 6m。同时在小区的边缘设计了 18 个集雨桶来监测雨强及均匀度。通过调整喷头喷孔直径的大小和水压来调整雨强，在本节中降雨均匀度均达到 90%左右。土槽种植杭白菜以表示植被，随着白菜的生长测量植被覆盖度。植被覆盖度的确定主要是通过高像素的数码相机在空中垂直拍摄，并经过肉眼观测所得到，将实测的植被覆盖度分布于某一级±6%～±10%区间范围内的设定为该等级的植被覆盖度。

6.4.2　雨强与植被覆盖度对产流产沙的影响

根据所选的 8 场人工模拟降雨试验测试数据(表 6-12)，将雨强和植被覆盖度对径流量、产沙量和径流含沙量的影响进行了绘图拟合(图 6-14)。

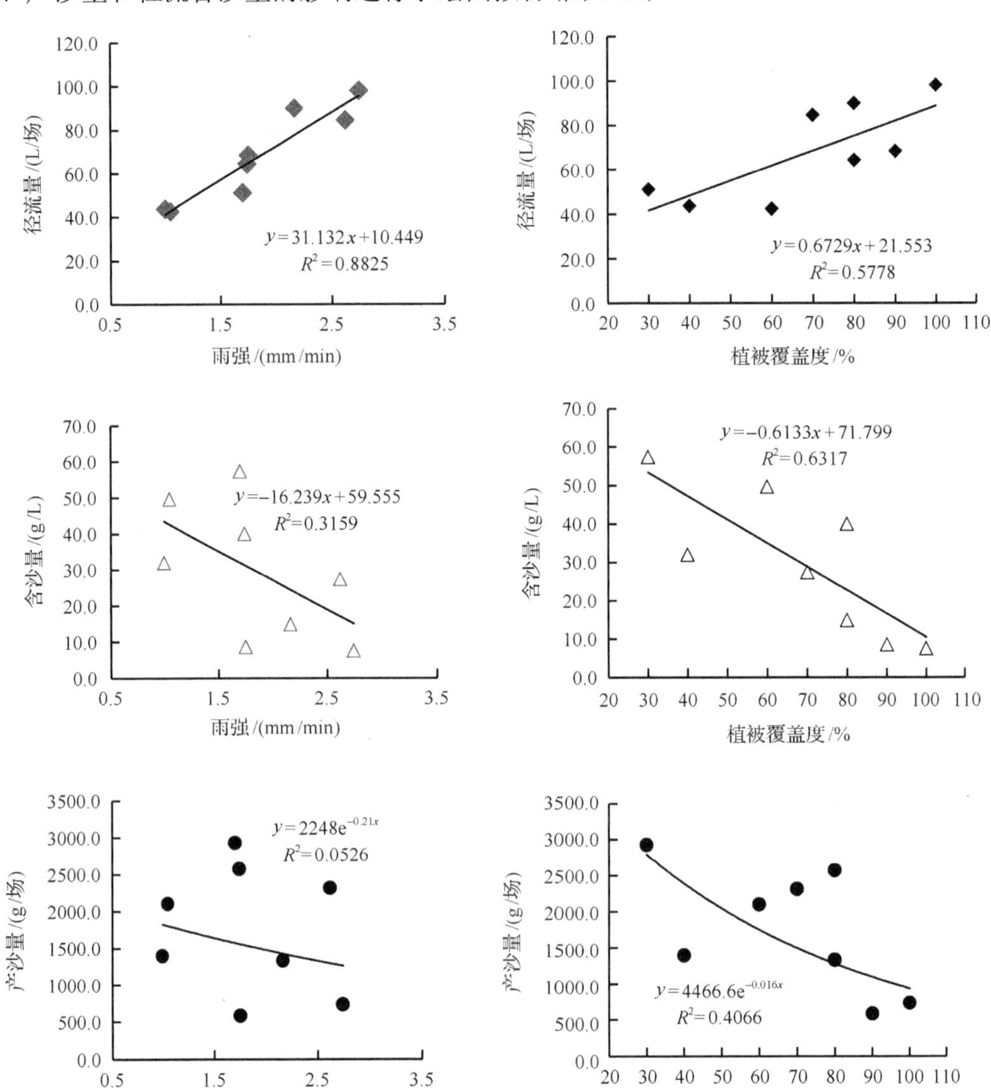

图 6-14　径流、产沙量和含沙量与雨强和植被覆盖度的拟合相关

由表 6-12 数据和图 6-14 的拟合关系式可知，在雨强相近的情况下，随着植被覆盖度的增加，产沙量有所减少，植被覆盖度能减小雨强对坡地侵蚀产沙的作用强度。在植被覆盖度相近的情况下，产沙量随着雨强的增大而增大，雨强抑制了植被覆盖度拦截雨滴打击地表的作用。就相关系数的大小来看，径流量与雨强的相关性最大，而产沙量与雨强的相关性较差，含沙量与雨强的相关性一般。由此可知，雨强主要是通过增加径流量和含沙量来影响产沙总量，但是产沙量与含沙量的关系密切。含沙量、径流量与植被覆盖度的相关性较显著，产沙量与植被覆盖度的关系稍差些。

在单因素相关分析的基础上，为了揭示雨强和植被覆盖度对产沙量的复合影响，应用 SPASS 统计软件，进行产沙量(S)与雨强(x_1)、植被覆盖度(x_2)、径流量(Q)和含沙量(C)的线性拟合，则关系式为

$$S = 2969.03 + 398.6x_1 - 28.5x_2 \qquad R = 0.751 \tag{6-14}$$

$$S = 2927.30 + 18652.1C - 0.0256Q \qquad R = 0.842 \tag{6-15}$$

$$S = -561.42x_1 - 4.98x_2 + 42.315Q + 59.421C - 1529.477 \qquad R = 0.948 \tag{6-16}$$

计算式(6-14)～式(6-16)显示，植被覆盖度与雨强对产沙量的复相关系数为 0.751，径流量与含量对产沙量的复相关性显著，相关系数为 0.842。两个直接影响因素和两个间接影响因素对产沙量的综合影响明显，复合相关系数达到了 0.948。由这些相关性特征可推得，雨强对径流量的影响显著，植被覆盖度对产沙量的影响大于雨强，含沙量对产沙量的影响大于径流量的影响。表 6-12 数据也说明了这一关系，在相近的雨强情况下(第 1、第 4、第 7 场降雨试验)，随着植被覆盖度的增加，产沙量大幅下降，但径流量并没有减少，反而还在增加；在植被覆盖度相近和相同的情况下，随着雨强的增大，径流量在增加，产沙量不增加，存在波动的现象(于国强等，2010；朱冰冰等，2010)。

6.4.3　坡地侵蚀产沙影响因素的权重

影响坡地侵蚀产沙的因素很多，而且在不同的地区这些影响因素所起的作用不同(Sun et al.，2013)。为保证最大限度揭示各影响因素在侵蚀产沙过程中的影响程度，试图有效地从大数据中获取数据内部信息。本研究应用熵权法的计算原理，就雨强、植被覆盖特性及二者影响下的径流和含沙量对坡地侵蚀产沙的影响程度进行排序分析。其主要计算过程如下所述。

第一步，由于不同指标之间存在量纲、量级的差别，为了使各个指标之间具有可比性，先对各指标数据采用 min-max 方法进行标准化处理，使其转化为[0，1]。设各指标标准化后的值为

$$P_{ij} = \frac{X_{ij} - \min(X_i)}{\max(X_i) - \min(X_i)} \left(i = 1,2,\cdots,4 \quad j = 1,2,\cdots,8\right) \tag{6-17}$$

第二步，求各指标的信息熵和权重。根据信息论中信息熵的定义，信息熵的计算式为

$$E_j = -k\sum_{i=1}^{4} P_{ij} \times \ln P_{ij} \tag{6-18}$$

其中 $k = 1/\ln 8$，得信息熵值(表 6-13)。

第三步，通过信息熵计算各指标的熵权重，计算式为

$$W_j = \frac{1 - E_j}{n - \sum_{j=1}^{n} E_j} \qquad (n = 8) \tag{6-19}$$

应用计算式(6-17)～式(6-19)，对表 6-12 中的数据进行权重计算，结果见表 6-13。

表 6-13　坡地侵蚀产沙主要影响因素的熵权重值

测试指标		雨强	植被覆盖度	径流量	含沙量
信息熵		0.739	0.757	0.695	0.722
权重	考虑 4 个影响因素	0.240	0.224	0.281	0.256
	考虑 3 个影响因素	0.323	0.300	0.377	
	考虑 2 个影响因素	0.518	0.482		

由表 6-13 显示数据分析，在考虑 4 个因素的情况下，径流量的权重最大，植被覆盖度的权重最小。考虑 3 个因素的情况下，仍是径流量的权重最大，雨强的权重第二，植被覆盖度的权重最小。考虑 2 个直接因素的情况下，雨强的权重大，植被覆盖度的权重小。在本研究中，由于径流的产生是雨强和植被覆盖度共同作用的结果，结合图 6-14 径流量与雨强、径流量与植被覆盖度的关系来看，径流量与雨强的相关性最好。由此推得雨强对侵蚀产沙的影响较大。

在坡面没有水土保持工程设施的情况下，从坡地水力侵蚀产沙的机理来看，坡面侵蚀的外动力是降水，内抗力是土壤的抗蚀性，再就是地表的覆盖程度，即植被覆盖度。植被覆盖度主要是起到拦截部分降水、减轻雨滴击溅侵蚀、缓冲径流产沙的作用。但这一作用在不同的雨强情况下，效果不同。在雨强大于 1.7mm/min 时，植被的侵蚀产沙的缓冲作用减弱，只有在植被覆盖度大于 80%时，对侵蚀产沙的减轻作用显得明显，与一些研究者的结论一致(朱冰冰，2010)。但在自然界中，植被覆盖度大于 80%的区域或者季节相对有限，所以雨强是有限坡地侵蚀产沙的主要影响因素。根据 2008～2014 年《中国河流泥沙公报》数据统计，对长江宜昌断面和钱塘江兰溪监测断面的降水特性和泥沙含量分析，输沙量和输沙模数仍然是随着降水量的增加而增加，没有因为退耕还林数据的增加而减少，这也说明降雨特性，尤其是雨强，在坡地侵蚀产沙方面所占的贡献比重较大。

6.4.4　结论

通过上述分析讨论，可得如下结论。

(1)就雨强和植被覆盖度两要素而言，雨强对径流量的影响显著，植被覆盖度对产沙量的影响大于雨强，含沙量对产沙量的影响大于径流量的影响。

(2)由熵权重计算所得，四要素分析的权重排序为径流量＞含沙量＞雨强＞植被覆盖度；三要素分析的权重排序为径流量＞雨强＞植被覆盖度；两要素分析的权重排序为雨强＞植被覆盖度。

(3)在研究坡面侵蚀产沙过程时，要采用单因素与多因素、线性分析与非线性分析相结合的方法。单一因素实验所得结论在实际应用中会出现一些偏差和理论上的误解。由此提出，在坡地侵蚀产沙的控制实践中，应在坡面水利工程控制坡面径流的基础上，发挥植被覆盖度的作用，从而也可避免人们过分夸大植被覆盖度的作用，实现雨强分析与植被覆盖度的复合控制。

上述结论是在坡长和面积特定的试验设计情况下得出的，实际上径流量的大小，不仅与雨量和植被覆盖度有关，还与坡面的汇流面积有关系。关于坡长与侵蚀产沙的关系研究在相关论文中有所陈述。

主要参考文献

丁文峰. 2010. 紫色土和红壤坡面径流分离速度与水动力学参数关系研究. 泥沙研究, (6): 16-22.

符素华, 段淑怀, 刘宝元. 2001. 密云石匣小流域土地利用对土壤粗化的影响. 地理研究, 20(6): 697-701.

付兴涛, 张丽萍. 2014. 红壤丘陵区坡长对作物覆盖坡耕地土壤侵蚀的影响. 农业工程学报, 30(5): 90-98.

付兴涛, 张丽萍. 2015. 坡长对红壤侵蚀影响人工降雨模拟研究. 应用基础与工程科学学报, 23(3): 474-483.

韩其为, 何明民. 1999. 泥沙起动规律及起动流速. 北京: 科学出版社.

韩珍, 王小燕, 李馨欣. 2016. 碎石含量影响下紫色土坡面径流流速变化过程及土壤侵蚀的阶段性. 中国农业大学学报, 21(10): 102-108.

和继军, 孙莉英, 李君兰, 等. 2012. 缓坡面细沟发育过程及水沙关系的室内试验研究. 农业工程学报, 28(10): 138-144.

黄丽, 丁树文, 董舟, 等. 1998. 三峡库区紫色土养分流失的试验研究. 土壤侵蚀与水土保持学报, 4(1): 8-13.

焦菊英, 王万忠. 2001. 人工草地在黄土高原水土保持中的减水减沙效益与有效盖度. 草地学报, 9(3): 176-181.

康宏亮, 王文龙, 薛智德. 2016. 北方风沙区砾石对堆积体坡面径流及侵蚀特征的影响. 农业工程学报, 32(3): 125-134.

李毅, 邵明安. 2008. 草地覆盖坡面流水动力参数的室内降雨试验. 农业工程学报, 24(10): 1-5.

李永红, 牛耀彬, 王正中, 等. 2015. 工程堆积体坡面径流水动力学参数及其相互关系. 农业工程学报, 31(22): 83-88.

刘栋, 刘普灵, 邓瑞芬, 等. 2011. 不同下垫面径流小区次降雨侵蚀特征相关分析. 水土保持通报, 31(2): 99-102.

马琨, 陈欣, 王兆骞. 2004. 模拟暴雨下红壤坡面产流产沙及养分流失特征研究. 宁夏农学院学报, 1: 1-4.

牟金泽, 孟庆枚. 1981. 陕北中小流域年产沙量计算.黄土高原水土流失综合治理讨论会资料汇编. 西安: 陕西科学技术出版社.

潘成忠, 上官周平. 2009. 降雨和坡度对坡面流水动力学参数的影响. 应用基础与工程科学学报, 17(6): 843-851.

钱婧. 2014. 模拟降雨条件下红壤坡面菜地产沙及土壤养分流失特征研究. 浙江大学博士学位论文.

钱宁, 万兆惠. 2003. 泥沙运动力学. 北京: 科学出版社.

邵明安. 1999. 黄土高原土壤侵蚀与旱地农业. 西安: 陕西科学技术出版社.

史德明, 韦后潘, 梁音, 等. 2000. 中国南方侵蚀土壤退化指标体系研究. 水土保持学报, 14(3): 1-9.

苏涛, 张兴昌. 2011. EN-1 对砒砂岩固化土坡面径流水动力学特征的影响. 农业机械学报, 42(11): 68-75.

苏涛, 张兴昌. 2012. 砒砂岩陡坡面径流水动力学特征. 水土保持学报, 26(1): 17-21.

田凯, 李小青, 鲁帆, 等. 2010. 坡面流侵蚀水动力学特性研究综述. 中国水土保持, (4): 44-45.

汪晓勇, 郑粉莉, 张新和. 2009. 上方汇流对黄土坡面侵蚀-搬运过程的影响. 中国水土保持科学, 7(2): 7-11.

王广月, 杜广生, 王云, 等. 2015. 三维土工网护坡坡面流水动力学特性试验研究. 水动力学研究与进展, 30(4): 406-411.

王龙生, 蔡强国, 蔡崇法, 等. 2013. 黄土坡面细沟与细沟间水流水动力学特性研究. 泥沙研究, (6): 44-52.

吴卿, 杨春霞, 甄斌. 2008. 草被覆盖对坡面径流剪切力影响的试验研究. 人民黄河, 32(8): 96-99.

吴淑芳, 吴普特, 原立峰. 2010. 坡面径流调控薄层水流水力学特性试验. 农业工程学报, 26(3): 14-19.

夏卫生, 雷廷武, 赵军. 2003. 坡面侵蚀动力学及其相关参数的探讨. 中国水土保持科学, 1(4): 16-19.

肖培青, 郑粉莉, 姚文艺. 2007. 坡沟系统侵蚀产沙及其耦合关系研究. 泥沙研究, (2): 30-35.

肖培青, 郑粉莉, 姚文艺. 2009. 坡沟系统坡面径流流态及水力学参数特征研究. 水科学进展, 20(2): 236-240.

杨帆, 张宽地, 杨明义, 等. 2016. 植物茎秆影响坡面径流水动力学特性研究. 泥沙研究, (4): 22-26.

杨坪坪, 张会兰, 王云琦, 等. 2016. 植被覆盖度与空间格局对坡面流水动力学特性的影响. 水土保持学报, 30(2): 26-33.

姚文艺, 汤立群. 2001. 水力侵蚀产沙过程及模拟. 郑州: 黄河水利出版社.

于国强, 李占斌, 李鹏, 等. 2010. 不同植被类型的坡面径流侵蚀产沙试验研究. 水科学进展, 40(5): 593-599.

翟娟, 卢晓宁, 熊东红. 2012. 土壤侵蚀径流水动力学特性及其影响因素的研究进展. 安全与环境工程, 19(5): 1-9.

张冠华, 刘国彬, 王国梁, 等. 2009. 黄土丘陵区两种典型灌木群落坡面侵蚀泥沙颗粒组成及养分流失的比较. 水土保持学报, 29(1): 1-6.

张宽地, 王光谦, 吕宏兴, 等. 2012. 模拟降雨条件下坡面流水动力学特性研究. 水科学进展, 23(2): 229-235.

张锐波, 张丽萍, 付兴涛. 2017. 坡面侵蚀产沙与水力学特征参数关系模拟. 水土保持学报, 31(5): 81-86.

张燕, 张洪, 彭补拙, 等. 2003. 不同土地利用方式下农地土壤侵蚀与养分流失. 水土保持通报, 23(1): 23-26.

张颖, 郑西来, 张晓晖, 等. 2011. 黄土高原幼树对坡面流水力学特性及泥沙颗粒组成的影响. 水土保持通报, 31(4): 7-15.

赵小娥, 魏琳, 曹叔尤, 等. 2009. 强降雨条件下坡面流的水动力学特性研究. 水土保持学报, 23(6): 45-47, 107.

郑粉莉, 高学田. 2004. 坡面汇流汇沙与侵蚀—搬运—沉积过程. 土壤学报, 41(1): 134-137, 139.

朱冰冰, 李占斌, 李鹏, 等. 2010. 草本植被覆盖对坡面降雨径流侵蚀影响的试验研究.土壤学报, 47(3): 401-407.

朱智勇, 解建仓, 李占斌, 等. 2011. 坡面径流侵蚀产沙机理试验研究. 水土保持学报, 25(5): 1-7.

Arnaez J, Lasanta P, Ruiz-Flano P, et al. 2007. Factors affecting runoff and erosion undersimulated rainfall in Mediterranean vineyards. Soil and Tillage Research. 93(2): 324-334.

Fu X T, Zhang L P, Wu X Y, et al. 2012. Dynamic simulation on hydraulic characteristic values of overland flow. Water Resources, 39(4): 474-480.

Neibling W H , Moldenhauer W C, Holmes B M. 1983. Evaluation and comparison of two methods forcharacterization of sediment size distribution.Transaction of ASAE, 26(2): 472-480.

Palis R G, Okwach G, Rose C W, et al. 1990. Soil erosion processes and nutrient loss: The interpretation of enrichment ratio and nitrogen loss in runoff sediment .Australian Journal of Soil Research, 28(4): 623-639.

Parsons A J, Abrahams A D, Wainwright J. 1994.On determining resistance to interrill overland flow. Water Resources Research, 30(12): 3515-3521.

Poesen J W, Ingelmo-Sanchez F. 1992. Runoff and sediment yield from topsoils with different porosity as affected by rock fragment cover and position. Catana, 19(5): 451-474.

Poesen J, Luna D E, Franca A. 1999. Concentrated flow erosion rates as affected by rock fragment cover and initial soil moisture content. Catena, 36(4): 315-329.

Sun W Y, Shao Q Q, Liu J Y. 2013. Soil erosion and its response to the changes of precipitation and vegetation cover on the Loess Plateau. J. Geogr. Sci., 23(6): 1091-1106.

Wainwright J, Parsons A J, Abrahams A D. 2000. Plot-scale studies of vegetation, overland flow anderosion interactions: Case studies from Arizona and New Mexico.Hydrological Processes, 14(5): 2921-2943.

Zhou Z C, Shang Guan Z P. 2008. Effects of ryegrasses on soil runoff and sedimentcontrol. Pedosphere, 18(1): 131-136.

第 7 章　侵蚀性红壤坡地土壤养分流失过程模拟

水污染的核心问题是水体的氮、磷富营养化，而地表径流和泥沙携带入湖的氮、磷在污染负荷中占较大的比例，因此治理水土流失才是解决水体富营养化问题的长久之计，也就是说，所有控制水土流失的对策都可以治理水体富营养化问题。

水土流失主要体现在地表径流和挟带泥沙两方面，这两个过程受很多因素的影响，而降雨是最主要的影响因素。降雨过程对地表径流和泥沙的影响主要体现在两个方面：一是地表径流冲刷地面，带走大量泥沙和养分，导致土壤侵蚀，土地肥力退化；二是径流中氮、磷等营养成分通过各种途径进入水体，导致水体的富营养化。

本章的基本思路就是通过对坡面径流规律的研究，结合水土流失和氮磷富营养化两个问题，寻找到它们的结合点，为解决这两个问题提供更好的思路。基于水土流失和氮、磷富营养化相结合的研究目的，采用室内模拟降雨试验方法，模拟降雨在室内按照 1∶1 比例建立的土壤和植被物理模型上进行，主要涉及雨强、坡度、植被覆盖度和土壤前期含水量这几个影响因素，分析径流中氮、磷的流失状况和规律。试验结论可以为继续深入地研究农田径流、影响因素和径流载氮磷能力提供理论依据。

7.1　坡度、雨强和植被覆盖特征背景下的坡地土壤氮素流失

氮素是作物生长所必需的大量元素，土壤氮素在侵蚀条件下随径流迁移表现为三种方式：①土壤液相中的可溶性氮素在径流中的溶解；②土壤颗粒吸附的矿质氮在径流中的解吸；③土壤颗粒中的氮素随产流在坡面传递和被水体携带。降雨动能和水流坡面剪切力是这 3 种作用过程的动力(胡雪涛等，2002)。因而，降雨对土壤氮素流失有重要影响。

降雨是土壤产生地表径流并且流失氮素最主要的发生条件。降雨过程涉及土壤侵蚀和径流挟带两个方面。本节主要是从径流本身的特征及氮流失和转化两方面进行分析。一方面是降雨过程中地表径流中氮流失的规律分析，另一方面是以白菜的一个生长周期为分析对象，总结地表径流中氮流失的规律分析。

7.1.1　试验设计及试验结果

本节以杭州市郊区丘陵坡地为研究背景。

1. 试验设计

试验在浙江大学华家池校区的 WSBRZ 型人工智能玻璃温室内进行，室内常年保持 25℃恒温。在室内采用变坡式的径流土槽(2m×1m×0.5m)，槽内试验填充土壤来自杭州市郊的弃荒地，土壤类型为典型红壤。填充土壤的过程原则上采用原状土搬迁，在野外

选取面积为 2m×1m 的空旷坡地，进行分层挖土，在挖土前，每层用环刀采集土壤样品，用以测定土壤容重，按每层 10cm 深，分别装袋，带回温室后，按照原有的顺序装入径流土槽。在室内静置 30 天左右，使得土槽的土壤容重与原状土相近时(表 7-1)，开始实施人工模拟降雨试验。根据浙江省杭州市气象资料统计设定其雨强的范围，雨强控制在 1.5～2.0mm/min。按照杭州市地形坡度等级划分，市内低山丘陵地区集中在 10°～25°，因此本试验坡度选 11°、14°、21°和 25°。

表 7-1　原状土理化性质

理化性质	土深				
	0～10cm	10～20cm	20～30cm	30～40cm	40～50cm
土壤容重/(g/cm^3)	1.13	1.14	1.15	1.16	1.19
砂粒含量/%	39.43	37.22	35.43	33.98	32.08
粉粒含量/%	36.54	37.33	38.21	39.32	40.65
黏粒含量/%	24.03	25.45	26.36	26.70	27.27
pH	5.68	5.73	5.82	5.86	5.88
有机质/(g/kg)	14.86	10.85	6.28	2.96	0.76
全氮/(g/kg)	1.05	0.79	0.58	0.44	0.36
硝态氮/(mg/kg)	40.55	27.60	23.20	13.60	10.40
铵态氮/(mg/kg)	10.03	6.70	6.17	4.80	4.34
总磷/(g/kg)	0.36	0.30	0.28	0.26	0.25
速效磷/(mg/kg)	2.43	1.64	1.44	1.36	1.28

植被设计选择杭州市郊种植最广泛的小白菜来替代，根据其生长期(苗期 0～15d、莲座期 15～40d、包心前期 40～45d、包心中期 55～70d、包心后期 70d 至最后)计算植被覆盖度(表 7-2)。

表 7-2　场模拟降雨试验数据

降雨分组	降雨编号	生长期	坡度/(°)	雨强/(mm/h)	降雨日期	植被覆盖度/%
Ⅰ	Ⅰ-S	苗期	14	39	第 3 天	15
	Ⅰ-R	莲座期	14	39	28th	42
	Ⅰ-A	包心前期	14	115.8	43th	83
	Ⅰ-M	包心中期	14	115.8	58th	90
	Ⅰ-P	包心后期	14	115.8	73th	96
Ⅱ	Ⅱ-S	苗期	21	39	第 3 天	14
	Ⅱ-R	莲座期	21	39	28th	48
	Ⅱ-A	包心前期	21	115.8	43th	79
	Ⅱ-M	包心中期	21	115.8	58th	93
	Ⅱ-P	包心后期	21	115.8	73th	98

2. 试验结果

试验所获得数据有：径流产沙时刻，径流过程水的体积，每分钟径流水样中总氮(TN)、硝态氮(NO_3^- - N)和氨态氮(NH_4^+ - N)的过程浓度，总径流量，计算了每场降雨试验 TN、NH_4^+ - N 和 NO_3^- - N 的流失量和平均浓度，NH_4^+ - N 和 NO_3^- - N 和不溶态氮在总氮流失量中的比例。数据详见表 7-3。

表 7-3　降雨过程中径流和氮流失数据统计

降雨编号	产流时刻/min	径流量/L	总流失量/mg			平均浓度/(mg/L)			占 TN 的比例/%		
			TN	NO_3^- - N	NH_4^+ - N	TN	NO_3^- - N	NH_4^+ - N	NO_3^- - N	NH_4^+ - N	不溶态氮
Ⅰ-S	5.88	5.42	15.94	12.75	2.13	2.94	2.35	0.39	80	13	7
Ⅰ-R	4.73	15.75	58.03	36.76	11.92	3.69	2.33	0.76	63	21	16
Ⅰ-A	3.33	17.71	96.19	71.69	12.02	5.43	4.05	0.68	75	12	13
Ⅰ-M	3.78	13.61	63.09	24.28	19.25	4.64	1.78	1.41	38	31	31
Ⅰ-P	1.73	5.03	42.51	22.54	17.14	8.45	4.48	3.41	53	40	7
Ⅱ-S	5.4	15.19	54.45	39.47	5.18	3.59	2.6	0.34	72	10	18
Ⅱ-R	4.18	22.92	80.97	47.28	15.79	3.53	2.06	0.69	58	20	22
Ⅱ-A	2.5	28.99	153.23	109.59	16.07	5.29	3.78	0.55	72	10	18
Ⅱ-M	3.07	18.03	83.24	34.55	27.07	4.62	1.92	1.5	42	33	25
Ⅱ-P	2.75	10.54	74.17	35.97	26.34	7.03	3.41	2.5	48	36	16

注：Ⅰ、Ⅱ为降雨分组，S. 苗期，R. 莲座期，A. 包心前期，M. 包心中期，P. 包心后期

7.1.2　各形态氮在不同生长期内随径流的流失特征

把不同生长期内的 NO_3^- - N 和 NH_4^+ - N 的流失量随降雨时间变化的变化趋势作图，比较曲线之间的趋势和绝对值高低，从而看出不同的影响因素在各个生长期内对氮流失造成的影响差别。

在农田生态系统中，氮流失的主要途径包括氨挥发、硝化-反硝化、径流和侧渗。氮流失规律的改变主要是由于外界影响因素影响了各种氮化学变化的程度和平衡，从而导致径流中各形态的氮含量有所变化。

1. 不同生长阶段内 NO_3^- - N 随径流的流失特征

5 个生长期内场降雨过程中 NO_3^- - N 总含量和平均浓度随白菜生长的变化过程曲线见图 7-1。从 NO_3^- - N 含量的变化曲线可以看出，21°条件下，NO_3^- - N 含量在每一个生长期都高于 14°，但是 NO_3^- - N 浓度的变化曲线则表明两个坡度下浓度之间的差异并不明显。这主要是因为径流量在两个坡度下变化明显，差异显著。然而从土壤氮流失的角度来分析，NO_3^- - N 流失量是绝对的，NO_3^- - N 流失浓度是相对的。也就是说，坡度增加会引起土壤 NO_3^- - N 流失的增加，虽然 NO_3^- - N 浓度不会增加。坡度对含量的影响大于对浓

度的影响，同时，NO_3^- - N 含量的流失规律和径流量的流失规律表现一致。

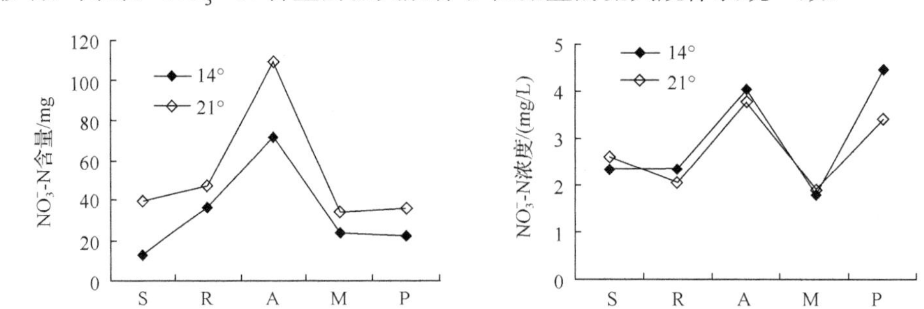

图 7-1　不同生长期内场降雨过程中 NO_3^- - N 总含量和平均浓度的变化曲线

图 7-2 是在坡度 14°和 21°的情况下，不同生长期内场降雨过程中 NO_3^- - N 流失量随降雨时间变化的变化曲线。为了方便，在图中将 5 个生长期分别简称为 S(苗期)、R(莲座期)、A(包心前期)、M(包心中期)和 P(包心后期)。

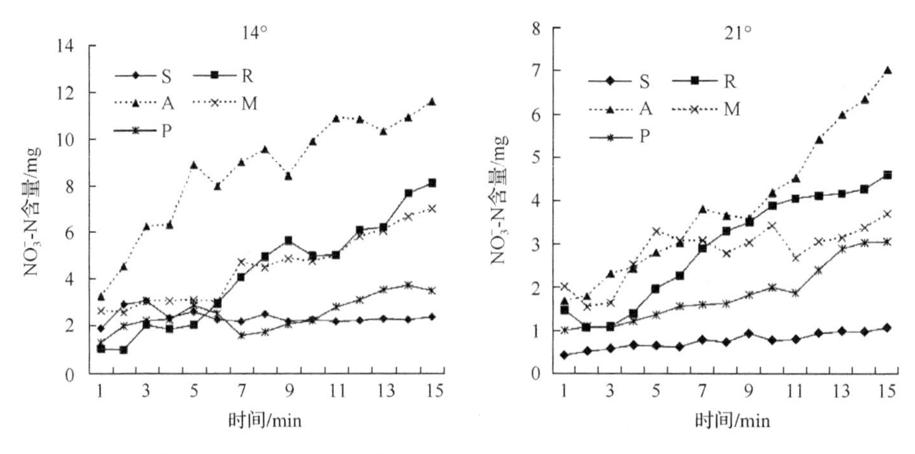

图 7-2　坡度 14°和 21°下，不同生长期内 NO_3^- - N 流失量随降雨时间的变化曲线

莲座期、包心前期和包心中期内的 NO_3^- - N 含量都是随着时间延长而呈现增加趋势，这是随着时间延长而增加的径流量造成的。而在苗期和包心后期内 NO_3^- - N 含量变化规律平稳，这是因为径流量在这两个生长期内也是随时间延长而保持稳定。NO_3^- - N 浓度在整个降雨过程中一直保持平衡，但是含量呈上升趋势，主要是由于不断增加的径流量。径流量主要受雨强、坡度和植被覆盖度的影响。比较图 7-2 中两个坡度条件下 NO_3^- - N 的变化曲线，两者最明显的不同是前者的包心前期含量远远高于后者。也就是说 14°情况下，包心前期的 NO_3^- - N 流失量比 21°要高很多。两者有相同的雨强和植被覆盖度，所以径流量的不同主要是由坡度变化引起的。以往的研究结果表明，坡度越大，径流量越大。但是这里需要考虑的是，包心前期刚刚施过肥料，根据图中的结果，可以得出，肥料的施用对缓坡的影响大于陡坡。这是因为缓坡地径流流速较缓从而有利于雨水的入渗和肥料的溶解。

苗期和包心后期的趋势较其他几个生长期平缓，绝对值也较低。就苗期而言，莲座期已有细沟的出现，这会增加径流量从而增加氮的流失量。但是，苗期的植被覆盖度是最低的，从而径流水面的空气流动是最快的，氨挥发比其他生长期都要快速，所以径流中的氮就相应地减少了。就包心后期而言，这个时期吸收的 NO_3^- - N 最多，所以表现出 NO_3^- - N 流失量的相应减少。

2. 不同生长阶段 NH_4^+ - N 随径流的流失特征

图 7-3 是 5 个生长期内场降雨过程中 NH_4^+ - N 总流失量和平均浓度随白菜生长的变化过程曲线。

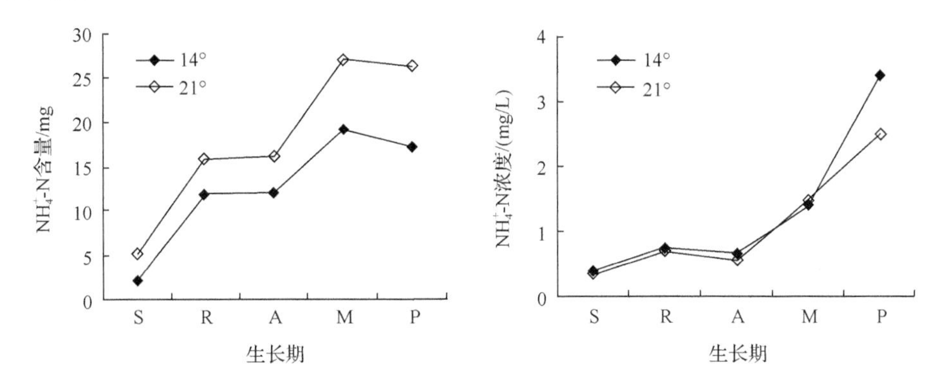

图 7-3 每场降雨中 NH_4^+ - N 总含量和平均浓度随白菜生长的变化曲线

图 7-3 表明两个坡度 14°和 21°下的 NH_4^+ - N 流失浓度曲线相似，但是流失量不同。坡度越大，越利于增大流失量但是不利于增大浓度。NH_4^+ - N 的变化曲线还与径流产流时刻相关，这主要是由于径流产流时刻与径流产生方式密切相关。通常情况下，径流时刻越短，越容易发生超渗产流，而超渗产流是不利于氮的溶解的，因此可溶性氮流失比例就会越少。

图 7-4 是在坡度 14°和 21°的情况下，不同生长期内 NH_4^+ - N 流失量随降雨时间变化的变化曲线。

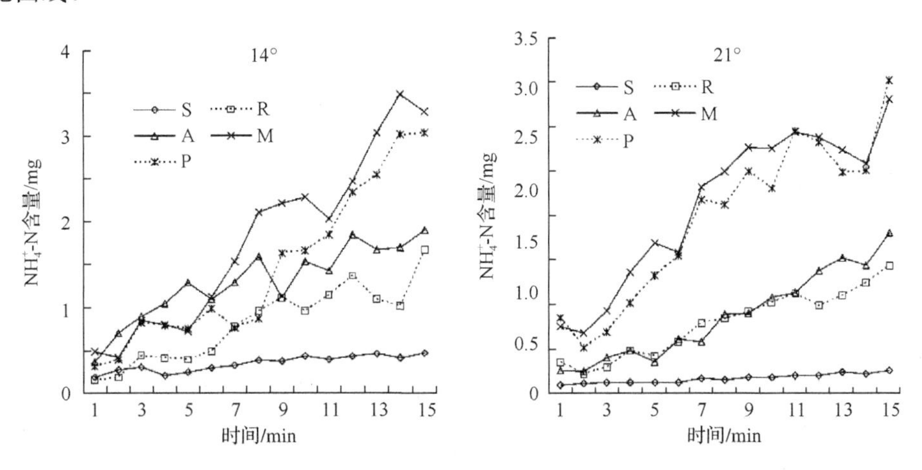

图 7-4 坡度 14°和 21°下，不同生长期内 NH_4^+ - N 流失量随降雨时间变化的变化曲线

图 7-4 中两个坡度下的降雨过程中 NH_4^+ - N 含量的变化曲线类似。包心中期和包心后期的趋势接近，莲座期和包心前期的趋势接近。对于这两组生长期而言，只有植被覆盖度是不同的。在 5 个生长期内，苗期的 NH_4^+ - N 流失量是最低的，它的植被覆盖度也是最低的。较少的植被覆盖度会增加径流面的空气流动从而增加更多的氨挥发，因此降低了径流中 NH_4^+ - N 的含量。这些结果都能说明，植被覆盖度对于径流中 NH_4^+ - N 的流失而言，是非常重要的。

把图 7-4 与图 7-2 相比较，可以看出氨态氮含量的流失趋势比硝态氮陡峭。随着降雨时间的延长，土壤水分含量逐渐增加，这使得土壤含氧量减少，而氧气的减少不利于硝化作用的进行，所以 NO_3^- - N 的流失量随着降雨的延长增幅比 NH_4^+ - N 增幅小。从图 7-4 中可以看出，苗期的 NH_4^+ - N 含量是最低的，这是因为苗期的植被覆盖度最低，而最低植被覆盖度将通过加快空气流速导致最大量的氨挥发，从而降低了径流中氨态氮的含量。

Randall 和 Mulla(2001)研究指出频繁的降雨会在植被生长不是很旺盛的时候导致最大量的氮流失。此结论的获得背景是由于生长不旺盛时期，不考虑植被对氮的吸收。在本试验中，考虑了作物对氮的吸收，但是 5 个生长期的氮流失量顺序排列为包心后期＞包心中期＞包心前期＞莲座期＞苗期，与 Randall 和 Mulla(2001)研究结果一致。据此可以得出，白菜对氮的吸收并不能明显影响 NH_4^+ - N 的流失。

7.1.3　不同生长期内，场降雨过程中各种氮形态之间的转化

1. 氮素的几个重要化学变化

在地表的雨水中，不同形态的氮之间也存在着非常复杂的转化。氮的损失主要是硝化-反硝化作用(nitrification-denitrification)和氨的挥发。在 NH_4^+ - N 和 NO_3^- - N 之间，存在着重要的硝化-反硝化作用。NH_4^+ - N 被氧化成亚硝酸，然后通过硝化作用被氧化成硝酸根。硝酸根再通过反硝化变成氮气，最终离开水面进入大气。氨挥发则可以被描述成：NH_4^+ - N → NH_4^+ - N -N(液相)→NH_3(液相)→NH_3(气相)→NH_3。

氨挥发的过程主要是一系列的物理化学变化过程，凡影响这一变化过程的因素，都会影响到氨挥发的量。氨挥发的化学平衡如下：NH_4^+ - N (代换性)→ NH_4^+ (液相)→ NH_3(液相)→NH_3(气相)→NH_3(大气)。

氨挥发主要受外界条件影响的情况如下：有机质含量越低，土壤黏粒含量越少，pH 越高，温度越高，氨挥发越多。土壤水分适中，氨挥发最高。水田里，藻类的生长促进氨挥发。水田里，pH 越小，氨挥发越少。在旱作条件下，增强铵的硝化作用，将可能降低氨挥发。

氮在水中的主要存在形式有：有机氮、氨态氮(NH_4^+ - N)、硝态氮(NO_3^- - N)、亚硝氮(NO_2^- - N)和气态氮(NH_3，N_2，N_2O)。通常主要以“三氮”即氮的化合物：氨态氮(NH_4^+ - N)、硝态氮(NO_3^- - N)、亚硝氮(NO_2^- - N)之间的转化来分析氮素的变化。

“三氮”转化是研究氮素平衡不可缺少的一部分。氮素在径流中会因径流的含氧量、

pH、温度等因素而发生各种化学变化，从而导致各种形态的氮含量一直处于一个动态变化过程当中，因此研究径流中的“三氮”转化过程和程度对于研究氮流失十分重要。

“三氮”之间通过硝化作用和反硝化作用相互转化。

硝化作用是微生物将铵氧化为硝酸，并从中获得生活所需能量的过程。它由两个连续而又不同的阶段构成。第一阶段是亚硝化作用：由亚硝酸细菌将铵氧化为亚硝酸（NO_2^-），此阶段的生化过程还不是十分清楚；第二阶段是硝化作用：由硝酸细菌将亚硝酸（NO_2^-）氧化成硝酸（NO_3^-），这一阶段的过程比较清楚。

土壤中的反硝化作用，包括生物的和化学的反硝化作用。其中生物反硝化作用是硝酸在厌氧条件下借微生物作用而还原的过程。由于还原的程度不同，可生成不同的还原态产物，如亚硝酸、次亚硝酸、一氧化氮及分子态氮等。转化途径为硝酸根（NO_3^-）→亚硝酸根（NO_2^-）→一氧化氮(NO)→一氧化二氮(N_2O)→氮气(N_2)。

影响因素影响硝化和反硝化作用的情况如下所述。

硝化作用：pH 越大，硝化率越大。土壤硝化率与土壤黏粒含量呈负相关。硝化作用最适宜的水分含量为最大持水量的 50%～70%。水分越多，含氧量越少，硝化作用越弱。有机质越高，硝化作用越强。红壤硝化作用小于石灰性土壤。基肥和分蘖肥表施大于穗分化期表施。

反硝化作用：有机质含量越高，pH 越高，含水量越大，含氧量越低，反硝化作用越强。作物根系的分泌物和脱落物，促进微生物的反硝化活性。氧是控制反硝化作用的主要因素。土壤含水量与土壤中氧的含量呈反相关。土壤的反硝化强度随厌氧程度的加强而增大。

2. 不同形态氮之间的转化

径流中残留态氮可以通过从总氮中减去 NO_3^--N 和 NH_4^+-N 来获得。以两场降雨试验为例，每场降雨过程，NH_4^+-N 和 NO_3^--N 占 TN 的比例都列于表 7-4。

表 7-4　不同降雨中不同形态氮的比例

雨强/(mm/h)	生长期	NH_4^+-N 在 TN 中的比例/%		NO_3^--N 在 TN 中的比例/%		残留态氮在 TN 中的比例/%	
		21°	14°	21°	14°	21°	14°
39	S	10	13	72	80	18	7
	R	20	21	58	63	22	16
115.8	A	10	12	72	75	18	13
	M	33	31	42	38	25	31
	P	36	40	48	53	16	7

从表 7-4 可以看出，NH_4^+-N 的比例随着生长期的延长而上升，NO_3^--N 的比例则下降。在两种坡度之间，含量的数值也不同。

坡度较缓，利于流失的氮的溶解。这是因为坡度较缓的地表径流，其流速变慢，利于氮的溶解。因此流失的可溶性氮占流失 TN 的比例在 14°时要高于在 21°时。包心期内雨强较大，这期间流失的残留态氮比例比在低雨强条件下的苗期和莲座期高。这是因为较大的雨强可以加速径流流速，从而不利于氮的溶解。但是，在坡度 21°时，同一生长期内 NH_4^+ - N 和 NO_3^- - N 比率大于坡度 14°时。当坡地较缓时，坡面径流的流速就会相应地减慢，这有利于氨的挥发，而氨挥发的结果是将 NH_4^+ - N 转化成 NH_3，从而导致 NH_4^+ - N 的减少。这个结果说明在场降雨过程中，缓坡地对氨气的释放是有利的，但是对 NH_4^+ - N 的流失是不利的。

在不同的生长期内，白菜对不同形态的氮的吸收及 NH_4^+ - N 和 NO_3^- - N 之间的转化也影响着径流中 NH_4^+ - N 和 NO_3^- - N 的比率。表 7-3 还表明流失的 NH_4^+ - N 占流失 TN 的比例随着白菜生长在增加，而流失的 NO_3^- - N 占流失 TN 的比例随着白菜生长在减少。这是因为随着白菜生长，硝化作用越来越弱，因此 NO_3^- - N 的比例会减少。

7.1.4　径流中不溶态氮对环境的影响

在氮流失过程中，可溶性氮是最主要的形态，而在可溶性氮中，又以 NO_3^- - N 占据主要地位。但是由于不溶态氮会对水体造成二次污染，所以它的流失规律也是非常需要进行探讨的。不溶态氮的计算方法是，从 TN 中减去 NO_3^- - N 和 NH_4^+ - N（由于亚硝态氮含量很少，在这里不予考虑）。

根据观察，试验过程中径流的产流方式主要有两种，对不溶态氮的流失有很大的影响。一种是入渗速度大于雨强，另一种是雨强大于入渗速度。第一种情况下，径流中的氮有足够的时间溶解；第二种情况下，氮在没有充分溶解的情况下就被径流携带流失掉。所以径流的产流方式能够很明显地影响到径流中的不溶态氮的含量。场降雨过程中，在不同生长期内不溶态氮占总氮的比例见表 7-5。

表 7-5　场降雨过程中不同的生长期内不溶态氮占总氮的比例

坡度/(°)	生长期	苗期	莲座期	包心前期	包心中期	包心后期
	雨强/(mm/h)	39	39	115.8	115.8	115.8
14	不溶态氮占比/%	10	17	15	29	11
21		15	21	16	27	12

两种坡度下，不溶态氮在各生长期内的规律相似。不溶态氮占总氮的比例的排列顺序如下：苗期＜莲座期；包心前期＜包心中期＞包心后期。从这个结果可以看出不溶态氮的流失在莲座期和包心中期都比苗期和包心前期要多，而苗期和包心前期均为施肥的生长期。因此我们可以得出这样的结论，流失的不溶态氮的含量相对于施肥措施，会有一个滞后期，然后会随着时间的增长在后来的生长期内渐渐减少。

相同雨强下，包心中期内，不溶态氮流失量占总氮的比例比在包心后期要多。这是因为包心后期高的植被覆盖度可以阻止土壤侵蚀，减缓径流的流速，增加氮的溶解时间，所以不溶态氮的比例下降。

7.1.5 白菜整个生长周期内氮的流失量

白菜生长周期内的总径流量，TN、NO_3^--N 和 NH_4^+-N 的总含量均是通过把 5 个生长期内的数据相加得来。生长周期内 TN、NO_3^--N 和 NH_4^+-N 的平均浓度通过用总含量除以总的径流量计算得来，详见表 7-6。

表 7-6　Ⅰ，Ⅱ两组白菜生长周期内径流的总体积、氮流失的总含量和氮流失的平均浓度

降雨分组	坡度/(°)	径流量/L	平均浓度/(mg/L)			总含量/mg		
			TN	NO_3^--N	NH_4^+-N	TN	NO_3^--N	NH_4^+-N
Ⅰ	14	57.52	4.79	2.92	1.09	275.76	168.02	62.46
Ⅱ	21	95.67	4.66	2.79	0.95	446.06	266.86	90.45
Ⅱ/Ⅰ	1.5	1.66	0.97	0.96	0.87	1.62	1.59	1.45

表 7-6 表明Ⅱ组 21°条件下，总径流量和氮流失总量都比Ⅰ组 14°坡度条件下要多。虽然这些指标在 5 个生长期内都有不同的变化趋势，Ⅰ组和Ⅱ组内的各生长期的顺序也不相同，但是这些指标在白菜生长周期内的总量都是随着坡度增加而增加的。

根据Ⅱ组数据对Ⅰ组数据的比率，总径流量和总含量都随着坡度增加而呈现不同的增加趋势。Ⅱ组内总径流量和 TN、NO_3^--N 和 NH_4^+-N 的总量分别增加至 1.66 倍、1.62 倍、1.59 倍和 1.45 倍，这些增加比率都低于坡度的增加比率 1.66 倍。TN、NO_3^--N 和 NH_4^+-N 的平均浓度分别降低至 0.97 倍、0.96 倍和 0.87 倍。

因此我们得出，白菜生长周期内，氮流失总量与坡度和径流量的都呈正相关，但是和氮流失的平均浓度与坡度和径流量呈负相关。根据观察，有两种径流产生方式。坡度增加有利于超渗产流的发生，也就是入渗速度低于雨强。虽然包括 NO_3^--N 和 NH_4^+-N 在内的可溶性氮是径流中总氮的主要形态，Ⅱ组内总氮减少低于可溶性氮减少。这是因为没有足够的时间来溶解氮到径流中去，所以产生了更多的残留态氮。也就是说，坡度较陡会导致径流流速加快，更多的氮被降雨侵蚀进入径流，因此大雨强通常导致更多的氮从农田流失，但是不导致高浓度的氮进入水体。

Ⅱ组中，NO_3^--N 的平均浓度是 2.79mg/L，低于Ⅰ组中 NO_3^--N 的平均浓度 2.92mg/L。NO_3^--N 占 TN 的比例是 0.599，低于Ⅰ组。因此可以总结出陡的坡度可以导致 NO_3^--N 和 NH_4^+-N 的浓度都降低。Ⅰ组和Ⅱ组相比，NO_3^--N 的降低幅度低于 NH_4^+-N，也就是说，NO_3^--N 占 TN 的比例增加了。我们可以总结出，缓坡度有利于增加 NO_3^--N 和 NH_4^+-N 的浓度，以及 NO_3^--N 占 TN 的比例。累积的 NO_3^--N 可以导致 NO_3^--N 对水体和蔬菜的污染，这对身体健康十分有害。

根据上述讨论结果，缓坡的白菜地会导致径流中 NO_3^--N 和 NH_4^+-N 的高浓度，和 NO_3^--N 占 TN 的高比例。因此我们需要在缓坡白菜地更多地关注 NO_3^--N 污染。

7.1.6 结论

氮的流失对环境的危害一方面是引起土壤肥力的退化，另一方面是引起水体富营养化的加剧，因此明确径流中氮流失的规律十分有必要，本节在对模拟降雨数据分析的基础上，获得了以下结论。

(1) 坡度增加会引起土壤硝态氮流失的增加，但是硝态氮浓度不会增加。坡度对含量的影响大于对浓度的影响，同时，硝态氮含量的流失规律与径流量的流失规律表现一致。莲座期、包心前期和包心中期内的硝态氮含量都是随着时间延长而呈现增加趋势，而在苗期和包心后期内的硝态氮含量的变化规律平稳。坡度 14°情况下，包心前期的硝态氮流失量比坡度 21°要高很多。可以得出，相对于陡坡地，施肥会给缓坡地带来更大的流失影响。

(2) 苗期的氨态氮流失量最低，植被覆盖度对于径流中氨态氮的流失而言，是非常重要的。5 个生长期的氨态氮流失量顺序排列为包心后期＞包心中期＞包心前期＞莲座期＞苗期，白菜对氮的吸收并不能明显影响氨态氮的流失。在场降雨过程中，缓坡地有利于氨气的释放，但是不利于 NH_4^+-N 的流失。场降雨过程中，高的植被覆盖度不利于反硝化作用，从而增加 NH_4^+-N 的流失量。

(3) 氨态氮的含量随生长期的推后而上升，硝态氮的含量随着生长期的推后而下降。流失的可溶性氮占流失总氮的比例在坡度 14°时要高于在坡度 21°时。包心期内雨强较大，这期间流失掉的不溶态氮比例比在低雨强条件下的苗期和莲座期高。缓坡菜地的氮流失量较低，但是缓坡利于增加总氮，硝态氮和氨态氮的浓度和硝态氮占总氮的比例。在此研究结果的基础上，我们需要更加关注缓坡白菜地的硝态氮污染。

7.2 坡度、雨强和植被覆盖特征背景下的坡地土壤磷素流失

土壤中磷流失的主要途径是径流。红壤坡地径流中磷的形态及径流中磷的总浓度均关系到流域水质的好坏。随坡面径流流失的磷素可分为溶解态磷 (DP) 和颗粒态磷 (PP)，一般用 0.45μm 的硝酸-乙酸纤维滤膜来分离这两种形态的磷。当径流流经表层土壤时，不仅会通过侵蚀作用搬运细粒的土壤颗粒和轻质的有机物质，还会溶解各种形态的无机磷和有机磷。DP 主要来自土壤、作物和肥料的释放，主要以正磷酸盐的形式存在，可被植物直接吸收利用；PP 包括含磷矿物、含磷有机质和被吸持在土壤颗粒上的磷，在一定条件下可以溶解、解吸，成为 DP 的潜在补给源。

土壤的含磷量及农业活动中的施肥是直接影响到径流中磷的形态和浓度的重要因素，随着施肥天数的增加，越往后面的降雨，其径流中总磷 (TP) 浓度和 DP 比例越下降。例如，施肥后 12d 和 29d 的降雨径流中，DP 占 TP 的比例分别为 46.77%和 21.88%，磷的形态由以 DP 为主转为以 PP 为主。

雨强、坡度和植被覆盖度等影响因子通过影响径流过程，从而影响磷的流失。

7.2.1　试验设计

试验设计的土槽和降雨设备同 7.1.1 节中试验设计，雨强、坡度和降雨场次如表 7-7 所示。

表 7-7　试验中的降雨设计

试验分组	降雨编号	生长期	坡度/(°)	雨强/(mm/h)	降雨日期	植被覆盖度/%
A	A-S	苗期	11	78	第 3 天	15
	A-R	莲座期	11	78	28th	42
	A-A	包心前期	11	78	43th	83
	A-M	包心中期	11	78	58th	90
	A-P	包心后期	11	78	73th	96
B	B-S	苗期	11	132	第 3 天	14
	B-R	莲座期	11	132	28th	48
	B-A	包心前期	11	132	43th	79
	B-M	包心中期	11	132	58th	93
	B-P	包心后期	11	132	73th	98
C	C-S	苗期	25	78	第 3 天	13
	C-R	莲座期	25	78	28th	38
	C-A	包心前期	25	78	43th	83
	C-M	包心中期	25	78	58th	92
	C-P	包心后期	25	78	73th	99

7.2.2　不同生长期内 TP 流失特征

以 B 组和 C 组的数据为例，对 TP 随降雨时间的流失过程进行分析。图 7-5 是 B 组的雨强下，5 个生长期的 TP 流失量随降雨时间变化的累积量和浓度趋势线。

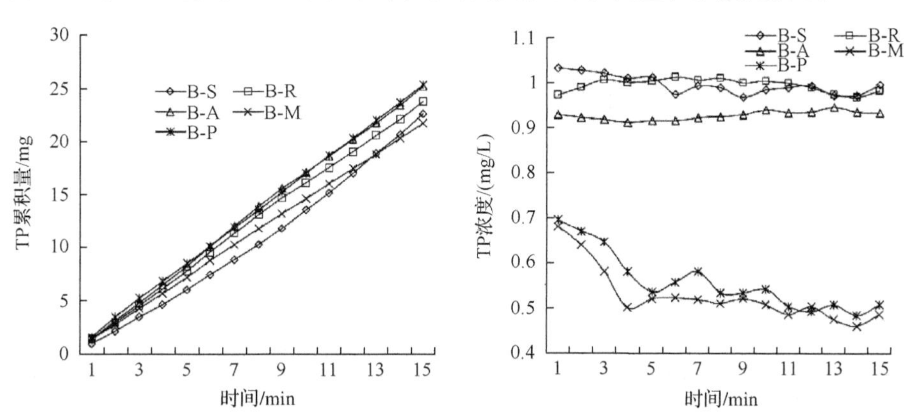

图 7-5　B 组 5 个生长期的 TP 随降雨时间变化的累积流失量和浓度趋势线

综合 5 个生长期，在整个降雨过程中，TP 的累积量绝对值范围从 21.7～25.35mg，浓度范围从 0.528～0.996mg/L。从各生长期内分别来看，TP 的累积含量没有明显的差别，但是浓度有很明显的差别。5 个生长期按照浓度的大小排序为苗期＞莲座期＞包心前期＞包心后期＞包心中期。

图 7-6 是 C 组 5 个生长期的 TP 随降雨时间变化的累积流失量和浓度趋势线。

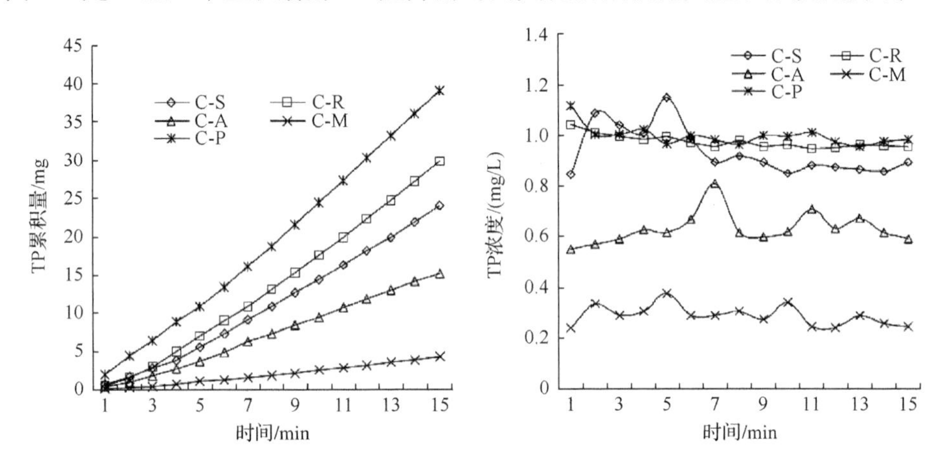

图 7-6　C 组 5 个生长期的 TP 随降雨时间变化的累积流失量和浓度趋势线

综合 5 个生长期，在整个降雨过程中，TP 的累积量绝对值范围从 4.24～39.03mg，平均浓度范围从 0.29～0.998mg/L。从各生长期内分别来看，TP 的累积含量有很明显的差别，浓度也有很明显的差别。5 个生长期按照累积量的高低来排序，如下：包心后期＞莲座期＞苗期＞包心前期＞包心中期。按照浓度的大小来排序，如下：包心后期＞莲座期＞苗期＞包心前期＞包心中期。在苗期和包心前期都有施肥记录，但是流失浓度较高的却是莲座期和包心后期。

与 C 组相比，B 组中 5 个生长期的 TP 的累积流失量和浓度都在一个很窄的范围内。这可以解释为大雨强对整个降雨过程从开始到结束，其作用力是相同的。也就是说在大雨强下，径流从降雨开始到结束的变化要比在小雨强下小。浓度的高低顺序基本上与植被覆盖度的大小顺序相反，这说明浓度在大雨强下只与植被覆盖度相关。

由于 TP 浓度是最高的，所以包心后期的 TP 累积含量也是最高的。较低的植被覆盖度导致了较强的径流和较多的累积量，所以植被覆盖度最低的苗期比包心前期的累积量要高，而包心前期又比包心中期要高。

生态系统中储备的 TP 都是跟以 PP 形式结合的，因为它更倾向于以固相存在。另外，磷的迁移的主要模式是受限于径流的(Sharpley，1994)。相比于植物对它的需要，磷在自然界中的含量相当稀少，因此磷的流失不仅是对水环境的污染，更是对土壤肥力退化的加剧。

7.2.3　不同生长期内可溶性磷流失特征

根据水平对流-分散模型(advection dispersion model)，磷从土壤表层到地表径流的大量迁移主要是有以下几种途径：①土壤水分运动导致的土壤缝隙中可溶性磷扩散到地表径流；②磷从土壤颗粒上通过解吸附作用进入地表径流；③固相磷溶解进入土壤水或地表径流；④固相磷被水力冲刷，随后迁移、溶解。

在径流泥沙中可溶性磷在水沙界面的移动，受径流中磷浓度和泥沙磷吸附量平衡的影响，磷在水沙界面的平衡运动可分为初期的快速的物理吸附解吸和随后的缓慢的化学吸附解吸过程。这些可以明显地降低溶液中磷的浓度和磷的移动性。可溶性磷流失主要影响白菜对磷的吸收，降低产量。

在白菜生长周期内，吸收养分(包括氮、磷和钾)的峰值在莲座期、包心前期和包心中期。白菜在这三个生长期内生长得最快，在包心后期慢慢降下来。在包心后期对养分的吸收虽然减少，但是仍然多于在苗期的吸收量。

以 B 组和 C 组的数据为例，对可溶性磷随降雨时间延长的流失过程进行分析。通过把同组的不同生长期内的降雨过程中，磷的流失量随降雨时间延长的变化趋势绘于同一图上，比较 5 个不同的生长期内的可溶性磷含量在降雨过程中的趋势和规律，分别见图 7-7(B 组)和图 7-8(C 组)。

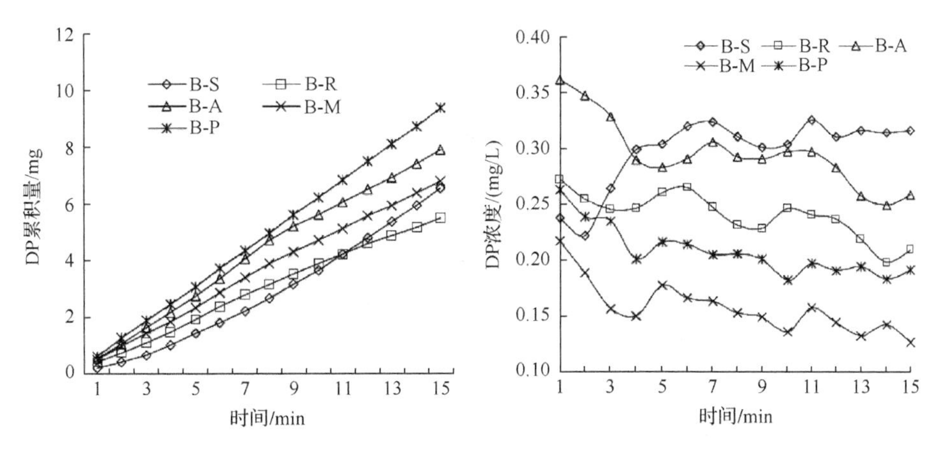

图 7-7　B 组 5 个生长期的可溶性磷流失量随降雨时间变化的累积量和浓度趋势线

图 7-7 是 B 组 5 个生长期的可溶性磷随降雨时间变化的累积流失量和浓度趋势线。综合 5 个生长期，在整个降雨过程中，可溶性磷的累积量绝对值范围从 5.48～9.37mg，平均浓度范围从 0.157～0.298mg/L。从各生长期内分别来看，可溶性磷的累积含量有很明显的差别，浓度也有很明显的差别。5 个生长期按照累积量的高低来排序，如下：包心后期＞包心前期＞包心中期＞莲座期＞苗期。按照浓度的大小来排序，如下：苗期＞包心前期＞莲座期＞包心后期＞包心中期。场降雨过程中，磷流失的浓度在各个生长期内都是随着降雨时间延长而降低的。大雨强和高坡度条件下，可溶性磷的累积流失量的绝对值相对集中在很窄的范围内。

图 7-8 是 C 组 5 个生长期的可溶性磷流失量随降雨时间变化的累积量和浓度趋势线。综合 5 个生长期，在整个降雨过程中，可溶性磷的累积量绝对值范围从 2.47～9.04mg，平均浓度范围从 0.17～0.235mg/L。从各生长期内分别来看，可溶性磷的累积含量有很明显的差别，浓度差别相对较小。5 个生长期按照累积量的高低来排序，如下：包心后期＞莲座期＞苗期＞包心前期＞包心中期。按照浓度的大小来排序，如下：包心后期＞莲座

期>苗期>包心前期>包心中期。

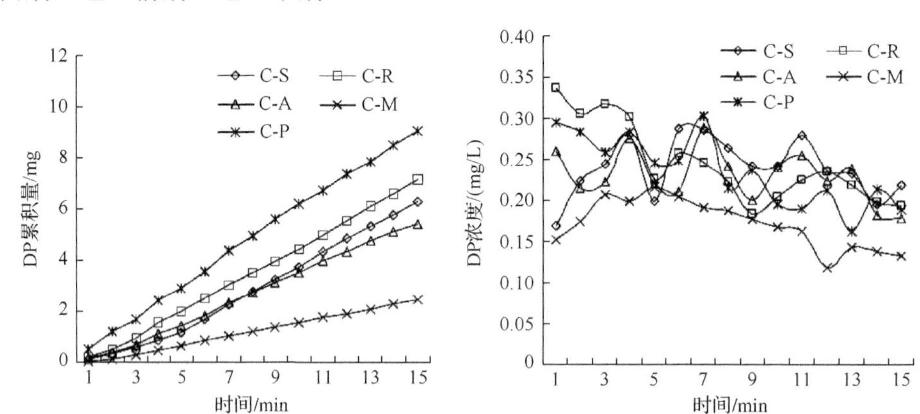

图 7-8 C 组 5 个生长期的可溶性磷流失量随降雨时间变化的累积量和浓度趋势线

径流中可溶性磷的流失主要受径流量和径流流速的影响。与图 7-5 相比，可溶性磷的浓度规律与 TP 不同，苗期和莲座期的可溶性磷流失量比其他生长期都高，其中，苗期又比莲座期要高，因为苗期的植被覆盖度较低。包心后期的累积流失量的绝对值在所有生长期里是最大的，这可能是因为土壤在经过两次施肥后，含磷本底增加，导致包心后期的可溶性磷浓度最大。

B 组中，苗期内可溶性磷的浓度的绝对值是所有生长期内最高的，这是因为苗期较低的植被覆盖度和较高的土壤流失。磷流失之所以受土壤流失量的影响是因为土样磷的形态多与土壤颗粒结合在一起。与 C 组相比，莲座期、包心前期和包心中期都只有很小的变化，即使是在不同的坡度和雨强条件下。而可溶性磷的流失累积量的绝对值在包心后期却比 C 组大得多。所以，可以说，雨强越大，在包心后期对可溶性磷的流失影响就越大。这是因为包心后期的植被覆盖度较大，能够减缓径流流速，降低物理性的土壤侵蚀，加速磷的溶解。

土壤中的不溶性磷的平衡不是瞬间的，最初的吸附反应是迅速的和可逆的，但是次级反应进行缓慢，需要降雨等过程，这些反应能明显减少溶液中磷的浓度和磷的迁移率。可溶性磷的流失主要影响白菜对磷的吸收及降低作物产量。

7.2.4 产沙量及 PP 的流失特征

由于磷在固相时具有很强的亲和性，所以生态系统中储存的磷大部分都以固相存在。另外，磷迁移的主导模式受限于径流。本研究中，PP 是地表径流中磷流失的主导形态。地表径流中磷流失主要取决于泥沙。因此研究 PP 和泥沙之间的相关性十分必要。

我们通过分别把 TP 和 DP 的浓度与径流量相乘，得出 TP 和可溶性磷的含量。然后，TP 含量减去 DP 的含量即得 PP 含量。

图 7-9 是产沙量和 PP 含量随着生长期变化的变化规律。

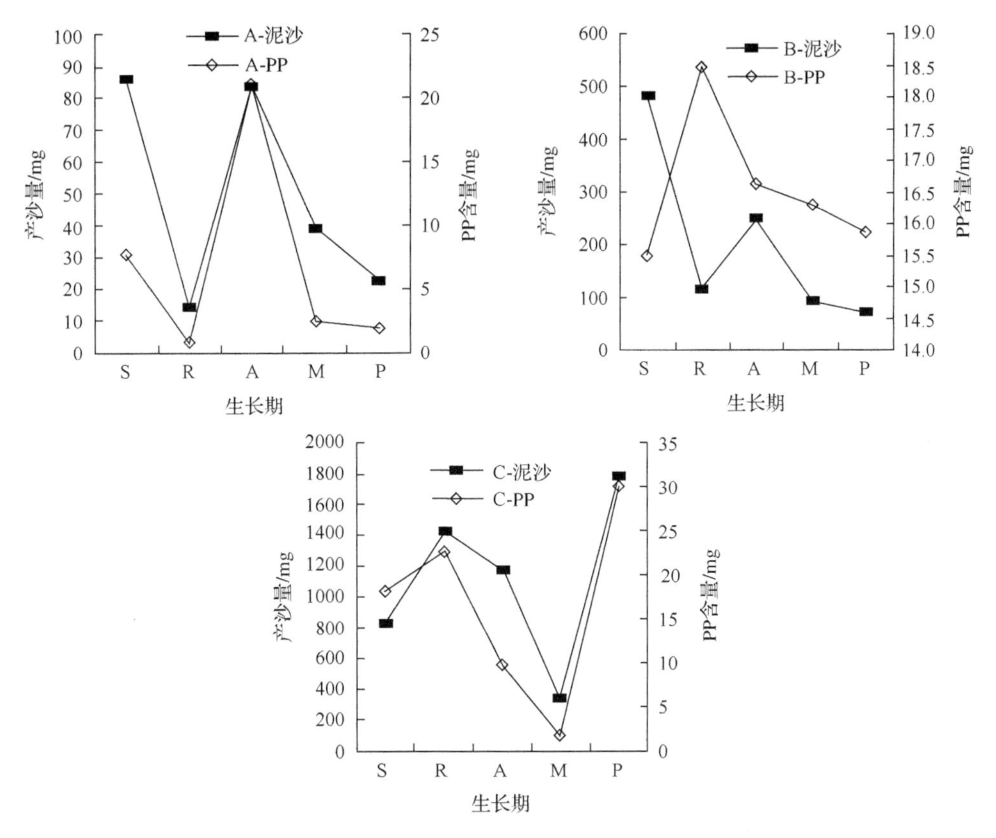

图 7-9　单场降雨的总泥沙量和总的 PP 含量随白菜生长的变化曲线

从图 7-9 中可以看出径流中产沙量和 PP 含量随着白菜生长，变化趋势一致。众所周知，磷在土壤中非常难移动，它主要的流失方式是附着在土壤黏粒上，被地表径流从土壤中带走。它的主要流失形态是 PP。产沙量和 PP 的相关性强于与可溶性磷的相关性，因为 PP 总是附着在土壤颗粒上，而径流水中可溶性磷主要来源于地表土壤中磷的解吸。因此，很明显，产沙量越多，附着在泥沙颗粒上的 PP 也就越多。

图 7-9 中的结果表明，地表径流中 PP 的流失和泥沙变化趋势一致。这是因为，通常，泥沙颗粒上附着着 PP，当泥沙静止时，PP 随泥沙沉淀，不引起水中磷浓度的增加。当有外力扰动径流泥沙时，PP 被释放，引起水体中 PP 的增加，从而增加了水体中 TP 的浓度。在本试验的模拟降雨过程中，大雨强通过增加径流流速来增加土壤释放 PP 的数量。据此，我们得出，径流流速越快，产沙量越多，径流水中 PP 含量越多。径流中 PP 是可溶性磷的潜在补给源，后者可以直接被藻类利用。

另外，在 Turnbull 对“坡地径流侵蚀和营养流失评价模型”(model for assessing hillslope to landscape erosion runoff and nutrients，Mahleran)的研究中指出，因为 PP 分模型严重倚赖于模拟的侵蚀率，PP 分模型的表达取决于 Mahleran 的侵蚀分量的表达，因此 PP 分模型既表达了侵蚀，同时也表达了 PP 的迁移(Turnbull et al.，2010)。

综上得出，径流中 PP 的流失与产沙量密切相关，泥沙是水体中磷的潜在污染源。

7.2.5　白菜生长周期内磷素的流失量

白菜生长周期内的总径流量，TP、DP 和 PP 的总量，总产沙量都通过把 5 个生长期内的值求和所得。白菜生长周期内的 TP 和 DP 的平均浓度通过总含量除以总径流量得出。详见表 7-8。

表 7-8　白菜生长周期内的总径流量、TP 流失量和总产沙量，以及 A、B、C 三组之间的比较分析

试验分组	坡度/(°)	雨强/(mm/h)	径流量/L	平均浓度/(mg/L)		总含量/mg			总产沙量/g
				TP	DP	TP	DP	PP	
A	11	78	117.69	0.51	0.23	60.47	26.69	33.78	244.13
B	11	132	174.34	0.68	0.21	118.8	36.01	82.79	1011.14
C	25	78	135	0.83	0.22	112.23	30.35	81.88	4814.44
B/A	1	1.69	1.48	1.33	0.91	1.96	1.35	2.45	4.14
C/A	2.27	1	1.15	1.63	0.96	1.86	1.14	2.42	19.72

表 7-8 表明，大雨强条件下的 B 组中，除了 DP 的浓度，其他所有指标的值都大于 A 组，虽然 5 个生长期内这些指标的变化趋势不同，A 组和 B 组中 5 个生长期的顺序也不同，白菜生长周期内除 DP 浓度的其他指标的总量都是随着雨强增大而增加的。

这些指标在 B 组与 A 组之间的比率表明，随着雨强增大，不同指标的增大比率也不同。产沙量的增加比率最大，达 4.14 倍，而 DP 平均浓度减少至 0.91 倍。B 组中径流量、TP 平均浓度、DP 的总含量分别增加至 1.48 倍、1.33 倍和 1.35 倍，这些增加比例都低于雨强的增加比率 1.83。TP 和 PP 的总含量，总产沙量分别增加至 1.96 倍，2.45 倍和 4.14 倍，这些增加比率都高于雨强的增加比率。

也就是说，雨强增加对 TP 和可溶性磷的浓度的影响小于对 TP 和可溶性磷的含量的影响。这是因为，雨强利于径流量的增加，而且作用效果显著强过其他因素如坡度和植被覆盖度。另外，雨强导致径流中产沙量增加，其包含大部分 PP，因此 TP(包括可溶性磷和 PP)含量的增加比可溶性磷的增加还要多。径流增加导致了可溶性磷浓度降低和可溶性磷的含量增加。

这些指标在 C 组与 A 组之间的比率表明，随着坡度增大，不同指标的增大比率也不同。产沙量的增加比率最大，达 19.72 倍，而可溶性磷浓度减少为 0.96 倍。C 组中径流量、TP 平均浓度、可溶性磷的平均浓度、TP 和可溶性磷的总含量分别增加至 1.15 倍、1.63 倍、0.96 倍、1.86 倍和 1.14 倍，这些增加比例都低于坡度的增加比率 2.27。PP 的总含量和总产沙量分别增加至 2.42 倍和 19.72 倍，这些增加比率都高于坡度的增加比率。

也就是说，坡度增加对 TP 和可溶性磷的影响小于对 PP 的。根据观察，前面讨论过的两种径流的形成方式影响 PP 流失非常明显。坡度增加有利于第二种径流形成方式的产生。因此泥沙和 PP 的比率增加最大。

A、B 和 C 三组中，PP 占 TP 的比例分别是 55.86%、69.69%和 72.96%，均大于可溶性磷的比例。也就是说，雨强增加和坡度变陡导致磷流失量的增加，尤其是 PP。

综上考虑，大雨强和坡度下的白菜地，将导致更多磷流失，尤其是 PP。PP 是水文地球化学圈的一部分，极容易引起水体的潜在污染。在苗期和莲座期内，我们应该多注意控制泥沙流失量，这与 PP 关系密切。

7.2.6 PP 素流失的影响因素

影响因素中，雨强、坡度、植被覆盖度和土壤前期含水量都是自变量因素，它们通过影响径流产流时刻、泥沙含量、产沙量及径流系数来最终影响 PP 流失模数和 PP 占 TP 的比例。因此针对自变量因素对磷流失的不同影响程度的分析具有重要意义。

选取了 12 场降雨试验，采用 DPS 统计分析软件，进行多因素分析，确定每个影响因素的不同重要性。本试验的主要目标是确定径流中 PP 占 TP 的比例最主要的影响因素。

PP 流失模数可以由式(7-1)得出。

$$M_{PP} = \frac{C}{S \times T} \tag{7-1}$$

式中，M_{PP} 为 PP 流失模数[mg/(m^2·h)]；C 为径流中 PP 含量(mg)；S 为试验槽的面积(m^2)；T 为降雨时长(h)。

径流系数由式(7-2)计算得来。

$$C_R = \frac{V_R}{P} \tag{7-2}$$

式中，C_R 为径流系数；V_R 为每场降雨的径流总量(L)；P 为每场降雨的雨量(L)。

各影响因素、PP 流失模数和 PP 占 TP 的比例见表 7-9。

表 7-9　降雨设计中的各自变量因素及 PP 流失模数和 PP 占 TP 的比例

	1	2	3	4	5	6	7	8	9	10	11	12
坡度/(°)	11	11	11	11	11	11	25	25	25	25	25	25
雨强/(mm/h)	78	78	78	96	132	132	78	60	78	78	102	102
植被覆盖度/%	83	42	15	20	48	14	38	60	83	92	30	80
土壤前期含水量/%	14.86	21.98	14.24	16.39	9.78	22.96	30.30	20.07	15.30	20.60	14.91	19.34
产沙量/g	14.01	82.81	86.03	98.24	477.60	119.01	830.03	1175.14	340.58	1782.58	1677.42	1422.10
含沙量/(g/L)	2.49	2.59	4.20	4.37	21.60	4.94	31.97	49.56	23.00	45.46	57.31	39.97
径流系数	0.09	0.49	0.51	0.48	0.34	0.34	0.87	0.76	0.49	0.83	0.57	0.68
产流时刻/min	9.12	5.87	3.83	5.92	4.93	2.07	1.83	1.05	1.73	5.00	1.17	1.58
PP 流失模数/[mg/(m^2·h)]	0.01	0.30	0.19	0.06	0.39	0.54	0.51	0.29	0.05	0.75	0.51	0.78
PP/TP	0.67	0.77	0.58	0.36	0.71	0.77	0.76	0.64	0.42	0.77	0.67	0.75

为了便于相关性分析，将表 7-9 中的各因素命名为 x_1 为坡度，x_2 为雨强，x_3 为植被覆盖度，x_4 为前期土壤含水量，x_5 为产沙量，x_6 为泥沙含量，x_7 为径流系数，x_8 为径流产流时刻，x_9 为 PP 流失模数。

基于表 7-9 的试验数据，利用 SPSS16.0 处理得出各因素影响程度的显著水平。

各因素对 PP 占 TP 比例的影响性显著水平见表 7-10。由表可知，PP 流失模数(x_9)对 PP 占 TP 比例的影响性水平是 0.0094，达到了极显著。因素组合中，前期土壤含水量(x_4)和 PP 流失模数(x_9)的组合其影响水平是 0.0097，也达到了极显著水平。雨强(x_2)和 PP 流失模数(x_9)的组合其影响水平也达到了显著。结果表明影响因素中，前期含水量和雨强能够加强 PP 流失模数和 PP 占 TP 比例之间的相关性。单一改变影响因素不能很明显地改变 PP 占 TP 的比例。

表 7-10　各影响因素对 PP 占 TP 比例的显著性水平

影响因素及其组合	x_1	x_2	x_3	x_4	x_5	x_6	x_7	x_8	x_9	$x_2 \times x_9$	$x_4 \times x_9$	$x_7 \times x_9$
显著性	0.783	0.442	0.438	0.154	0.266	0.469	0.583	0.865	0.009	0.023	0.010	0.039

各因素对 PP 流失模数的影响性显著水平见表 7-11。表中数据表明产沙量(x_5)和泥沙含量(x_6)对 PP 流失模数的影响都达到了显著性水平，但是没有自变量因素。包含自变量因素的组合是雨强和坡度($x_1 \times x_2$)，雨强和植被覆盖度($x_2 \times x_3$)，雨强和前期土壤含水量($x_2 \times x_4$)，植被覆盖度和前期土壤含水量($x_3 \times x_4$)，其中大部分组合都包括雨强。

表 7-11　各影响因素对 PP 流失模数的显著性水平

影响因素及其组合	x_1	x_2	x_3	x_4	x_5	x_6	x_7	x_8	$x_1 \times x_2$
显著性	0.1247	0.1386	0.0715	0.1925	0.0064	0.0454	0.0538	0.1461	0.0017
影响因素及其组合	$x_1 \times x_5$	$x_1 \times x_7$	$x_2 \times x_3$	$x_2 \times x_4$	$x_2 \times x_5$	$x_2 \times x_6$	$x_2 \times x_7$	$x_3 \times x_4$	$x_3 \times x_5$
显著性	0.0093	0.05	0.0064	0.0271	0.003	0.0132	0.0003	0.0248	0.0066
影响因素及其组合	$x_3 \times x_6$	$x_3 \times x_7$	$x_4 \times x_5$	$x_4 \times x_6$	$x_5 \times x_6$	$x_5 \times x_7$	$x_5 \times x_8$	$x_6 \times x_7$	$x_6 \times x_8$
显著性	0.0258	0.0241	0.0043	0.031	0.0221	0.0064	0.027	0.0317	0.0482

雨强影响径流主要是取决于雨滴直径和雨滴动能。在降雨过程中，雨滴的击打会导致土壤坡面的紧实。一般情况下，土壤团聚体的裂开会使土壤表层生成密封层，风干后，表层的密封层便会形成结皮，结皮的产生降低了土壤表层的粗糙度，增加了径流量。结皮还能减少入渗量，可以提高径流的流速，降低径流在坡面的停留时间(Kirkby，2001)。这样，很明显地就可以知道，雨强越大，径流模数也越大。

各影响因素对产沙量的影响水平见表 7-12。表 7-12 表明坡度(x_1)和泥沙含量(x_6)对产沙量的影响都达到了极显著性水平，$P<0.01$。植被覆盖度(x_3)对产沙量的影响达到了显著性水平，$P<0.05$。影响产沙量的自变量因素包括坡度和植被覆盖度。坡度对径流产生影响主要是通过以下两种方式。第一种是雨水的重力在坡面方向上的剪切力可以加快径流的流速；二是坡度增加，降雨对地表的垂直作用力减小，即雨滴对地表的击溅作用减弱，结皮产生慢，径流增加速度也慢。从这些理论可以很明显地得出，坡度较陡的情况下，DP 流失变少，PP 流失变多。径流流速变慢有利于磷的溶解，因此出现上述结果。

表 7-12　各影响因素对产沙量的显著性水平

影响因素及其组合	x_1	x_2	x_3	x_4	x_5	x_6	x_7
显著性	0.0011	0.8454	0.0323	0.6182	0.0111	0.0001	0.1047
影响因素及其组合	$x_1 \times x_2$	$x_1 \times x_3$	$x_1 \times x_4$	$x_1 \times x_5$	$x_1 \times x_6$	$x_2 \times x_3$	$x_2 \times x_5$
显著性	0.0001	0.0075	0.0225	0.0001	0.0011	0.0357	0.0001
影响因素及其组合	$x_2 \times x_6$	$x_3 \times x_4$	$x_3 \times x_5$	$x_3 \times x_6$	$x_4 \times x_5$	$x_5 \times x_6$	$x_5 \times x_7$
显著性	0.0025	0.0366	0.0001	0.0041	0.0001	0.0001	0.0108

目前已经有很多研究证明增加植被覆盖度可以很好地控制水土流失，提高土壤质量。植被覆盖度影响径流的方式主要是通过减少雨滴的动能，拦截雨水，改变地表覆盖。雨滴动能减少，溅蚀起来的土壤颗粒就少，溶解进径流中的磷也减少。

各因素对泥沙含量的影响水平见表 7-13。由表可知，坡度(x_1)对泥沙含量的影响达到了极显著性水平，$P=0.0002<0.01$。产沙量(x_5)和泥沙含量(x_6)对泥沙含量的影响都达到了显著性水平，$P<0.05$。

表 7-13　各影响因素对泥沙浓度的显著性水平

影响因素及其组合	x_1	x_2	x_3	x_4	x_5	x_6	$x_1 \times x_2$
显著性	0.0002	0.9098	0.0607	0.7154	0.014	0.0319	0.0008
影响因素及其组合	$x_1 \times x_3$	$x_1 \times x_4$	$x_1 \times x_5$	$x_2 \times x_5$	$x_3 \times x_5$	$x_4 \times x_6$	
显著性	0.0125	0.0166	0.0007	0.0216	0.015	0.05	

在表 7-12 和表 7-13 的基础上，我们发现，坡度比其他自变量因素对泥沙的影响更大。与产沙量相比，径流系数和径流产流时刻都通过影响径流量来更多地影响了泥沙含量。这两个指标仍然是可变量，所以我们继续对其进行分析。

各因素对径流系数的影响水平见表 7-14。由表可知，坡度(x_1)对径流系数的影响达到了极显著性水平，$P=0.004<0.01$。前期土壤含水量(x_4)对径流系数的影响达到了显著性水平，$P<0.05$。植被覆盖度(x_3)也通过和坡度及前期土壤含水量(x_4)的组合对径流系数产生影响。

表 7-14　各影响因素对径流系数的显著性水平

影响因素及其组合	x_1	x_2	x_3	x_4	$x_1 \times x_3$	$x_1 \times x_4$	$x_3 \times x_4$
显著性	0.004	0.406	0.086	0.049	0.022	0.001	0.017

各因素对径流产流时刻的影响水平见表 7-15。表 7-15 表明坡度(x_1)对径流产流时刻的影响达到了显著性水平，$P=0.0176<0.05$。雨强(x_2)和前期土壤含水量(x_4)也都通过和坡度的组合对径流产流时刻产生影响。从表 7-14 和表 7-15 中，我们可以得出，坡度和前期土壤含水量对径流的影响均达到显著水平。

表 7-15　各影响因素对径流产生时刻的显著性水平

影响因素及其组合	x_1	x_2	x_3	x_4	$x_1 \times x_2$	$x_1 \times x_4$
显著性	0.0176	0.8142	0.3095	0.3342	0.0436	0.0472

根据以上的结果和讨论，我们发现以下几点。

(1) 各因素影响指标的因果顺序为径流系数/径流产生时刻→泥沙含量→产沙量→PP 流失模数→PP 比例。坡度是影响产沙量最重要的因素。径流产生时刻和径流系数都是描述磷流失过程的关键指标。影响因素通过影响径流产生时刻和径流系数来影响磷流失的特征。

(2) 影响径流系数的因素的顺序为坡度＞前期土壤含水量＞雨强＝植被覆盖度。影响径流产流时刻的因素的顺序为坡度＞前期土壤含水量＝雨强＝植被覆盖度。前期土壤含水量是第二影响因素。

(3) 植被覆盖度影响径流系数，而雨强主要影响径流产流时刻。

(4) 坡度和土壤前期含水量影响径流，而径流和泥沙的关系密切。坡度和植被覆盖度对产沙量的影响多于其他因素，然后产沙量影响了 PP 流失模数，同时，PP 流失模数也受雨强的影响。所以这些自变量因素对 PP 占 TP 的比例及 PP 流失模数的影响程度顺序可以总结为雨强＞坡度＞植被覆盖度＞前期土壤含水量。

7.2.7 结论

坡地菜园里，降雨通过增加径流来增加磷的流失。结合作物生长周期对磷的流失过程进行研究对于控制肥料流失和制定更加有效地减少水污染的措施是极其有意义的。本研究关于影响因素如雨强、坡度和植被覆盖度与磷流失之间的结论如下所示。

(1) 从各生长期来看，不论是增加了雨强还是坡度，都将使得各生长期径流量的差异减小。综合来看，径流峰值均出现在包心期，但在大坡度和大雨强情况下，径流量的峰值会向后推移一个生长期。

(2) 在所有的生长期内，磷的累积量有各自不同的规律，但是浓度都是随着降雨时间延长而降低的。坡度比雨强对 PP 流失的影响要大。TP 流失量里 70%是 PP。试验发现，有两种径流形成方式和磷在径流中的形态密切相关。一种是超渗产流，容易导致 PP 的流失，通常容易发生在苗期和莲座期。一种是蓄满产流，容易导致可溶性磷的流失，通常容易发生在包心期内。

(3) TP 和可溶性磷的流失都是随着雨强和坡度的增加而增加。较小的植被覆盖度有利于 TP 的流失，而较大的植被覆盖度有利于可溶性磷的流失。植被覆盖度是对磷流失影响最大的因素，其次是坡度，最后是雨强。

(4) 基于本研究，白菜地表径流水中流失的 PP 与泥沙的关系密切，两者的变化趋势保持一致。白菜的生长周期内，增加的雨强和坡度会导致磷流失的增加，尤其是 PP。增大的雨强，对 TP 和可溶性磷浓度的影响小于对含量的影响；增加的坡度对 TP 和可溶性磷的影响小于对 PP 的影响。

(5) 径流中 PP 的流失与 TP 流失相比，有更加特别的意义。坡度和前期土壤含水量影响了径流，而径流和产沙量有着很密切的关系。坡度和植被覆盖度与产沙量之间有比其他因素更密切的关系。产沙量影响了 PP 流失模数，同时雨强也影响了 PP 流失模数。所以影响 PP 比例和 PP 流失模数的因素的顺序是雨强＞坡度＞植被覆盖度＞前期土壤含水量。

7.3　坡长和雨强对氮素流失影响的模拟降雨试验研究

目前，针对坡长、雨强这两个影响因素的组合研究较少的情况，本研究采用室内人工模拟降雨的方法对坡长和雨强这两个因子展开研究，通过测定降雨过程坡面径流中各形态氮素的流失量，获得坡面径流携氮素流失的动态曲线，并深入探讨坡长和雨强对氮素流失变化规律的影响机理，以期为区域水体富营养化污染控制提供数据支撑和科学依据。

7.3.1　试验设计与过程

模拟降雨试验于 2011 年 9 月至 2015 年 9 月在浙江大学紫金港校区的人工智能玻璃温室内进行。试验采用 2 组木质的径流槽，每组包含槽长分别为 2m、3m、4m、5m 的 4 个径流槽，槽宽 0.5m，高 0.5m，坡度统一设置为 20°。试验土槽填充的土壤取自浙江省临安市郊外弃荒地，土壤类型为红壤，土壤容重 1.45g/cm^3，土壤 pH 为 4.50，土壤 TN、TP 含量分别为 0.54g/kg、0.15g/kg，土壤 NO_3^--N、NH_4^+-N 含量分别为 21.54mg/kg、4.77mg/kg。装土前，在槽底垫 5cm 厚的细砂，并铺上透水纱布，以保证土壤的透气透水性接近天然状况，然后根据野外土壤含水量、填土体积和容重在纱布之上逐层填入 45cm 厚的试验土壤，土槽的边缘要用力压实。土槽装填完成后静置 1 个月，使槽内土壤沉实到接近自然状态，用环刀法测定槽内土壤容重，接近自然状态下的容重方可进行人工模拟降雨试验。每次降雨前测定土壤前期含水率，其目的是保证每次试验的前期土壤含水量基本一致。试验土壤表面没有植被覆盖，以避免植物生长状况带来的影响，径流槽下端设置有边缘高 5cm 的集水槽便于收集径流及泥沙。模拟降雨装置采用压控式双向侧喷式人工模拟降雨装置，雨强控制在 0.5～2.0mm/min，降雨高度约 6m，共计进行 13 场降雨，其中有效降雨 10 场。每次降雨试验前，在土槽周边安置 35 个降雨标定桶（直径：85mm，高：200mm），通过反复率定，使雨强达到设计雨强，而且降雨均匀度达到 85%以上。

每次降雨试验过程中，记录开始产流时间，产流后每隔 2min 采集一次径流泥沙样，自产流开始持续 30min，共采集 15 个径流样品。每场降雨收集的径流样品，在室温 25℃下静置 4～5h 进行沉淀，待沉淀后测量泥沙量，并取上清液立即送回实验室进行养分含量测定，主要测定指标有总氮（TN）（参照 GB11894—89 的碱性过硫酸钾消解-紫外分光光度法）、硝态氮（NO_3^--N）（参照 GB11894—89 的经滤膜后紫外分光光度法）、氨态氮（NH_4^+-N）（参照 GB/T8538—1995 的靛酚蓝比色法）。

7.3.2　坡长对各形态氮素流失浓度的影响

本试验是以不同的坡长（2m、3m、4m、5m）和不同雨强（0.5～2.0mm/min）为两个发生条件，在进行的 13 场降雨试验中，重点分析 10 场有效人工模拟降雨试验，以研究径流中 TN、NO_3^--N 和 NH_4^+-N 的流失变化特征。

地形因素是影响土壤氮素流失的重要因素，主要包括坡度和坡长两方面。目前关于坡度的试验研究较多，本试验着重讨论坡长对坡面径流中各形态氮素流失特征的影响。

现阶段，对径流中养分流失浓度的研究分析多为针对单场降雨试验，代表性与重现性存在一定问题。本试验针对这一问题，将每场降雨同一坡长、同一时刻的各形态氮素的浓度进行了分析，其离差系数较小，说明雨强对氮流失浓度的影响不明显。基于此，考虑遵循大数据分析的原理，为综合研究坡长因子对径流中各形态氮素流失浓度的影响，取 10 场人工模拟降雨中各坡长坡面径流中各形态氮素浓度与径流量，计算得到各形态氮素流失的平均浓度在降雨试验过程中的动态特征，点绘得图 7-10。

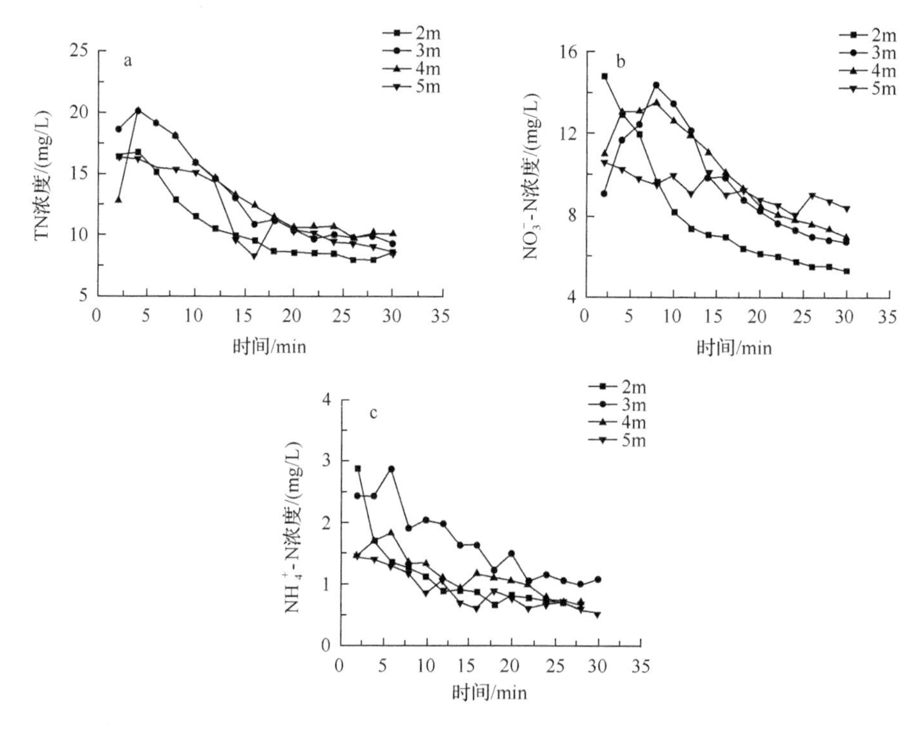

图 7-10　不同坡长下径流中 TN、NO_3^--N、NH_4^+-N 平均浓度随时间变化的变化曲线

如图 7-10a 所示，随着降雨的进行，不同坡长坡面径流中 TN 平均浓度变化是呈逐渐下降的趋势，到 20min 左右趋于稳定，而且浓度值趋于相接近一致的值；而在 4 个坡长坡面上，TN 平均浓度大小遵循 4m＞3m＞5m＞2m，其中 3m、4m 两个坡长坡面中 TN 平均浓度相差不大；另外，3m、4m 两个坡长坡面的 TN 浓度变化曲线具有一定的波动特点，在径流产生的 4min 左右出现了最大值。

径流中的 TN 流失形态主要分为有机氮和无机氮两种，而造成水体富营养化污染的主要是无机氮。径流中的无机氮主要包括硝态氮（NO_3^--N）和氨态氮（NH_4^+-N）。如图 7-10b 所示，在模拟降雨条件下，不同坡长坡面径流中 NO_3^--N 平均浓度变化规律与 TN 基本一致，也是呈逐渐下降的趋势，到 20min 左右趋于稳定；4 个坡长坡面径流中 NO_3^--N 平均浓度大小为 4m＞3m＞5m＞2m；3m 与 4m 两条曲线也出现了先上升后下降的情况，峰值出现在8min左右；坡长5m的坡面径流中NO_3^--N平均浓度下降不明显。如图7-10c所示，不同坡长下径流中NH_4^+-N浓度变化规律不如TN、NO_3^--N明显，但变化趋势与TN、NO_3^--N相同，呈现逐渐下降趋势；在4个坡长坡面上，径流中NH_4^+-N平均浓度大小依次为3m＞4m＞2m＞5m；3m与4m两条曲线也出现了先上升后下降的情况，峰值出现在6min左右；坡长为4m和5m的坡面径流中NH_4^+-N平均浓度下降不明显。

研究结果表明，不同坡长坡面在降雨条件下产生的径流中各形态氮素流失随时间推移有一定变化规律，基本趋势为降雨初期径流携带氮素的浓度大，随时间推移径流中氮素浓度下降，至20min左右开始变化趋势变缓，最终不同坡长的径流中同一形态氮素的浓度均趋于一致。而在4个不同坡长坡面上，径流中TN、NO_3^--N的浓度大小大致依次为4m＞3m＞5m＞2m，而NH_4^+-N的浓度大小大致依次为3m＞4m＞2m＞5m。可见，综合来说，在坡长为4m的条件下，径流中各氮素流失浓度相对最高，较易引起水体污染。在3m、4m坡长的坡面上，径流中TN、NO_3^--N、NH_4^+-N的流失曲线均在初期出现了先上升后下降的情况。

7.3.3　雨强对径流中各形态氮素流失量的影响

李瑞玲等(2010)以流域尺度为研究单元，流量、水质同步监测分析了雨强对太湖缓坡丘陵地区农田土壤养分随地表径流迁移的影响，研究发现，在小雨强条件下，总氮、硝态氮的次降雨径流平均浓度值随雨强的增强而增大；在强降雨条件下，次降雨径流平均浓度值与雨强呈负相关。在小雨、中雨、大雨及暴雨条件下，总氮的多场降雨径流平均浓度值，与雨强表现出正相关。陈玲等(2013)认为，不同雨强下地表径流中TN、溶解态氮(DN)均存在明显的初期径流冲刷效应；壤中流中TN、DN随降雨历时持续输出浓度无明显变化。随雨强的增大，TN径流流失量在减小，而TN随地表径流流失贡献率由36.5%增加至57.6%，所以，控氮关键是减少壤中流的产生。林超文研究了不同施肥方式在不同雨强条件下对土壤养分流失途径及流失量的影响，结果显示氮的主要损失载体是壤中流，平均损失量达5.08kg/hm^2，给环境造成了较大压力。氮损失受雨强影响小，受施肥方式影响大，一次性施肥显著加大了氮的损失量(林超文等，2011)。

同样遵循大数据原则，本次试验选取不同雨强下不同坡长坡面径流中各形态氮的每场降雨试验的总流失量点绘获得曲线(图7-11)，并进行线性拟合，以分析雨强与径流中各形态氮总流失量之间的关系。

由图7-11可知，径流中TN、NO_3^--N及NH_4^+-N的总流失量随雨强的增大而增大，呈现较为明显的正相关性，其中TN、NO_3^--N、NH_4^+-N的相关系数分别为0.82、0.72、0.78，可见雨强对各形态的氮素总流失量均具有一定的影响。

此外，各场次降雨中，TN、NO_3^--N、NH_4^+-N的总流失量均为5m最大，2m最小，这是由坡面面积决定的。

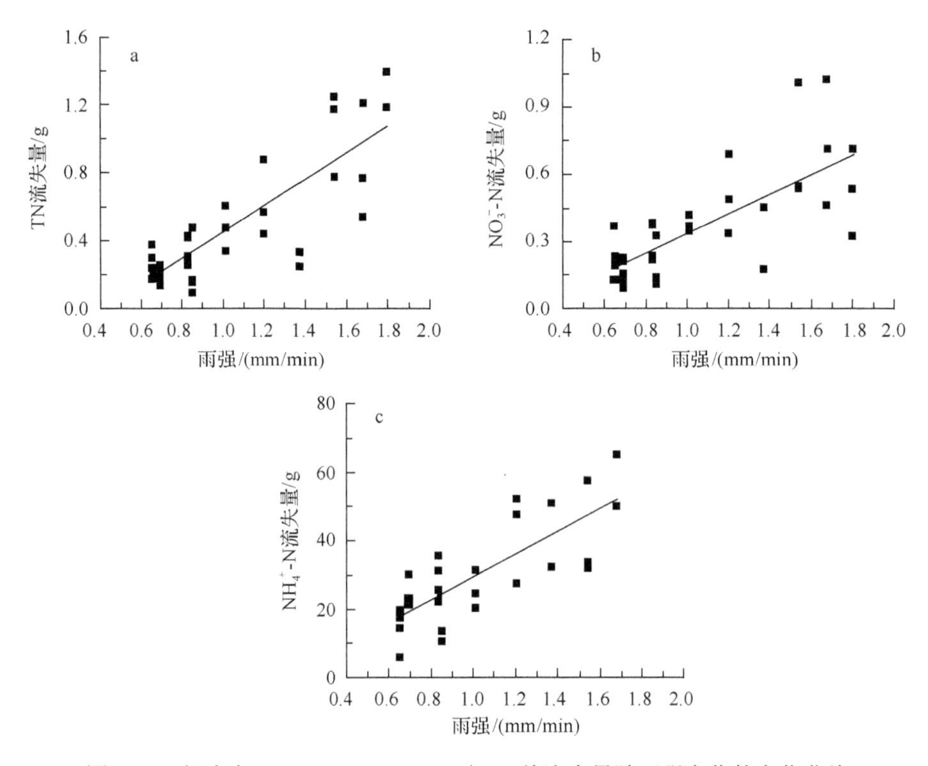

图 7-11　径流中 TN、NO_3^--N、NH_4^+-N 总流失量随雨强变化的变化曲线

为探究不同雨强下不同坡长坡面径流中各形态氮素的单位面积的流失强度，引入流失模数概念(总流失量/坡面面积)，现以 TN 为例，取各场次降雨的每 2min 时的 TN 流失量数据加权平均并除以相应坡长面积后所得的流失模数数据点绘获得图 7-12。由图 7-12 可知，流失模数的规律与流失浓度的规律相似度较高，其基本变化规律为，随着降雨历时的延续，各氮素的流失模数先上升后下降，然后在 20min 左右逐渐趋于稳定。在 4 个不同坡长坡面上，除 2m 的坡长以外，TN 的流失模数变化规律是随着坡长的增加而增加，

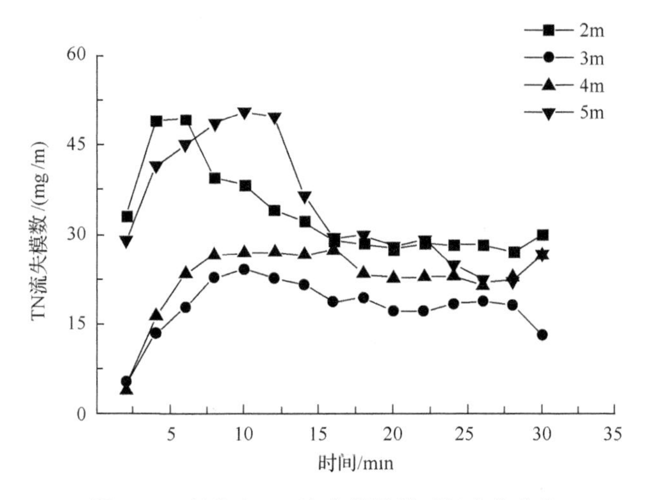

图 7-12　径流中 TN 流失模数随时间变化曲线

即 5m>4m>3m，但其增加量并不明显。经过 SPSS20.0 相关性分析，TN 的流失模数与单位面积的径流量关系显著。由此分析可知，氮素的流失浓度和单位面积径流量是影响氮素流失强度的主要因素。

7.3.4　径流量对径流中各形态氮素总流失量的影响

雨强大小会直接影响坡面径流量的大小，一般在其他各类因素相同的前提下，元素的径流输出量与雨量应呈较好的线性关系。然而，径流是物质流失的挟带媒介，也是物质流失的主要动力之一，特定环境和面积情况下，径流是雨强的函数，径流既能反映雨量的大小，也能体现出雨强的大小。故将径流量区别于降雨(雨强、雨量)作为一个单独的因素进行研究。

巩永凯(2008)研究发现，随着雨量的增大，坡面的径流系数增大，雨水和径流对坡地的冲刷作用明显加强，径流中 NO_3^- - N 及 NH_4^+ - N 的流失量随之增大。为探究氮素流失量与径流量之间的关系，选取试验中各径流量情况下，TN、NO_3^- - N 及 NH_4^+ - N 的总流失量数据，点绘得图 7-13，并将数据进行线性拟合。

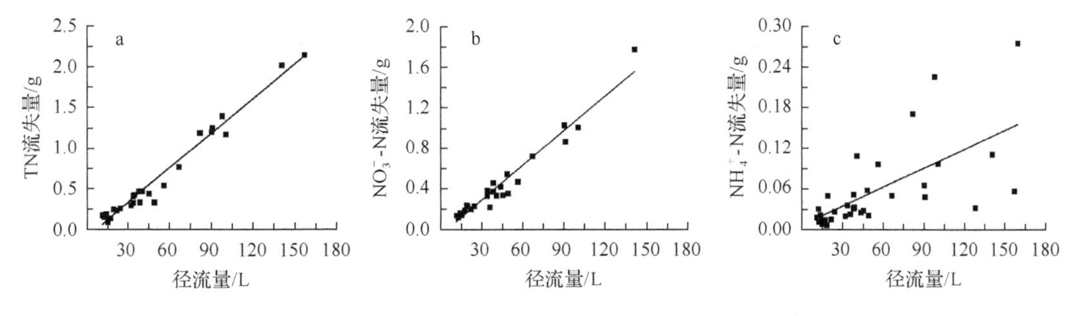

图 7-13　径流中 TN、NO_3^- - N 、NH_4^+ - N 总流失量随径流量变化的变化曲线

从图 7-13 中可以看出，径流量与 TN、NO_3^- - N 的总流失量之间存在极为显著的相关关系，相关系数在 0.95 以上，而对 NH_4^+ - N 的总流失量影响并不显著，相关系数为 0.66，可见径流量对各形态的氮流失具有一定的影响。径流量与各形态氮总流失量之间的线性关系说明在其他条件相同的情况下径流量对元素流失量有着非常重要的影响。在实际应用中这一点尤其显得重要，即径流总量的控制是有效减少养分流失和农业非点源污染的重要途径。具体的径流量控制手段有许多种，其中最重要的一个手段是通过提高植被覆盖地表面积，减缓雨滴对地表的击溅作用，从而减少坡面径流，进而降低坡面的氮素流失。

7.3.5　坡长、雨强、径流量对各形态氮素流失的综合影响

为了进一步分析坡长、雨强、径流量综合影响下坡面各形态氮素的流失特征，本节用 SPSS 20.0 进行相关分析(表 7-16)，研究坡长、雨强及径流量与径流中 TN、NO_3^- - N 及 NH_4^+ - N 总流失量之间的相关性。

表 7-16　TN、NO_3^--N 及 NH_4^+-N 总流失量与坡长、雨强及径流量的相关性分析

	TN 总流失量	NO_3^--N 总流失量	NH_4^+-N 总流失量
坡长	0.449**	0.455**	–0.033
雨强	0.618**	0.552**	0.326*
径流量	0.962**	0.863**	-0.007

**0.01 水平上极显著相关，*0.05 水平上相关

结果表明，坡长、雨强、径流量与径流中 TN 总流失量在 0.01 水平上呈显著正相关，其相关系数分别为 0.449、0.618、0.962，说明对于坡面而言，径流中 TN 的总流失量与坡长、雨强、径流量都达到了极显著水平，且三者与 TN 流失量之间的相关性依次为径流量＞雨强＞坡长。NO_3^--N 总流失量结果与 TN 类似，坡长、雨强、径流量与径流中 NO_3^--N 总流失量在 0.01 水平上呈显著正相关，其相关系数分别为 0.455、0.552、0.863，说明对于坡面而言，径流中 NO_3^--N 的总流失量与坡长、雨强、径流量都达到了极显著水平，且三者与 TN 流失量之间的相关性依次为径流量＞雨强＞坡长。然而，径流中 NH_4^+-N 总流失量只与雨强在 0.05 水平上呈显著正相关，其相关系数为 0.326，而坡长、径流量与总 NH_4^+-N 流失量之间关系不显著，说明对于坡面而言，径流中 NH_4^+-N 的总流失量与雨强达到了显著水平，而与坡长、径流量之间相关性不大。

将各场次降雨实测的数据利用 SPSS20.0 进行回归分析，得出回归模型：

$$S_1 = 28.015L + 47.480I + 0.012V - 151.087 \qquad R = 0.96 \tag{7-3}$$

$$S_2 = 50.015L + 75.137I + 0.007V - 167.744 \qquad R = 0.87 \tag{7-4}$$

$$S_3 = 71.547L + 717.166I - 0.005V - 680.581 \qquad R = 0.46 \tag{7-5}$$

式中，S_1 为 TN 总流失量(mg)；S_2 为 NO_3^--N 总流失量(mg)；S_3 为 NH_4^+-N 总流失量(mg)；L 为坡长(m)；I 为雨强(mm/min)；V 为径流量(mL)。

TN 的回归模型相关系数高达 0.96，且模型方差表明 F 统计量对应的 P 值为 0.000，远小于 0.01，则说明该模型整体是极显著的，坡长、雨强及径流量与径流中 TN 总流失量的综合影响可以用线性相关方程较准确地描述，且模型拟合度良好。NO_3^--N 的回归模型相关系数为 0.87，且模型方差表明 F 统计量对应的 P 值为 0.000，远小于 0.01，则说明该模型整体是较为显著的，坡长、雨强及径流量与径流中总 NO_3^--N 流失量的综合影响可以用线性相关方程进行描述，模型拟合度较好。

然而，NH_4^+-N 回归模型相关系数仅为 0.46，且模型方差表明 F 统计量对应的 P 值为 0.038，小于 0.05，则说明该模型整体有一定的显著性，坡长、雨强及径流量对径流中总 NH_4^+-N 流失量的综合影响可以用线性相关方程进行描述，但模型拟合度一般。究其原因，可能是因为土壤和径流中的 NH_4^+-N 本身就是不稳定的，易挥发或在微生物的作用下转化为 NO_3^--N，因此，径流中 NH_4^+-N 的流失量与坡长、雨强及径流量之间的线性拟合度就不高。

7.3.6　结论

(1) 坡长因子对径流中各形态氮素流失浓度存在显著影响。在模拟降雨条件下，不同坡长坡面产生的径流中各形态氮素流失随时间推移呈现出一定变化规律，基本趋势为降雨初期径流携带氮素的浓度大，随时间推移径流中氮素浓度下降，至20min左右开始变化趋势变缓，最终不同坡长的径流中同一形态氮素的浓度均趋于一致。而在4个不同坡长坡面上，径流中TN、NO_3^--N的浓度大小大致依次为4m＞3m＞5m＞2m，而NH_4^+-N的浓度大小大致依次为3m＞4m＞2m＞5m，可见，综合来说，在坡长为4m的条件下，径流中各氮素流失浓度相对最高，较易引起水体污染。在3m、4m坡长的坡面上，径流中TN、NO_3^--N、NH_4^+-N的流失曲线均在初期出现了先上升后下降的情况。

(2) 随着雨强的增大，径流中TN、NO_3^--N和NH_4^+-N的总流失量增大，呈现出较为明显的正相关性，其中TN相关系数较大，为0.82，而NO_3^--N、NH_4^+-N的相关系数较小，分别为0.72、0.78，可见雨强对各形态的氮素总流失量均具有一定的影响，且影响大小依次为TN＞NH_4^+-N＞NO_3^--N。由TN流失模数的分析可知，氮素的流失浓度和单位面积径流量是影响氮素流失强度的主要因素。

(3) 径流量与TN、NO_3^--N的流失量之间存在极为显著的相关关系，相关系数在0.95以上，而对NH_4^+-N的流失量影响并不显著，相关系数为0.66，可见径流量对各形态的氮流失具有一定的影响，且影响大小依次为TN＞NO_3^--N＞NH_4^+-N。

(4) SPSS20.0相关性分析结果表明，坡长、雨强、径流量与径流中TN、NO_3^--N流失量在0.01水平上呈显著正相关，而NH_4^+-N流失量只与雨强在0.05水平上呈显著正相关，与坡长和径流量之间关系不显著，说明对于坡面而言，径流中TN、NO_3^--N的流失量与坡长、雨强、径流量都达到了极显著水平，且三者与TN或NO_3^--N流失量之间的相关性依次为径流量＞雨强＞坡长，而径流中NH_4^+-N的流失量只与雨强之间达到了显著水平，而与坡长、径流量之间相关性不大。

(5) SPSS20.0回归分析结果表明，坡长、雨强及径流量与径流中TN、NO_3^--N及NH_4^+-N流失量的综合影响分别可以用线性相关方程进行描述，三者的相关系数分别为0.96、0.87、0.46，且显著性依次为TN＞NO_3^--N＞NH_4^+-N，所以在模型的拟合度方面：TN＞NO_3^--N＞NH_4^+-N。

7.4　植被覆盖度和坡长对坡地总磷流失影响的模拟

我国南方红壤丘陵地区，土层很薄，且夏季高温多暴雨，坡地磷素流失情况严重。目前，针对南方丘陵区水土流失、土壤侵蚀、农业面源污染问题的单要素研究成果很多，然而，农业面源污染的规律、强度、动态过程等特征是多因素作用的结果。为了尽可能地考虑多因素作用下的坡地总磷流失特征，本研究以南方红壤为研究对象，选择坡长、植被覆盖度、不同施肥处理为考虑因素，旨在探索坡地磷素的流失强度和规律特性，以期为南方红壤丘陵区的农业可持续发展和农业面源污染的防治提供理论依据。

7.4.1　试验设计及方法

1. 试验用土

本试验用土取自浙江省临安市郊外荒坡地，土壤类型为红壤。试验之前采用环刀法采集土样，测定原状土壤容重，并取土壤样品带回实验室进行理化性质分析。原状土壤容重 1.44g/cm^3，土壤 pH 4.52，土壤总磷(TP)和速效磷(A-P)含量分别为 0.146g/kg 和 1.268mg/kg。

取土过程：按照 10cm 深为一个土壤分层从面积为 8m^2 的空地上采集总深度为 50cm 的土壤，装袋时将 5 个土层的土样分开封装编号，带回温室，经自然风干后去除石块和杂草存放备用。装土过程：首先在土槽底部均匀铺上大约 5cm 厚度的细沙，并铺上透水布，后将处理过的土壤以原先土壤层次逐次平铺于土槽上。装土过程应将土层踩实，使其尽可能接近土壤自然状态的紧实度。填土完成，土槽搁置于温室一段时间，使其进一步静置沉实。

2. 试验设计

本试验均在 2013 年 8 月至 2015 年 7 月完成，共完成 21 场人工模拟降雨试验。试验地点在浙江大学华家池校区内的 WSBRZ 型人工智能玻璃温室内进行，室内常年保持 25° 恒温。试验采用木质径流槽，径流槽长分别为 1m、2m、3m、4m、5m，宽 0.5m，高 0.5m，径流槽坡度设置为 20°，径流槽底端有三角形铁制集水槽。每场降雨试验径流槽周围都布置有均匀放置的 35 个雨量筒(直径：85mm，高：200mm)进行降雨均匀度测定及雨强标定。同时，每场降雨前采集土样并测定土壤前期含水量，以确保所有模拟试验土壤前期含水量相对一致。所用的人工模拟降雨装置是可移动、变雨强、压控双向侧喷式小型人工模拟降雨装置。根据杭州市气象资料显示，杭州市年平均降水量为 1435mm，最大雨强高达 214.4mm/h，因此，最终将试验雨强设定为 120 mm/h。植被的选择为浙白 6 号白菜，种植在土槽坡面上，随着植被白菜的不断生长，将其生长的不同阶段划分为 7 个植被覆盖度(0、15%、30%、45%、60%、75%、90%)。植被覆盖度的确定主要是通过高像素的数码相机在空中垂直拍摄，将拍摄的影像扫描输入计算机，处理为灰色调的图片，根据灰度确定植被覆盖度。并将实测的植被覆盖度分为 7 个等级，其误差范围为±6%。根据当地的农事施肥习惯，在白菜生长的不同阶段进行不同的施肥处理，处理分别为不施肥(CK)，施用有机肥(OF)(购自安徽三农生物有限公司，由猪粪、鸡粪腐殖酸加工而成，有机质＞30%)，施用无机复合肥(CF)(含氮、磷、钾的比例为 15∶15∶15)。具体的施肥处理见表 7-17。

表 7-17　不同时期的施肥处理　　(单位：kg/hm^2)

	植物覆盖度						
处理类型	0	15%	30%	45%	60%	75%	90%
CK	0	0	0	0	0	0	0
CF	220	0	0	400	0	0	400
OF	1000	0	0	2000	0	0	2500

每场降雨试验，记录初始产流时刻，产流开始用标有刻度的聚乙烯瓶子每隔 2 min 收集径流样品，产流历时 30min 后结束降雨。因此，每场降雨每个径流槽收集的径流含沙水样共有 15 个。

3. 样品测定

降雨结束，将收集的径流含沙水样尽快带到实验室，室温 25℃静置 4～5 h 后，取上清液进行水中 TP(钼酸铵分光光度法，参照 GB11893—89)测定。由于每个含沙水样所含的泥沙量不能满足泥沙中 TP 的测定，所以本节中每个泥沙 TP 值的测试是将整场降雨每个径流槽的 15 个含沙水样中的泥沙集合在一起进行测定的。本节所统计的 TP 是径流水样和径流泥沙中的 TP 总和。

7.4.2　植被覆盖对坡地 TP 流失的影响

研究表明，一切植被覆盖均可达到减少水土流失的效果，进而减少土壤总磷的流失。根据测试数据，计算得不同施肥处理、坡长下单位投影面积的 TP 流失模数，点绘得图 7-14。

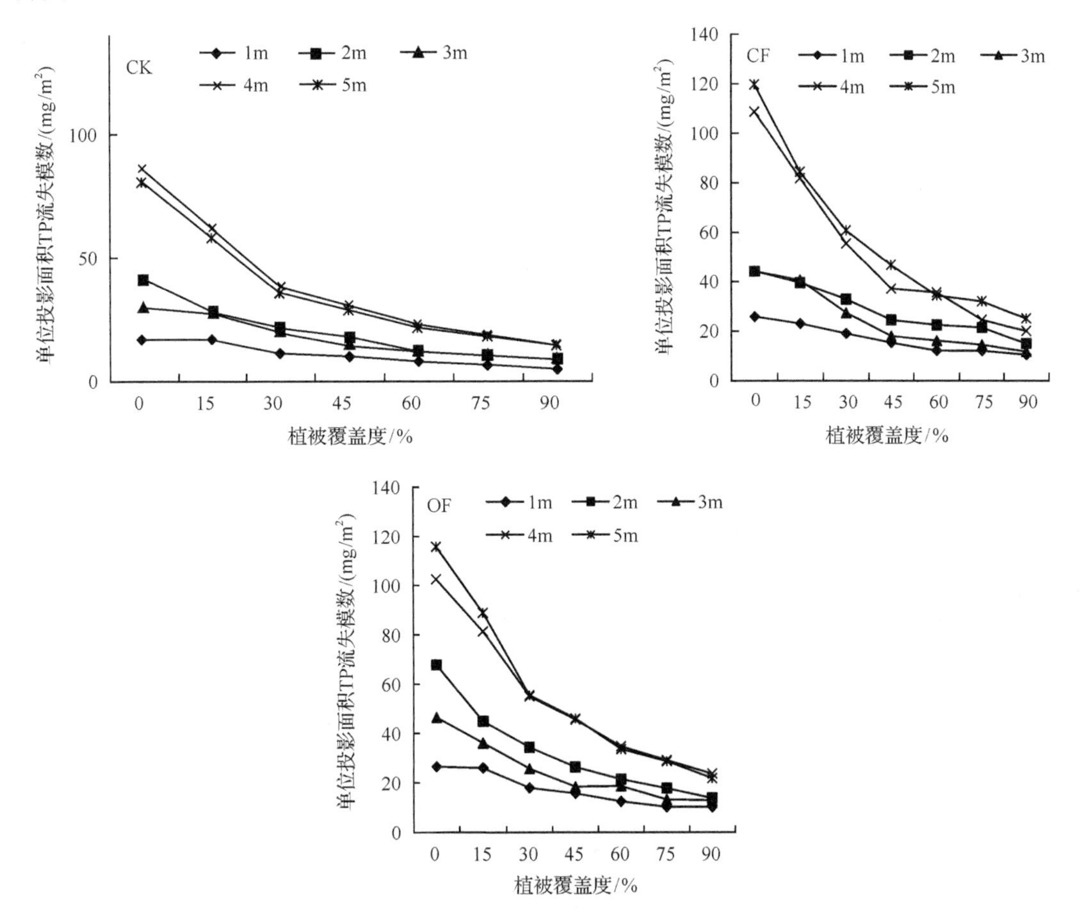

图 7-14　不同施肥处理、坡长下单位投影面积 TP 流失模数随覆盖度变化的变化

从试验数据分析结果来看，不同施肥处理、坡长下，随着植被覆盖度的增加，单位投影面积 TP 流失模数逐渐减小，均在裸地时最大，覆盖度 90%时达到最小。就坡长而言，在坡长 1m 条件下，单位投影面积 TP 流失模数随着植被覆盖度的增加变化不明显，都在 4.16～26.52mg/m^2 波动。在坡长 2m 和 3m 条件下，单位投影面积 TP 流失模数随着覆盖度的增加有了较大的起伏变化，均有明显的递减趋势，除有机肥处理组以外，其他施肥处理 2m 和 3m 坡长下的流失模数接近，流失模数均在 7.61～44.23mg/m^2 变化。在 4m 和 5m 坡长下，随着覆盖度的增加，单位投影面积 TP 流失模数急剧减小，均在 13.47～119.71mg/m^2 变化。由图 7-14 可知，从施肥处理来看，随着植被覆盖度的增加，总体上单位投影面积 TP 流失模数的递减幅度以 CF 处理组的最大，CK 处理组的递减幅度最小。在 1m 坡长下单位投影面积 TP 流失模数递减趋势均不明显，且除 CK 处理组以外，5m 坡长下单位投影面积 TP 流失模数递减趋势明显。说明不同施肥处理、坡长条件下，植被覆盖度对单位投影面积 TP 流失模数的影响程度不同，可能坡长的影响强于植被覆盖度的影响，但是一定条件下，单位投影面积 TP 流失模数受覆盖度的影响明显，即植被的种植可以有效减少土壤磷素的流失。

植被覆盖度越高，磷流失量越小，如表 7-18 所示，以裸地 TP 流失量为植被覆盖度 90%情况下 TP 流失量的倍数为例，分析植被覆盖度对磷素流失的影响。由表 7-18 数据可以看出，在同等坡长背景下，CK 处理情况下，裸地 TP 流失量为 90%植被覆盖度的 TP 流失量的倍数值都较大，说明增加植被覆盖度减少磷素流失的效应最明显。由于阶段性施肥的影响，减小了植被覆盖度对磷素流失量的减小效应。就坡长而言，随着坡长的增加植被覆盖度对磷素的减小效应在逐渐趋于明显。植被通过不同的方式，最终有效地减少了坡地总磷流失量。一方面，植被不同的生长期可以通过根系的吸收能力不同程度地减少土壤中可溶性养分的含量，且植被根系具有一定的固土能力，可减少侵蚀泥沙量，可截留一部分的径流；另一方面，在降雨过程中，雨滴击打植被叶片，叶片的隔挡作用可减小雨滴击溅泥沙的动能，进而弱化了雨滴击溅泥沙的力度，减少了溅蚀量(钱婧，2014)，同时，在大雨强或者暴雨的冲刷作用下，土壤表层容易形成沟蚀，而植被的种植可减小雨滴动能，即弱化雨水的冲刷作用，也使得沟蚀不易形成，从而相当程度地减少了侵蚀泥沙量。因此，植被通过自身的吸收机制及对外界外力的阻拦不同程度地减少了可溶态和颗粒态磷的流失，最终减小了总磷流失量。另外，试验结果显示，随着坡长的延长，单位投影面积 TP 流失模数增大，但植被覆盖更有效地减少磷流失模数，此时增加植被覆盖度也显得很有必要。

表 7-18　裸地下 TP 流失量为植被覆盖度 90%下 TP 流失量的倍数汇总

处理类型	1m	2m	3m	4m	5m
CK	3.84	5.28	3.46	6.27	5.90
CF	2.45	2.94	3.74	5.41	4.76
OF	2.58	4.92	3.61	4.33	5.30

7.4.3　坡地总磷流失临界坡长的界定

坡耕地的地形地势是造成养分流失、面源污染的主要原因，其主要影响因素是坡度、坡长。前人对坡度的研究有很多，在此主要研究了坡长因素。本试验固定坡度 20°，重点研究分析了大雨强下不同坡长对坡耕地 TP 流失的影响，在此基础上，界定了此试验条件下的临界坡长及最佳坡耕地坡长。

表 7-19 是不同坡长影响下 TP 流失情况，最大 TP 流失量均出现在裸地条件下，单位坡长的增量范围及倍数关系是在不同施肥处理、植被覆盖度的综合影响下确定的。表 7-19 第 3 列是 21 场降雨试验中每延长 1m 坡长相对应的 TP 流失增量范围，第 4 列是 21 场降雨试验中相邻两坡长 TP 流失量的最大增加幅度即比值(长坡长 TP 流失量/短坡长 TP 流失量)，第 5 列是 21 场降雨试验相邻坡长 TP 流失量增加幅度的平均值。图 7-15 是不同施肥处理条件下，单位坡长 TP 流失增量的折线变化图。由图 7-15 可知，一定植被覆盖度、不同施肥处理条件下，单位坡长 TP 流失增量变化规律基本一致，呈现较大的起伏波动。

从试验数据分析结果看出，坡长 1m 时，TP 流失量不大，且从 1m 延长至 2m 后，TP 流失量有大幅度的增加。说明 1m 坡长下，坡面上可供径流挟带的物质未能及时汇集，坡长稍有延长至 2m 时，就会有较多的物质被径流挟带流出，此时坡长之间 TP 流失量的增加幅度最大，但此时的 TP 流失量并不大，增量也不是最大。当坡长延长至 3m 时，TP 流失量增加幅度很小，TP 流失量最大值仅比 2m 坡长下多出 1.72mg，且坡长间 TP 流失增量跨度仅有 20.53mg，远小于其他相邻坡长间的增量跨度。当坡长延长至 4m 时，TP 流失量急剧增加，相比 2m 和 3m 间的 TP 流失增加幅度，坡长 4m 和 3m 间 TP 流失增加幅度有所增加，且增量达到最大。5m 坡长时，TP 流失量增加，相比 3m 和 4m 坡长间的 TP 流失增加幅度，坡长 5m 和 4m 间的 TP 流失增加幅度减小，且增量减小。说明，在 4m 坡长下，坡面径流携带的物质达到一定的限度，坡地及径流情况所产生的能量总值在输移物质过程中有所损耗，所以在 5m 坡长时，虽然 TP 流失量达到最大值，但是 TP 流失增量有所减少。

表 7-19　不同坡长影响下 TP 流失情况

坡长/m	最大 TP 流失量/mg	增量范围/mg	最大增加幅度/倍	平均增加幅度/倍
1	12.46	—	—	—
2	63.79	5.20～51.33	5.12	3.58
3	65.50	0.27～20.80	1.65	1.26
4	204.45	13.66～142.10	3.91	2.80
5	281.23	6.20～79.48	1.63	1.31

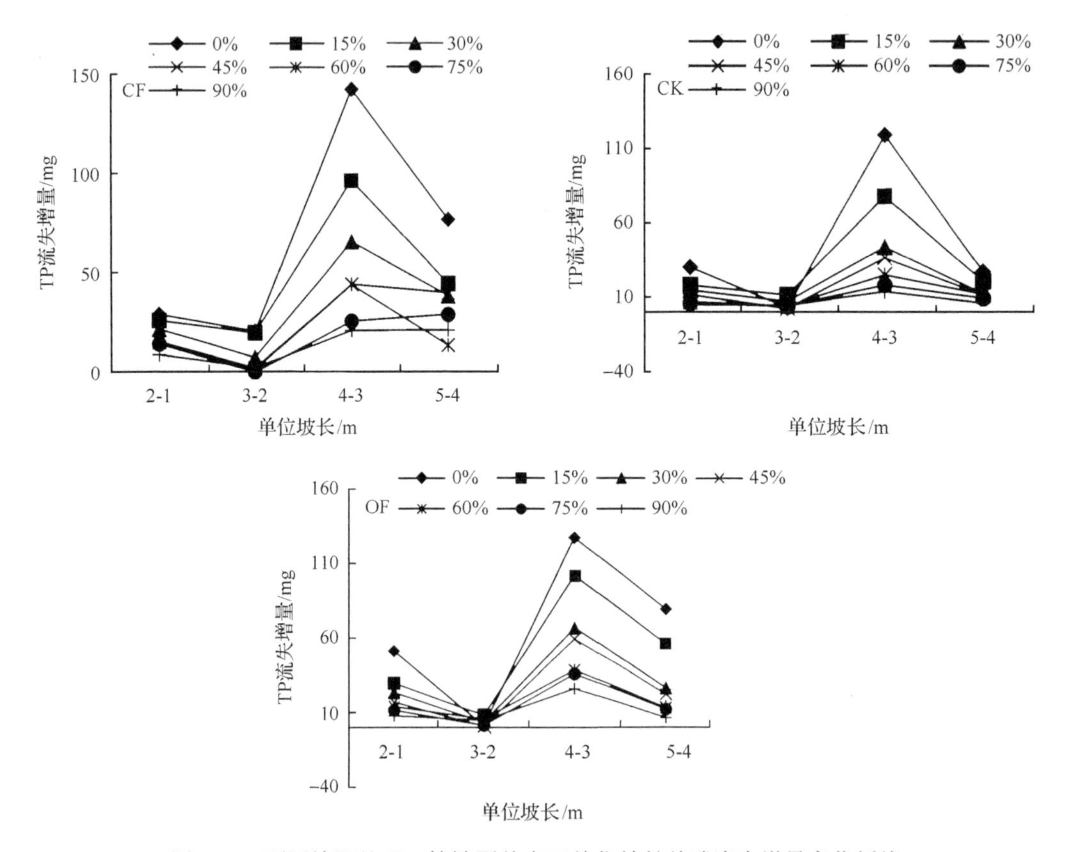

图 7-15　不同施肥处理、植被覆盖度下单位坡长总磷流失增量变化折线

2-1 表示 2m 坡长下的 TP 流失量-1m 坡长下的 TP 流失量，3-2 表示 3m 坡长下的 TP 流失量-2m 坡长下的 TP 流失量，4-3 表示 4m 坡长下的 TP 流失量-3m 坡长下的 TP 流失量，5-4 表示 5m 坡长下的 TP 流失量-4m 坡长下的 TP 流失量

一般而言，随着坡长的延长，坡面可供侵蚀的物质来源增加，径流挟带的泥沙含量相应会有所增加，TP 流失量自然也会增加。在本试验中，随着坡长的增加，TP 流失量明显呈现增加趋势，而其相邻坡长之间 TP 流失增量是波动变化的，且增量均在 3-2m 处最小，在 4-3m 处最大。说明存在一个 TP 流失量较大、增量最大的节点，而在这个节点之后，单位坡长 TP 流失增量减少。如图 7-15 所示，在不同施肥处理下，这个节点均在坡长 4m 处。另外，试验中存在一个增量最小、TP 流失量较小的节点 3m 处。综上所述，在本试验条件下，最佳坡耕地坡长为 3m，临界坡长为 4m。

7.4.4　施肥对坡地总磷流失的影响

一般情况下，磷素在土壤中不易移动，磷流失主要以颗粒态(紧密吸附于土壤或难溶性形态)为主，其载体是侵蚀泥沙，因此控制土壤侵蚀即控制土壤磷素的流失。有研究表明，施用肥料的时间、用量和类型均影响坡地养分流失情况，同时会影响坡地磷流失的主要形态。磷流失的形态有可溶态和颗粒态两种，对此两种形态的研究分析已经有很多，而为了更好地研究分析磷素流失情况并有效地控制总磷流失量，本试验选取侵蚀相磷素流失量占总磷输出量的比值为对象，分析不同施肥处理下的总磷流失情况。图 7-16 是不同施肥处理下侵蚀相磷素流失量占总磷输出量的比值变化图。

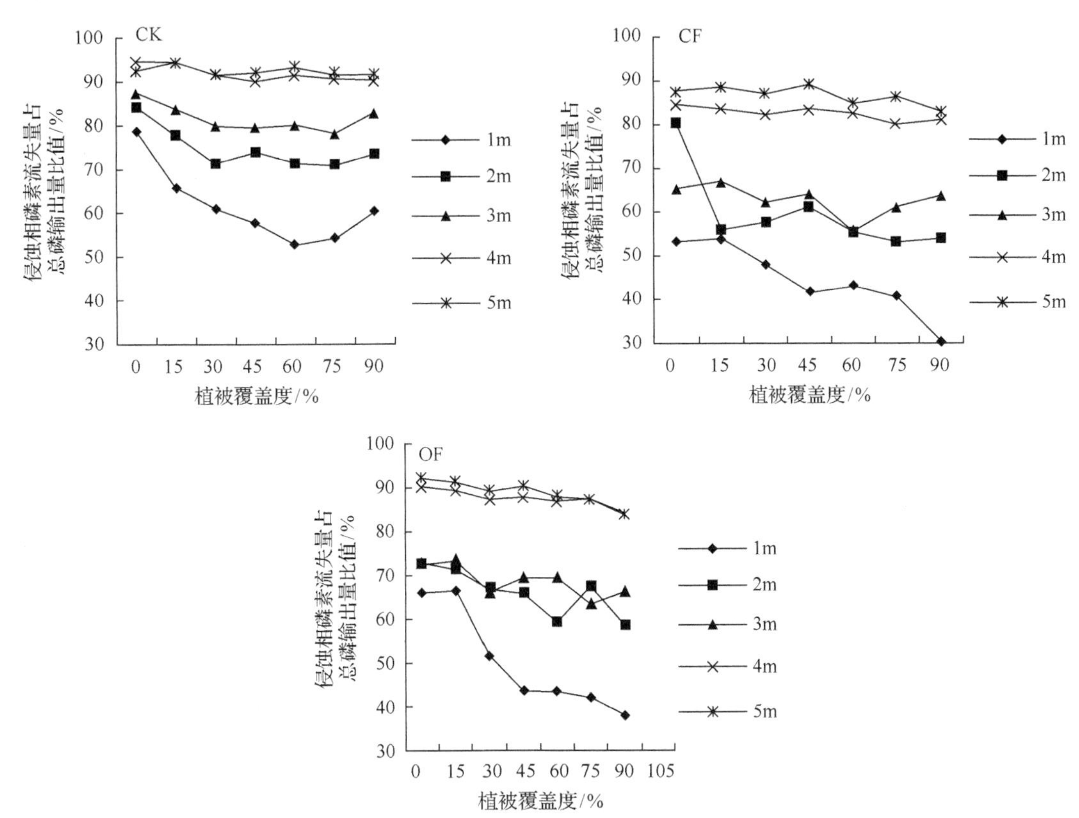

图 7-16　不同施肥处理下侵蚀相磷素流失量占总磷输出量比值变化

由图 7-16 可知，侵蚀相磷素流失量占总磷输出量的比值均在 30.24%～94.61%变动，且除 1m 坡长下部分比值小于 50%以外，其他均高于 50%，说明磷流失主要是以侵蚀泥沙挟带流失为主。这与本试验固定雨强(120mm/h)有关，研究表明，雨强较大的情况下，养分流失以泥沙挟带流失为主(李学平，2010)。坡长 1m 时，CK 处理组平均比值高出 CF 处理组 17.12%，OF 处理组平均比值高出 CF 处理组 5.72%，施肥处理效果明显。坡长 2m 时，CK 处理组平均比值高出 CF 处理组 15.12%，OF 处理组平均比值高出 CF 处理组 6.29%。坡长 3m 时，CK 处理组平均比值高出 CF 处理组 19.06%，OF 处理组平均比值高出 CF 处理组 5.76%。坡长 4m 时，CK 处理组平均比值高出 CF 处理组 9.43%，OF 处理组平均比值高出 CF 处理组 4.95%。坡长 5m 时，CK 处理组平均比值高出 CF 处理组 5.91%，OF 处理组平均比值高出 CF 处理组 2.10%。结果表明，在不同施肥处理下，侵蚀相磷素流失量占总磷输出量的比值很高，磷流失主要方式是泥沙挟带，径流挟带次之。在不施肥条件下，侵蚀相磷素流失量占总磷输出量的比值最高，可能是因为土壤表土层磷素含量本身较高，且磷素已经被土壤固定，不易被径流带走，形成的侵蚀泥沙磷素含量高，而水相磷素流失量占总磷输出量比值较低。施肥条件下，施用的肥料在短时期内集中富集在表土层，且未被土壤固定，有效性高，导致土壤表面可移动磷含量高，在强降雨条件下，表层土受到地表径流的冲刷作用，使得径流带走的磷素总量较高。相比施用无机肥，施用有机肥条件下，侵蚀相磷素迁移量占总磷输出量的比值较高，可能是因为有机肥中的腐殖酸是一种有机胶体，内表面和胶体表面面积较大，吸附性强，可吸附大量的矿质元素。理论上，随着植被覆盖度的增加，侵蚀泥沙减少，相应的侵蚀相磷素迁移量占总磷输出量的比值减小。结果显示，坡长 4m 和 5m 时，不同施肥处理组的侵蚀相磷素迁移量占总磷输出量的比值受植被覆盖度的影响并不大，可引入泥沙中养分富集值(ERs)来解释此现象。在 5m 坡长下，坡地及径流情况所营造的能量总值有较大的损耗，坡面径流所挟带可输送至断面的泥沙大部分为细颗粒泥沙，细颗粒泥沙富集磷素的能力较高，因此弱化了植被覆盖度对总磷流失的减小效应。

综上所述，植被覆盖度越低，坡长越长，侵蚀相磷的比重越大。在不同坡长情况下，侵蚀相磷素流失量占总磷输出量的比值排序为 CK＞OF＞CF。且坡长越长，坡长影响越强，弱化了施肥处理的影响。在坡长较短的坡地地区，由于坡长影响并不是十分显著，施肥处理，包括施用肥料的类型及用量、方式等都会较大程度地影响到坡地磷流失情况，因此，做好施肥管理会有效地减少磷素流失量。

7.4.5　结论

(1) 植被覆盖对坡耕地磷素流失的影响显著，不同施肥处理和坡长下，单位投影面积磷流失模数随着植被覆盖度的增加逐渐减小，且均在裸地时最大，在 90%覆盖度时达到最小。在坡长较长的坡面上，种植植被可有效减少坡地磷素流失量，而在坡长较短的坡面上，由于磷素流失量较小，植被种植效果并不是很显著。

(2) 坡长对坡地磷素流失影响显著，且存在临界坡长及最佳坡地坡长。一定植被覆盖度、不同施肥处理条件下，单位坡长磷流失增量变化规律基本一致，呈现较大的起伏波动。4m 坡长下，磷流失量较大、单位坡长磷流失增量最大。3m 坡长下，单位坡长磷流失增量最小、磷流失量较小。综上所述，在本试验条件下，最佳坡耕地坡长为 3m，临界坡长为 4m。本研究虽然得出了坡耕菜地的最佳坡长及临界坡长，但是由于试验条件的限制，坡长设置不够完善，研究分析的规律有一定的局限性。

(3) 坡长较短时施肥处理效果明显。在不同施肥处理下，侵蚀相磷素流失量占总磷输出量的比值高，磷流失主要方式是泥沙挟带。在不同坡长情况下，侵蚀相磷素流失量占总磷输出量的比值排序为 CK＞OF＞CF。且坡长越长，坡长影响越强，弱化了施肥处理的影响。在坡长较短的坡地地区，做好施肥管理会有效地减少总磷流失量。

主要参考文献

陈玲, 刘德富, 宋林旭, 等. 2013. 不同雨强下黄棕壤坡耕地径流养分输出机制研究. 环境科学, 34(6): 2151-2158.

范晓娟, 张丽萍, 邓龙洲, 等. 2017. 植被覆盖和施肥对不同坡长坡地总磷流失的影响. 水土保持学报, 31(6): 27-32.

巩永凯. 2008. 南方多雨地区烟田养分流失特征研究. 中国农业科学院硕士学位论文.

胡雪涛, 陈吉宁, 张天柱. 2002. 非点源污染模型研究.环境科学, 23(3): 124-128.

李瑞玲, 张永春, 刘庄, 等. 2010. 太湖缓坡丘陵地区雨强对农业非点源污染物随地表径流迁移的影响. 环境科学, 31(5): 1220-1226.

李学平, 邹美玲. 2010. 农田土壤磷素流失研究进展. 中国农学通报, 26(11): 173-177.

林超文, 罗春燕, 庞良玉, 等. 2011. 不同雨强和施肥方式对紫色土养分损失的影响. 中国农业科学, 44(9): 1847-1854.

钱婧. 2014. 模拟降雨条件下红壤坡面菜地产沙及土壤养分流失特征研究. 浙江大学博士学位论文.

吴希媛. 2011. 红壤坡地菜园地表径流中氮磷流失模拟试验. 浙江大学博士学位论文, 50-71.

Kirkby M. 2001. Modeling the interactions between soil surface properties and water erosion. Catena, 46(2-3): 89-102.

Randall G W, Mulla D J. 2001. Nitrate nitrogen in surface waters as influenced by climatic conditions and agricultural practices. Journal of Environmental Quality, (30): 337-344.

Sharpley A N. 1994. Managing agricultural phosphorus protection of surface waters: issues and options. Journal of Environmental Quality, 23: 437-445.

Turnbull L, Wainwright J, Brazier R E. 2010. Hydrology, erosion and nutrient transfers over a transition from semi-arid grassland to shrubland in the South-Western USA: A modelling assessment.Journal of Hydrology, (388): 258-272.

第 8 章　红壤坡地侵蚀产沙及养分流失模型及模拟

模型一般可分为物理模型和数学模型。数学模型又可以分为机理模型和统计模型。数学模型的建立，作为一个有效分析、总结试验数据的手段，能够在较短的时间内对大量的试验内容进行模拟和比较，从而找到最适当的解决方法。由于坡地土壤侵蚀产沙和养分流失过程中土壤、泥沙、径流、养分交织作用，侵蚀产沙和养分流失行为及其在径流中的释放和传输问题更为复杂化，因此，在坡地侵蚀产沙及养分流失过程机理分析和预测方面，国内外学者建立了相关的数学模型，设法利用数学建模的方法来研究土壤侵蚀产沙与养分流失机理。

8.1　坡面侵蚀产沙模型的建立

水流挟沙能力是指在一定水流和边界条件下水流能够输移的泥沙量。可用单位时间内通过河流断面的泥沙质量即输沙率表示，也可用断面平均含沙量 S(kg/m^3)来表示。坡面径流是坡面侵蚀泥沙的搬运介质，坡面泥沙的起动、搬运和沉积过程主要由坡面径流水动力沿程的变化特征来决定。当坡面径流挟带的泥沙量大于径流挟沙能力时，径流中的部分泥沙就会沉积在坡面；当径流挟带的泥沙量小于径流挟沙能力时，坡面就会遭受侵蚀。

关于挟沙力的研究，在河流泥沙运动研究流域成果显著，各种特征环境下的泥沙起动和挟沙力公式很多(钱宁和万兆惠，1983；周志德，2002；张红武，2012；窦国仁，1960；陈雪峰等，1999)，利用实验室水槽进行泥沙输移特征、挟沙力和水动力学研究是河流泥沙研究的主要方法(王光谦，2007；黄才安和杨志达，2003；范家骅和陈裕泰，2011；舒安平和费祥俊，2008)。由于水沙运动的复杂性，尤其是泥沙粒径大小的混杂性，经典的水力学分析有时候会陷入困境，因此，有关河流泥沙运移和挟沙特征统计分析和非线性的研究成果不断呈现(Einstein，1950；吴腾等，2007；杨具瑞等，2003)。但是，关于坡面径流挟沙特征的研究，较河流挟沙特征的研究起步较晚，一些研究坡面径流侵蚀产沙的学者，也从各个不同的角度展开了探索，总结了国内外坡面径流分离土壤过程的研究方法、控制方程、分离能力、挟沙力及存在的问题(张光辉，2000；张建军，2007)。将坡面土壤侵蚀过程中的受力状态变化分为黏聚态、分散态、挟沙扩散态三种动力结构状态，揭示出土壤分散与径流挟沙的动力学机理(孙全敏和王占礼，2011)。通过假设坡面泥沙颗粒规则排列和侵蚀在横向上均匀的特定条件，建立了坡面产沙公式(王光谦等，2005)。在室内径流槽模拟降雨试验和实地径流小区监测的基础上，从水动力学方面讨论坡面径流的产沙和泥沙运移的研究成果较为显著(鲁克新等，2011；Fu et al.，2012；焦鹏等，2012；李鹏等，2006；张锐波等，2017；Fu et al.，2016)。

综上所述，关于坡面径流侵蚀产沙方面的研究成果显著，明确揭示坡面径流挟沙力的研究成果较为有限，具体的挟沙力计算公式更是寥寥无几。鉴于此，本研究借助河床径流的挟沙力计算式，结合坡面物质组成的复杂性及雨强的影响差异，根据泥沙起动的原理，拟构建坡面径流的挟沙力计算式，进而通过实测的模拟降雨和径流泥沙数据，求其参数和模拟验证。愿本研究能为坡面径流侵蚀产沙和泥沙输移理论在内容上进一步完善，为坡面径流的泥沙起动和挟沙力动态分析提供方法。

8.1.1　试验设计和方法

本节研究所实施的人工模拟降雨试验是于 2012 年 9 月至 2014 年 11 月在浙江大学玻璃温室内完成的。试验采用木制的径流槽，其几何规格为宽 0.5m，高 0.5m，长分别为 3m、4m、5m，坡度为 20°，3 个径流槽平行排列，降雨试验可同时进行。坡面无植被生长，径流槽下端设置有边缘高 5cm 的集水槽便于收集径流样品。径流槽填充的试验用土是浙江省临安市的典型红壤，在原位进行分层(每层厚度 10cm，共 5 层，共 50cm)采集，室内对应层位填充，并保持层位和容重基本相同。人工模拟降雨装置采用的是中国科学院水利部水土保持研究所研制生产的可移动、变雨强、压控双向侧喷式人工模拟降雨装置，雨滴降落时的高度为 6m。通过调整喷头喷孔直径的大小和水压来调整雨强，同时在小区的边缘设计了 18 个集雨桶来监测降雨的均匀度，要求降雨均匀度均达到 90%左右。试验雨强设置范围为 0.83～2.0mm/min，共进行了有效降雨 9 场次，每场降雨重复 3 次。每次降雨试验前测定土壤前期含水量，以保证所有降雨试验土壤前期含水量相对一致。产流开始以 2min 为一个时段采集径流水样，产流时间控制在 30min，即 15 个时段，共获得浑水径流样品 405 个。

坡面径流断面流速采用染色剂法($KMnO_4$)测定。设计测速区间为 1m，在 3m、4m、5m 坡长的径流槽为对应测速的平均值。将含有泥沙的浑水径流样品带回实验室静置 24h，通过量测瓶中水的深度和重量得出每隔 2min 的径流体积和容重，然后倒去上清液，将泥沙烘干称重(105℃的条件下烘 12h)得到每隔 2min 的泥沙量，计算每个浑水径流样品的含沙量。泥沙样品的粒径测试采用比重计法来完成，泥沙粒级分为 8 级(>0.1mm，0.05～0.1mm，0.02～0.05mm，0.01～0.02mm，0.005～0.01mm，0.002～0.005mm，0.001～0.002mm，<0.001mm)。

在此基础上，分别统计和计算 3 个径流槽每场降雨、不同坡长径流槽的总径流量、总产沙量，计算了平均径流深、平均含沙量和平均流速等指标(表 8-1)。

表 8-1　坡面侵蚀产沙模拟降雨试验测试及相关计算要素统计表

雨强/(mm/min)	项目	坡长		
		3m	4m	5m
0.83	平均含沙量 S/(kg/m^3)	11.773	7.490	7.644
	平均流速 u/(m/s)	0.110	0.120	0.125
	起动流速 u^*/(m/s)	0.109	0.099	0.108
	径流深度 h/mm	22.947	17.732	13.462
	d_{95}/mm	0.050	0.042	0.058

续表

雨强/(mm/min)	项目	坡长		
		3m	4m	5m
1.01	平均含沙量 S/(kg/m^3)	15.955	10.637	45.911
	平均流速 u/(m/s)	0.046	0.048	0.107
	起动流速 u^*/(m/s)	0.112	0.102	0.112
	径流深度 h/mm	26.000	22.081	62.830
	d_{95}/mm	0.052	0.043	0.043
1.20	平均含沙量 S/(kg/m^3)	26.401	22.293	20.571
	平均流速 u/(m/s)	0.091	0.102	0.143
	起动流速 u^*/(m/s)	0.118	0.111	0.108
	径流深度 h/mm	36.100	45.290	39.330
	d_{95}/mm	0.055	0.044	0.043
1.36	平均含沙量 S/(kg/m^3)	17.412	4.642	9.329
	平均流速 u/(m/s)	0.083	0.091	0.120
	起动流速 u^*/(m/s)	0.136	0.130	0.112
	径流深度 h/mm	29.987	22.935	32.288
	d_{95}/mm	0.084	0.080	0.048
1.54	平均含沙量 S/(kg/m^3)	16.355	19.624	29.839
	平均流速 u/(m/s)	0.095	0.147	0.180
	起动流速 u^*/(m/s)	0.106	0.112	0.121
	径流深度 h/mm	32.227	50.155	74.690
	d_{95}/mm	0.043	0.044	0.049
1.68	平均含沙量 S/(kg/m^3)	26.633	11.055	24.879
	平均流速 u/(m/s)	0.112	0.121	0.165
	起动流速 u^*/(m/s)	0.110	0.118	0.110
	径流深度 h/mm	44.433	45.035	56.244
	d_{95}/mm	0.044	0.050	0.041
1.75	平均含沙量 S/(kg/m^3)	17.013	9.814	21.876
	平均流速 u/(m/s)	0.110	0.120	0.136
	起动流速 u^*/(m/s)	0.116	0.136	0.146
	径流深度 h/mm	30.290	34.665	65.352
	d_{95}/mm	0.055	0.079	0.080
1.80	平均含沙量 S/(kg/m^3)	13.031	20.604	12.840
	平均流速 u/(m/s)	0.091	0.122	0.133
	起动流速 u^*/(m/s)	0.127	0.145	0.159
	径流深度 h/mm	22.421	48.825	134.641
	d_{95}/mm	0.077	0.085	0.080
2.00	平均含沙量 S/(kg/m^3)	27.789	22.510	4.247
	平均流速 u/(m/s)	0.136	0.126	0.161
	起动流速 u^*/(m/s)	0.143	0.137	0.235
	径流深度 h/mm	42.801	39.387	502.277
	d_{95}/mm	0.087	0.080	0.150

8.1.2　模型构建

1. 坡面泥沙起动流速计算式的机理设计

基于河流泥沙输移的理论，结合坡面比降大而下垫面复杂的特点，根据坡面径流泥沙起动、搬运和沉积的力学原理，考虑了泥沙颗粒粒径统计特征、泥沙容重、浑水径流容重、径流深、雨强等因素。鉴于坡面土壤不同于河床组成物质的特点，土壤颗粒位置的随机性，或处于完全隐蔽状态，或处于完全暴露情况，但绝大部分是介于二者之间，为此，引入了暴露度 η 的概念(韩其为和何明民，1999；余新晓等，2009)，根据暴露度的物理含义，设计了暴露度的计算式。

首先，由于泥沙的起动主要取决于泥沙粒径的大小、坡面径流的水力学特性、降雨的扰动，以及泥沙的暴露度，基于此机理考虑，构建了坡面泥沙的起动流速(υ^*)表达式(8-1)：

$$\upsilon^* = I \times \beta \sqrt{\frac{\gamma_s - \gamma}{\gamma} \times g \times d_{95}} \times \lg \frac{\eta \times h}{d_{95}} \tag{8-1}$$

式中，υ^* 为泥沙起动流速(m/s)；I 为修正系数，由雨强值来计算，当雨强小于 1mm/min 时，按 1 来计算，当雨强大于 1mm/min，按实际的雨强数值来计算；h 为平均径流深度(mm)；γ_s 为泥沙容重；γ 为浑水容重(kg/m^3)；η 为暴露度，计算式见式(8-2)；β 为泥沙粒径系数，计算式见式(8-3)。

$$\eta = \frac{\text{泥沙中粉粒含量} + \text{泥沙中黏粒含量}}{\text{土壤砂粒含量}} + \frac{\text{泥沙中黏粒含量}}{\text{土壤粉粒含量}} \tag{8-2}$$

$$\beta = \frac{d_m}{d_{95}} \tag{8-3}$$

式中，d_{95} 为泥沙级配曲线上与纵坐标 95%相应的粒径；d_m 为算术加权平均粒径，计算式见式(8-4)。

$$d_m = \frac{\sum(\Delta p_i \cdot d_i)}{100} \tag{8-4}$$

式中，Δp_i 为第 i 粒径组颗粒质量占整体沙样总质量的比例；d_i 为第 i 粒径组泥沙的平均粒径，可采用式(8-5)计算。

$$d_m = \frac{(d_{i\max} + d_{i\min})}{2} \tag{8-5}$$

式中，$d_{i\max}$、$d_{i\min}$ 分别为第 i 组沙的粒径最大值与最小值。

2. 坡面径流挟沙力计算式的机理设计

坡面径流所能挟带泥沙的量及泥沙中颗粒的组成结构，都与坡面径流的水流条件、水的物理性质和泥沙的颗粒特性有关(钱宁和万兆惠，1983)。在特定设计的试验边界条件下，考虑了坡面径流水深较浅、流速较大、具有悬移质和推移质混合交替的特性，在总结前人挟沙力计算公式的基础上，设计了坡面径流挟沙力的计算式(8-6)。

$$S^* = A\times\left(\upsilon-\upsilon^*\right)^m\cdot\left(\frac{h}{d_{95}}\right)^n \tag{8-6}$$

式中，S^*为含沙量(kg/m^3)；υ为实测坡面径流的平均流速(m/s)；A为挟沙系数；m、n为修正常数；其他同上各式。

3. 坡面径流挟沙能力计算式系数及常数的确定

根据试验设计的实测数据及上述计算式(8-1)～式(8-5)，计算出式(8-6)模拟过程中所用的物理量(表 8-1)，然后采用 SPSS 20.0 进行了对数转换的二阶最小二乘法分析，计算出式(8-6)中的A、m和n，其复相关系数为 0.663，得坡面挟沙力计算模型：

$$S^* = 0.130\times\left(\upsilon-\upsilon^*\right)^{-0.182}\times\left(\frac{R}{d}\right)^{0.989} \tag{8-7}$$

模型的方差表明F统计量对应的p值为 0.000，远小于 0.01，则说明该模型整体是显著的，其拟合度相对较好。

8.1.3 模型验证及模拟

挟沙力公式检验的关键是检验挟沙力计算值与实测值的趋近程度和点群的分布。根据所构建的挟沙力模型[式(8-7)]，模拟了试验所测试要素而得出的含沙量值，并且与实测含沙量进行了相关性拟合(图 8-1)。

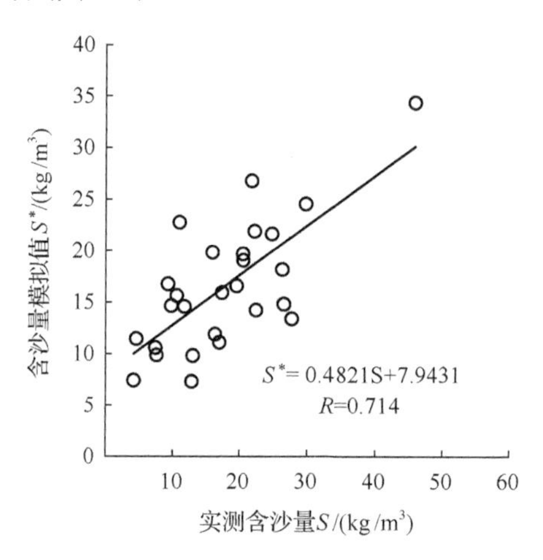

图 8-1 实测含沙量与含沙量模拟值关系

由图 8-1 所示，含沙量模拟值(S^*)与含沙量实测值(S)总体上呈现出线性相关，相关系数为 0.714。由于图 8-1 所示的数值是跨坡长(3 个坡长)的综合，若将 3 个坡长(3m,

4m，5m)的含沙量模拟值(S^*)与含沙量实测值(S)分别进行拟合，如图 8-2 所示。由图 8-2 可以直观地看出，在不同的坡长情况下，含沙量模拟值(S^*)与含沙量实测值(S)的相关性相差很大。随着坡长的增加，相关系数 R 值大幅增大，从 3m 坡长的 0.265 增大到 5m 坡长的 0.908。由此可知，坡长越短，其含沙量的实测值与预测值相差较大，坡长越长，含沙量的实测值与预测值就会越接近。这一规律符合水流搬运泥沙的三个环节：起动、搬运和沉积。在这三个环节的系列运动过程中，搬运泥沙的水力学要素有一个自我的调整稳定程长，坡长越长越有利于径流沿坡长的自我调整，在一定的坡长距离内完成三个环节的调整，泥沙起沉会趋于均匀稳定，使得模拟值能够更加准确地反映径流的真实挟沙能力。从本研究不同坡长的拟合来看，在 5m 以上的坡长范围内，可以用模型[式(8-7)]来模拟自然界实际坡面径流的挟沙特性。

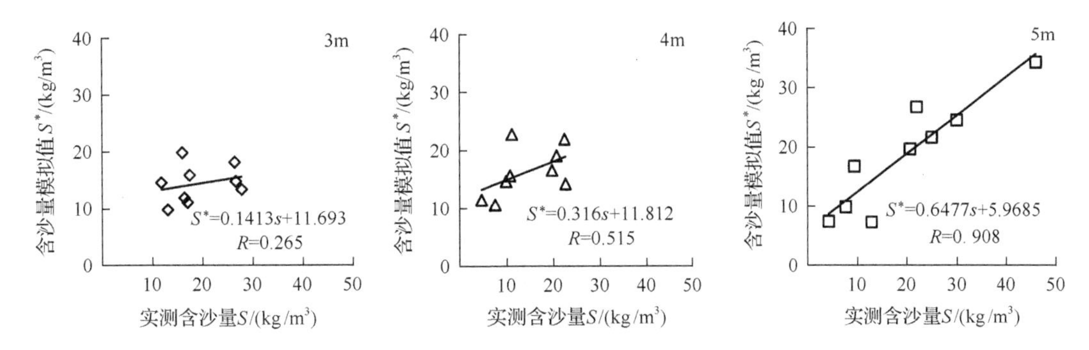

图 8-2　不同坡长实测含沙量与含沙量模拟值关系

8.1.4　结论

本研究所构建的坡面径流挟沙力计算模型，是基于泥沙起动、搬运、沉积的运移环节，借助河流挟沙力原理，考虑了坡面下垫面的复杂性和泥沙颗粒特征，加入了降水影响的因素。在模型参数的验证中，考虑了坡长的影响，认为该模型可以很好地模拟和计算 5m 以上坡长的坡面径流挟沙过程。

理论的研究在很大程度上是为生产实际服务的。自然界的坡地坡长绝大部分都大于 5m，各水土流失监测站标准径流小区的坡长设定为 20m。所以，本研究所建的模型可以很好地应用于实际。同时，在采用径流槽进行人工模拟降雨的挟沙力试验时，设计的径流槽应大于 5m，这样试验效果会更加接近实际，大大提高了试验结果的可信度。

8.2　坡面土壤养分流失模型的建立和验证

场降雨过程中氮、磷流失是一个相当复杂的过程，牵涉很多其他的化学和物理过程，包括土壤水分循环、不同下垫面的土壤侵蚀、降雨再分配、“三氮”转化、氨挥发等。氮、磷流失机理的数学模型应该考虑的因素也有很多，包括施肥量和施肥日期、植被生长期、降雨时间、雨强、降雨时长、坡度、植被覆盖度、土壤前期含水量等一系列非线性变化的因子，得到的模型一般是非线性度很强的微分方程。

目前，氮、磷的输出模型大多是在坡面流失的基础上进行扩展，最终建立流域范围内的输出预测。本试验的目的在于以 1∶1 的降雨和土壤条件模拟白菜生长及其径流载氮磷流失，从而获得以白菜地场降雨过程为基本单位的氮、磷流失模拟模型，日后无论是小范围内的菜地流失模拟，或者是大范围内的流域输出模拟，本模型都可以作为基础数据加以利用和参考。

8.2.1　坡度、植被覆盖度与雨强综合影响下的氮、磷流失模型

基于 7.1 节和 7.2 节的试验数据建立的模型。

本试验的背景资料来源于杭州，因此试验的研究目的需要结合背景资料，制定并给出相适应的研究结果。径流中的氮磷比对水土流失的影响不大，但是对后续的水体富营养化问题影响较大，而杭州的高温高湿气候利于藻类的暴发，因此，本节对径流中的氮磷比进行了分析，从源头上明确水体的污染来源组分，可以更好地制定相应的水资源保护措施。

1. 降雨资料综合

本节的研究目标是氮、磷流失模型的建立和验证，以及径流流失中氮磷比的变化特征，因此在 48 场有效降雨中，选择 12 场室内模拟降雨试验的资料，综合考虑雨强、坡度、植被覆盖度、土壤前期含水量 4 个影响因子，进行氮磷流失的分析和流失量多元回归模型的建立。再在剩余的 36 场有效降雨中随机选择 8 场有效降雨对该回归模型进行验证，以确定模型的准确性和可用性。

12 场用于模型模拟的降雨资料和 8 场用于回归模型验证的降雨资料数据分别见表 8-2、表 8-3 和表 8-4。

表 8-2　12 场降雨及其对应的雨强、坡度、植被覆盖度、土壤前期含水量、降雨时长

影响因子	第 1 场	第 2 场	第 3 场	第 4 场	第 5 场	第 6 场	第 7 场	第 8 场	第 9 场	第 10 场	第 11 场	第 12 场
雨强/(mm/h)	78	96	102	30	66	54	30	30	137	60	78	102
坡度/(°)	11	11	11	14	14	14	21	21	21	25	25	25
植被覆盖度/%	15	20	70	70	98	70	70	30	98	60	92	30
土壤前期含水量/%	14.2	16.4	18.5	19.3	20.4	11.1	19.2	19.8	21.0	20.1	20.6	14.9
降雨时长/h	0.31	0.35	0.32	0.27	0.28	0.27	0.34	0.30	0.37	0.27	0.33	0.27

表 8-2 中，降雨时长=产流时刻+径流持续时间 20min，因此降雨时长的不同是源于每场降雨的产流时刻不同。径流和泥沙是氮、磷流失的中间过程，在模型模拟时，只考虑雨强、坡度、植被覆盖度和土壤前期含水量等原始自变量因素。但是从表 8-3 中给出的径流和泥沙相关数据及径流模数的变化规律上可以看出，径流模数和氮、磷量的变化规律一致，二者呈正相关。而泥沙量的变化规律则与磷流失量关系密切，与氮流失量的相关性不明显。

表 8-3　12 场降雨的径流量、产沙量及氮磷流失的相关监测与计算数据统计表

因素	第 1 场	第 2 场	第 3 场	第 4 场	第 5 场	第 6 场	第 7 场	第 8 场	第 9 场	第 10 场	第 11 场	第 12 场
产流时刻/h	0.06	0.10	0.07	0.02	0.03	0.02	0.09	0.05	0.12	0.02	0.08	0.02
稳定入渗率	0.32	0.35	0.35	0.69	0.02	0.07	0.60	0.68	0.23	0.13	0.09	0.23
径流量/L	20.50	22.48	30.98	3.67	15.54	38.99	5.42	13.61	15.75	23.71	39.21	29.27
径流模数/[L/(m^2·h)]	31.02	32.24	48.46	3.40	28.20	37.33	7.97	12.16	22.59	42.40	58.82	51.14
产沙量/g	86.03	98.24	61.11	—	93.28	—	—	212.42	241.35	1175.14	1782.58	1677.42
含沙量/(g/L)	4.20	1.49	21.60	—	12.70	—	—	10.86	6.25	49.56	57.31	45.46
TN 流失量/mg	66.21	84.55	176.82	30.76	71.18	182.33	16.47	61.11	53.53	80.49	109.83	155.69
TN 平均浓度/(mg/L)	3.23	3.76	5.71	9.05	4.58	7.68	3.04	4.49	3.40	3.39	2.80	5.32
TN 流失模数/[mg/(m^2·h)]	100.17	121.24	276.57	56.96	129.16	174.57	24.23	101.47	41.35	143.91	159.00	272.02
TP 流失量/mg	13.21	7.18	30.48	0.98	3.53	12.95	2.17	2.19	8.99	15.18	39.03	26.23
TP 平均浓度/(mg/L)	0.64	0.32	0.98	0.27	0.23	0.33	0.40	0.16	0.57	0.64	1.00	0.90
TP 流失模数/[mg/(m^2·h)]	19.98	10.30	47.67	1.81	6.41	12.40	3.19	3.64	12.15	27.14	58.54	45.83
氮磷比/(N/P)	5.0	11.8	5.8	31.4	20.2	14.1	7.6	27.9	6.0	5.3	2.8	5.9

注：—表示产沙量太少，没有收集

从氮、磷流失浓度的角度出发，可以看见，浓度与各影响因素之间的相关性不明显，也就是说氮、磷流失量与各影响因素之间的相关性是由影响因素和径流量之间的相关性决定的。

表 8-4　8 场模拟降雨的试验的相关监测及计算要素统计表

因素	第 1 场	第 2 场	第 3 场	第 4 场	第 5 场	第 6 场	第 7 场	第 8 场
雨强/(mm/h)	94	132	30	39	102	112	120	132
坡度/(°)	11	11	14	14	21	21	25	25
植被覆盖度/%	55	14	22	15	62	79	80	98
土壤前期含水量/%	17.68	7.31	10.43	11.51	15.11	14.75	20.45	21.43
降雨时长/h	0.33	0.33	0.33	0.35	0.37	0.30	0.26	0.26
TN 流失量/mg	146.22	102.14	59.05	49.38	89.45	47.35	279.31	255.17
TP 流失量/mg	14.24	22.17	2.17	3.48	13.45	5.96	27.35	27.01

2. 场降雨过程中的氮、磷流失多元回归模型模拟

在 12 场模拟降雨资料的基础上，统计分析得出 TN、TP 流失量多元回归模型(表 8-5)，表中 x_1 是雨强，x_2 是坡度，x_3 是植被覆盖度(对应着生长期)，x_4 是土壤前期含水量，y 是 TN、TP 流失量。

表 8-5 氮、磷流失的多元回归模型及其相关系数

流失项目	氮、磷流失的多元回归模型表达式	当 y 是最大值时，x_1，x_2，x_3，x_4 的取值					Durbin-Watson 统计量	相关系数
		y/mg	x_1/(mm/h)	x_2/(°)	x_3/%	x_4/%		
TN	y=1040.2–4.01x_1–65.83x_2+12.16x_3–75.41x_4+0.13$x_1\times x_2$–0.04$x_1\times x_3$+0.33$x_1\times x_4$–0.31$x_2\times x_3$+4.07$x_2\times x_4$–0.21$x_3\times x_4$	838.81	137	25	10	21.33	d=1.93	0.758
TP	y=54.71+0.05x_1–3.04x_2+0.71x_3–6.46x_4–0.005$x_1\times x_2$–0.005$x_1\times x_3$+0.03$x_1\times x_4$–0.02$x_2\times x_3$+0.29$x_2\times x_4$	78.58	137	25	10	21.33	d=1.88	0.749

根据 DPS 软件的统计原理，Durbin-Watson 值越接近 2，说明所建模型的准确性越高，可用度也越高。从表 8-5 中可以看出，TN、TP 多元回归模型的 Durbin-Watson 值分别为 1.93 和 1.88，均接近 2，说明这两个模型的可用性较高。

当 TN 含量、TP 含量达到其最大值时，各影响因素雨强、坡度、植被覆盖度和土壤前期含水量的值分别是 137mm/h、25°、10%和 21.33%。这种结果可以说明，增加的雨强、坡度和土壤前期含水量都有利于 TN 和 TP 的流失，而植被覆盖度则是越小越利于 TN、TP 流失。同时，表 8-5 还说明，当 TN 和 TP 的流失量达到最大时，各影响因素的取值均相同，说明坡地径流中 TN 和 TP 的流失具有一定的相关性。

3. TN、TP 流失量多元回归模型的验证

选择 8 场模拟降雨试验，利用所得的 TN、TP 流失量多元回归模型验证如表 8-6 所示。

表 8-6 8 场模拟降雨试验的 TN、TP 流失量实测值和多元回归模型验证值及其误差

试验场次	TN			TP		
	实测值(Y_0)/(mg/L)	模拟值/(mg/L)	误差/%	实测值(Y_0)/(mg/L)	模拟值/(mg/L)	误差/%
1	146.22	150.51	2.94	14.24	13.94	2.11
2	102.14	97.04	4.99	22.17	23.27	4.96
3	59.05	61.37	3.92	2.17	2.07	4.61
4	49.38	26.82	45.69	3.48	0.74	78.74
5	89.45	88.43	1.14	13.45	12.78	4.98
6	47.35	55.68	17.6	5.963	7.48	25.44
7	279.31	276.96	0.84	27.35	28.29	3.44
8	255.17	265.8	4.16	27.01	26.5	1.88

误差的计算公式为

$$E=(\text{实测值}-\text{验证值})/\text{实测值}\times 100\% \tag{8-8}$$

从表 8-6 中我们可以看出，75%的降雨中实测值和验证值之间的误差小于 5%，这说明模型的验证值和实测值之间不存在显著差异，可以用于白菜地表场降雨过程中 TN、TP 流失量的模拟。

图 8-3 和图 8-4 分别为 TN 和 TP 流失量的实测值和验证值之间的比较散点图，线性

关系式及 R^2 值分别为

$$\text{TN}: y = 1.0375x–5.6043, \quad R^2 = 0.9896 \tag{8-9}$$

$$\text{TP}: y = 1.015x– 0.2525, \quad R^2 = 0.9883 \tag{8-10}$$

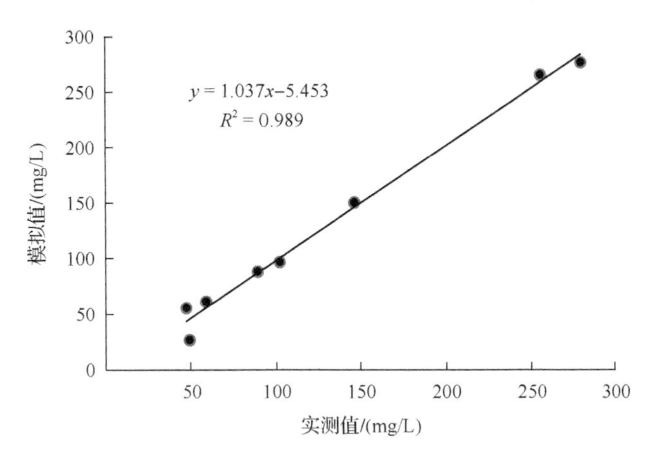

图 8-3　8 场降雨的 TN 流失量的实测值和验证值比较

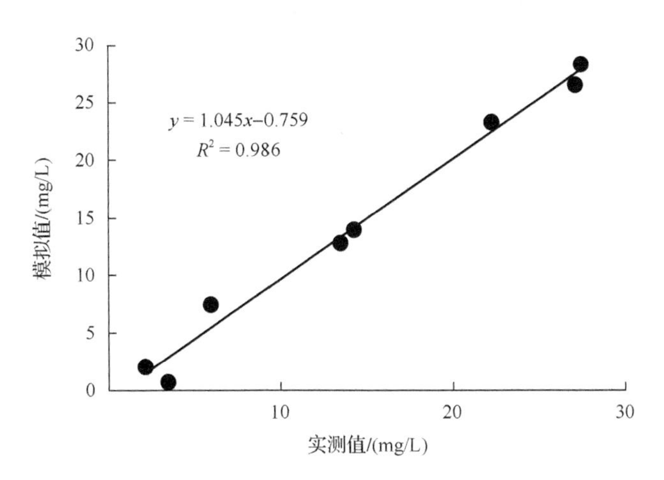

图 8-4　8 场降雨的 TP 流失量的实测值和验证值比较

此模型在应用上具备的优势主要是，建模的背景资料来源于杭州市郊，由于考虑的影响因素重点集中在降雨、土壤等客观条件上，因此相比于其他国外的模型更具有本土性。另外，由于和白菜的生长期密切结合，模型具备了时效性和即时性。

4. 雨强、坡度、植被覆盖度和土壤前期含水量对氮磷比的影响

大量的研究成果证明，当磷富集，而氮缺乏时，水体中的藻类能够利用大气中的碳和氮，从而提高初级生产力，在影响初级生产力的众多营养物质中，磷往往是淡水生态系统中最主要的限制因素。当氮富集，而磷缺乏时，水体的初级生产力却没有明显变化(Schindler，1974)。

通常以 Redfield 比例(氮磷质量比 7)作为评判标准，氮磷比小于 7 时，氮是限制因子，氮磷比大于 7 时，磷是限制因子。一般来说，淡水生态系统中的限制因子是磷，而在河口等滨海地带主要的限制因子是氮(Isserman，1990)。在我国，江苏太湖、杭州西湖等许多湖泊和水库富营养化的主要限制因素都是磷(范成新，1996；裴洪平等，1998)。

对 20 场降雨的径流中流失的氮磷比受影响因素的影响程度利用 DPS 进行主成分分析，结果见表 8-7。

表 8-7　各因素对 N/P 值主成分分析

分析因素	特征值	比例/%	累积比例/%
雨强/(mm/h)	2.4038	48.0768	48.0768
坡度/(°)	1.5339	30.6772	78.754
植被覆盖度/%	0.5881	11.7613	90.5152
土壤前期含沙量/%	0.3233	6.466	96.9813
N/P	0.1509	3.0187	100

从表 8-7 可以看出，雨强对 N/P 值的影响占主要地位，比例达到 48.077%。另外，20 场降雨中，径流中氮、磷含量随雨强变化的变化规律见图 8-5，氮磷比随雨强增加的变化规律见图 8-6。

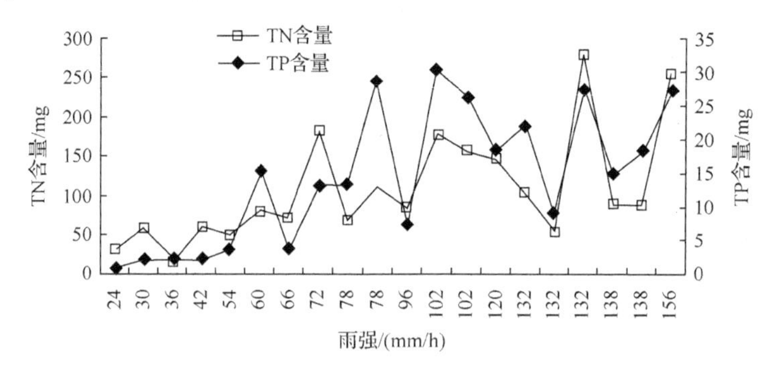

图 8-5　20 场降雨中，径流中氮、磷含量随雨强的变化规律

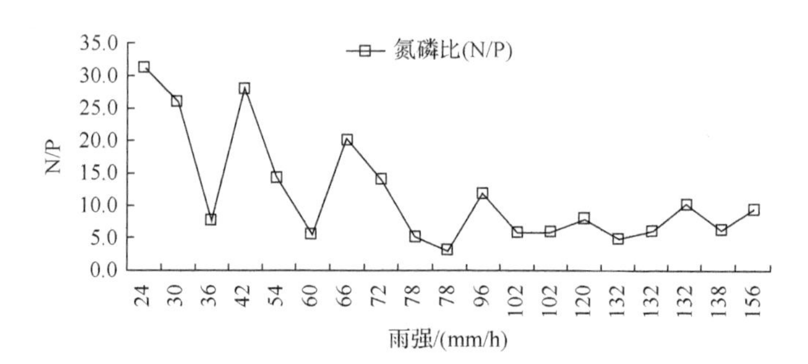

图 8-6　20 场降雨中，氮磷比随雨强增加的变化规律

由图 8-5 可以看出，20 场降雨中，径流中流失的 TN 和 TP 含量的变化规律与雨强保持一致，基本都是随着雨强增加而增加。而图 8-6 中，可以看出 N/P 值的变化规律与雨强的变化规律基本相反，也就是说雨强越大，径流中流失的氮磷比越小，更易于磷的流失。

可以总结出，雨强大的情况下，磷的流失受到的影响更大。这是因为雨强对径流泥沙的影响较大，而径流泥沙与磷的流失密切相关，因此大雨强条件下，磷的流失潜力也较大。

氮磷比对水体内浮游生物的生长有着重要意义，因此在本结果的基础上，我们可以得出，多发大雨暴雨的地区，因为氮磷比较小，利于藻类的大量繁殖和暴发，所以应该更加关注水体的富营养化问题。

5. 结论

白菜地表径流中氮、磷流失是一个非常复杂的过程，本小节根据 12 场随机降雨试验资料，统计分析得出 TN、TP 流失量的多元回归模型，并且通过另外 8 场模拟降雨试验的数据对其进行验证，误差均小于 5%。因此本模型可以用于白菜地场降雨过程中 TN、TP 流失量的模拟。同时，通过对氮磷比的分析，得出各影响因素的不同的影响程度，其中雨强在所有因素中占主要地位，氮、磷流失量都是随着雨强增大而增大，但是氮磷比正相反。

目前，关于地表径流载氮磷流失的模型研究较多，应用广泛的如 WEPP，是非常复杂的模型，而且由于模型的建立者以美国本土的气候和地形条件为基础资料，所模拟获得的数据并不能很好地应用在国内。而本试验的背景资料来源于杭州市郊，本小节的创新点在于影响因素里的植被覆盖度因子，在试验中与白菜的生长密切相关，也就是说模型的建立实际上是结合了客观条件，如降雨和地面条件及白菜本身的生物属性，从而提高了模型的可利用性。

对 20 场降雨资料中氮磷比的分析结果则可以应用于杭州市郊水体富营养化的参考，氮磷比主要是对水体中浮游生物群落如藻类的分布起到关键作用，而杭州高温高湿的气候条件极其利于藻类暴发，因此分析菜地径流流失的氮磷比值对于杭州市郊的水资源利用和保护具有重要意义。

8.2.2 坡长、植被覆盖度与施肥处理综合影响下的氮磷流失模型

养分流失模型包括经验统计模型和物理成因模型，但目前多偏向于以经验统计模型为主，这些模型处理养分流失的共同出发点是将流失养分分为侵蚀泥沙和径流携带两部分，利用侵蚀泥沙养分富集率和侵蚀量计算泥沙带走的养分，用表土养分含量与径流量来计算径流和土壤水带走的养分。

本研究就是在相关模型基础上进行修正对红壤坡面菜地土壤侵蚀和养分流失量进行估算和预测，旨在揭示该地区水土流失和养分流失的分布特征，并为控制红壤坡面菜地养分流失提供基础参数和理论依据。

1. 养分流失模型的建立

由于土壤养分流失量与径流量、泥沙量的密切关系，因此通过给定径流量和泥沙量对降雨过程中各养分流失量进行预测。其模型的建立是基于大量的试验数据，通过分析确定最优的模型参数。

在本研究中，从 46 场有效降雨中，挑选了 15 场降雨的数据(表 8-8)，并将径流量、产沙量和原表土中各养分的含量作为影响养分流失的主要因子，进行氮、磷和有机碳流

表 8-8　15 场降雨的模型模拟相关参数列表

	试验场次														
	第 1 场	第 2 场	第 3 场	第 4 场	第 5 场	第 6 场	第 7 场	第 8 场	第 9 场	第 10 场	第 11 场	第 12 场	第 13 场	第 14 场	第 15 场
坡长/m	2	2	2	2	3	3	3	3	4	4	4	4	5	5	5
植被覆盖度/%	0	15	30	60	0	15	30	60	0	15	30	60	0	30	60
径流量/L	40.14	37.43	30.48	24.36	60.13	57.12	46.96	38.27	73.08	63.92	56.28	46.32	91.73	65.45	41.12
产沙量/g	122.00	92.34	66.10	38.93	127.49	95.12	67.99	41.12	471.60	313.24	229.89	139.51	535.39	304.14	171.56
土壤表层 TN 含量/(g/kg)	0.76	0.77	0.73	0.79	0.73	0.76	0.75	0.76	0.74	0.72	0.71	0.79	0.80	0.79	0.82
土壤表层 TP 含量/(g/kg)	0.22	0.24	0.17	0.15	0.23	0.20	0.25	0.22	0.27	0.25	0.23	0.21	0.23	0.20	0.22
TN 流失量/mg	185.36	167.27	135.30	134.86	213.37	193.29	171.76	191.36	431.52	395.97	348.92	297.92	626.71	425.73	324.17
TP 流失量/mg	53.79	45.12	30.96	22.73	78.39	65.22	52.54	34.10	177.33	137.63	105.63	62.67	219.77	124.47	75.59
土壤表层 TOC 含量/(g/kg)	10.16	9.78	9.54	8.13	10.77	9.51	8.25	8.36	11.15	10.54	9.78	8.23	11.44	8.18	7.53
TOC 流失量/mg	523.12	520.27	535.06	496.09	711.56	643.24	601.21	616.55	879.80	730.11	723.75	740.78	899.15	808.22	745.33
径流中 TN 浓度/(mg/L)	2.51	2.50	2.57	4.04	2.55	2.59	2.61	2.69	2.50	2.68	2.78	3.84	2.53	2.67	2.65
径流中 TP 浓度/(mg/L)	0.69	0.68	0.61	0.59	0.76	0.72	0.69	0.68	0.85	0.83	0.79	0.65	0.88	0.82	0.79
径流中 TOC 浓度/(mg/L)	2.62	2.26	2.39	3.24	2.53	2.46	2.33	2.28	1.96	2.20	2.27	1.84	2.21	2.12	2.61
ER_{TOC}	1.08	1.11	1.23	1.37	1.08	1.06	1.24	1.31	1.07	1.08	1.20	1.35	1.11	1.19	1.30
ER_{TN}	1.15	1.14	1.18	1.17	1.17	1.19	1.25	1.27	1.13	1.17	1.18	1.19	1.15	1.21	1.19
ER_{TP}	1.18	1.19	1.22	1.26	1.21	1.20	1.22	1.26	1.18	1.17	1.22	1.24	1.18	1.23	1.29

注：TOC，总碳；ER_{TOC}，总碳的富集系数；ER_{TN}，总氮的富集系数；ER_{TP}，总磷的富集系数

失量的多元回归的拟合，同时再从剩余的 31 场降雨中随机挑选 10 场降雨的数据(表 8-9)，进行多元回归模型的检验，从而确定模型的可信度及准确度。

本研究中模型建立借鉴了 CREAMS 模型中假定径流中溶解相养分与泥沙相养分之间不存在净的交换(Lane and Foster，1980；Knisel，1980)，因此分别估算径流和泥沙中养分的流失，其多元回归模型的一般形式为

$$E = a \times C_s \times S + b \times C_r \times R \tag{8-11}$$

式中，E 为每场降雨各养分流失量(mg)；R 为径流量(L)；S 为泥沙量(g)；C_s 为流失泥沙中养分的含量/(g/kg)；C_r 为各养分在径流中的含量(mg/L)；a 和 b 分别为系数。

在野外的预测中由于流失泥沙养分含量(C_s)为实测值，在估算过程中必须对每次降雨进行泥沙样品的各养分含量分析测定，工作量较大，使用起来非常不方便，因此，可将泥沙中养分富集值(ERS)引入到式(8-11)中：

$$\mathrm{ERS} = C_s / C_0 \tag{8-12}$$

式中，C_0 为各养分在土壤中的含量(g/kg)。

因此，式(8-11)最终可变形为式(8-13)：

$$E = a \times \mathrm{ERS} \times C_0 \times S + b \times C_r \times R \tag{8-13}$$

养分流失的主要载体是径流和泥沙，因此在建立模型之前，我们先分析各养分流失量与径流量、泥沙量之间的关系，并将结果表现在图 8-7 中。

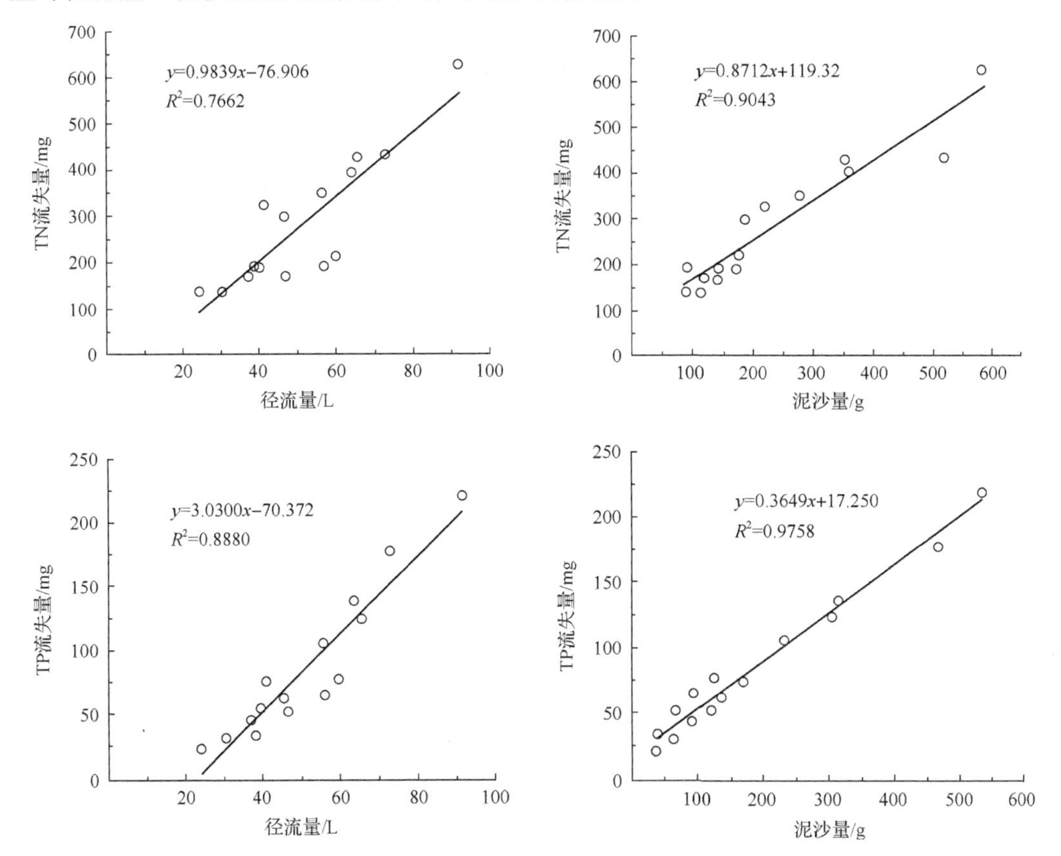

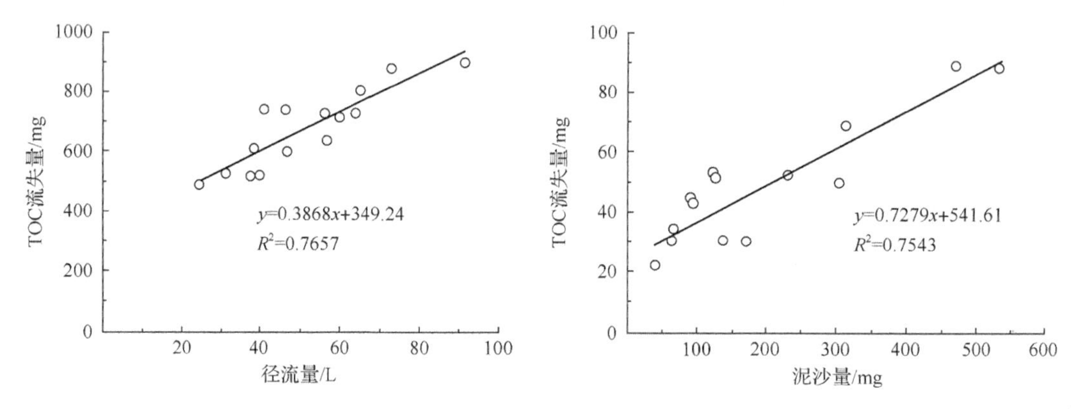

图 8-7　TN、TP 和 TOC 流失量与径流量、泥沙量的相关关系

如图 8-7 所示，TN 流失量与径流量、泥沙量的相关系数分别为 0.7662 和 0.9043；TP 流失量与径流量、泥沙量的相关系数为 0.8880 和 0.9758；TOC 为 0.7657 和 0.7543，各养分流失量与径流量、泥沙量均呈显著的正相关，因此，本节中拟建立的红壤坡面养分流失预测模型将坡面径流量和泥沙量作为主要的模型参数。

综合分析 15 场模拟降雨数据，采用 SPSS18.0 进行数据拟合得到 TN、TP 和 TOC 流失量预测模型，模型总结于表 8-9。在表中 x_1 是径流量，x_2 是产沙量，x_3 是原表土 TN 含量，x_4 是原表土 TP 含量，x_5 是原表土 SOC 含量，x_6 为 TN 在泥沙中的富集值，x_7 为 TP 在泥沙中的富集值，x_8 为 TOC 在泥沙中的富集值，x_9 为 TN 在径流中的浓度，x_{10} 为 TP 在径流中的浓度，x_{11} 为 TOC 在径流中的浓度；E_{TN} 是 TN 流失量，E_{TP} 是 TP 流失量，E_{TOC} 是 TOC 流失量。

表 8-9　TN、TP 和 TOC 流失的多元回归模型及其决定系数

流失量/mg	TN、TP、TOC 流失多元回归模型	决定系数
TN	$E_{TN} = 1.143x_1x_9 + 0.719x_2x_3x_6$	0.940
TP	$E_{TP} = 1.169x_1x_{10} + 0.719x_2x_4x_7$	0.991
TOC	$E_{TOC} = 6.552x_1x_{11} - 0.111x_1x_1 - 45.938x_{11}x_{11} + 0.053x_2x_4x_7 - 0.323x_5x_5 + 272.598x_8$	0.926

2. 养分流失模型结果验证

为了验证建立的模型是否可信，我们从剩余的 31 场降雨中随机挑选 10 场降雨的数据用于模型的检验，数据总结于表 8-10。模型检验采用相对误差的概念，相对误差为绝对误差与被测量真值之比，乘以 100%所得的数值，以百分数表示。

$$\delta = \frac{\Delta}{\theta} \times 100\% \tag{8-14}$$

式中，δ 为实际相对误差，一般用百分数表示；Δ 为绝对误差，为(实验值－真值)的绝对值；θ 为真值。

表 8-10　10 场降雨的验证模型相关参数列表

	试验场次									
	第 1 场	第 2 场	第 3 场	第 4 场	第 5 场	第 6 场	第 7 场	第 8 场	第 9 场	第 10 场
坡长/m	2	2	3	3	4	4	4	5	5	5
植被覆盖度/%	0	45	0	45	0	30	45	0	15	45
径流量/L	31.38	28.68	56.78	43.67	69.16	62.38	48.64	97.55	75.14	52.90
产沙量/g	131.21	53.13	121.49	55.17	467.56	234.66	189.52	527.30	455.00	241.21
土壤表层 TN 含量/(g/kg)	0.74	0.79	0.71	0.71	0.68	0.72	0.65	0.62	0.64	0.68
土壤表层 TP 含量/(g/kg)	0.18	0.23	0.22	0.17	0.17	0.24	0.17	0.21	0.24	0.22
土壤表层 TOC 含量/(g/kg)	11.82	10.77	10.23	10.98	10.21	9.34	8.33	8.14	8.87	8.06
TN 流失量/mg	207.14	181.11	209.41	182.22	378.42	332.19	253.19	249.13	276.41	255.15
TP 流失量/mg	51.13	27.85	71.33	41.21	191.35	124.53	89.44	238.17	189.62	122.13
TOC 流失量/mg	520.14	510.89	612.18	555.34	988.52	898.25	846.65	1387.65	1012.20	1011.01
径流中 TN 浓度/(mg/L)	2.55	3.11	2.58	2.64	2.53	2.79	3.14	1.45	1.48	2.69
径流中 TP 浓度/(mg/L)	0.68	0.58	0.77	0.71	0.88	0.81	0.75	0.91	0.87	0.84
径流中 TOC 浓度/(mg/L)	2.13	2.21	2.52	2.64	2.33	2.58	2.77	3.35	2.78	3.16
ER_{TOC}	1.17	1.11	1.26	1.31	1.27	1.30	1.32	1.29	1.31	1.39
ER_{TN}	1.17	1.27	1.18	1.26	1.15	1.19	1.17	1.06	1.01	1.18
ER_{TP}	1.17	1.25	1.23	1.27	1.19	1.21	1.23	1.18	1.20	1.22

利用本节中建立的各养分流失预测模型，将表 8-10 中 10 场模拟降雨中收集到的数据代入模型中计算，并使用式(8-14)对拟合的模型进行检验，检验的结果见表 8-11。

表 8-11　10 场降雨中 TN、TP 和 TOC 流失量计算值与实测值的比较

试验场次	TN			TP			TOC		
	计算值	实测值	相对误差/%	计算值	实测值	相对误差/%	计算值	实测值	相对误差/%
1	173.14	207.14	19.64	46.58	51.13	9.77	492.2	590.44	19.96
2	140.28	181.11	29.11	31.41	27.85	11.32	398.4	510.89	28.24
3	240.62	209.41	12.97	76.85	71.33	7.18	680.58	612.18	10.05
4	167.26	182.22	8.94	45.57	41.21	9.57	583.74	555.34	4.86
5	462.89	378.42	18.25	145.21	191.53	31.9	909.34	988.52	8.71
6	343.49	332.19	3.29	112.42	124.53	10.77	797.87	898.25	12.58
7	278.2	253.19	8.99	73.67	89.44	21.41	715.55	846.65	18.32
8	410.84	249.13	39.36	206.08	238.17	15.57	1193.04	1387.65	16.31
9	338.58	276.41	18.36	179.02	189.62	5.92	998.81	1012.2	1.34
10	301.81	255.15	15.46	102.64	122.13	18.99	827.07	1011.01	22.24

从表 8-11 可以看到，10 次模拟降雨中 TN、TP 和 TOC 流失量 80%的计算值和实测值之间的相对误差均小于 20%；同时，由于多元回归模型的决定系数分别为 0.940、0.991 和 0.926，说明模型的拟合度较好，该模型可适用于南方红壤区坡面菜地养分流失预测。

3. 坡长、植被覆盖度、施肥处理对氮、磷和碳氮流失比的影响

水溶性有机质(DOM)是生态系统主要的可移动碳库及重要的养分库，主要包括水溶性有机碳和水溶性有机氮。DOM 进入水体后，主要是造成水体的富营养化，提高水体中微生物的活性，造成水体的生化耗氧量大幅度增加，从而形成面源污染。湖泊富营养化同时取决于氮磷比(N/P)和碳氮比(C/N)的变化，N/P 和 C/N 均可影响藻类浮游生物的生长(丰茂武，2008)。据研究表明，水体中的 C/N、N/P 对藻类的暴发性生长具有重要的调控作用。

从表 8-8 和表 8-10 中的 25 场降雨中 TN、TP 及 TOC 的总流失量(经拉依达准则检验剔除表 8-10 中第 8 场降雨的数据)，并计算了对应的径流中 N/P 和 C/N，结果列于表 8-12。同时利用 SPSS18.0 对河流面源污染受各影响因素的影响程度进行主成分分析，结果列于表 8-13。

表 8-12　25 场降雨径流中的 N/P 和 C/N 数据

降雨场次	坡长/m	植被覆盖度/%	径流量/L	产沙量/g	N/P	C/N
1	2	0	40.14	122.00	10.01	1.48
2	2	15	37.43	92.34	10.77	1.63
3	2	30	30.48	66.10	12.69	2.07
4	2	60	24.36	38.93	17.23	1.93
5	3	0	60.13	127.49	7.91	1.75
6	3	15	57.12	95.12	8.61	1.75
7	3	30	46.96	67.99	9.50	1.84
8	3	60	38.27	41.12	16.30	1.69
9	4	0	73.08	417.60	7.07	1.07
10	4	15	63.92	313.24	8.36	0.97
11	4	30	56.28	229.89	9.60	1.09
12	4	60	46.32	139.51	13.81	1.30
13	5	0	91.73	535.39	8.28	0.75
14	5	30	65.45	304.14	9.94	1.00
15	5	60	41.12	171.56	12.46	1.21
16	2	0	25.38	144.21	11.77	1.50
17	2	45	28.68	53.13	18.89	1.48
18	3	0	56.78	121.49	8.53	1.53
19	3	45	43.67	55.17	12.84	1.60
20	4	0	69.16	467.56	5.74	1.37
21	4	30	62.13	234.66	7.75	1.42
22	4	45	48.64	189.52	8.22	1.75
23	5	0	97.55	527.30	3.04	2.92
24	5	15	75.14	455.00	4.23	1.92
25	5	45	52.90	241.21	6.07	2.08

表 8-13　各变量因子对河流面源污染的主成分分析

变量因子	特征值	方差/%	累计比例/%
坡长	4.826	48.256	48.256
植被覆盖度	1.967	19.672	67.928
径流量	1.487	14.868	82.796
泥沙量	0.736	7.362	90.158
土壤 TN	0.367	3.672	93.830
土壤 TP	0.300	3.001	96.831
土壤有机质	0.171	1.714	98.544
N/P	0.051	0.508	99.053
C/N	0.022	0.221	99.274

拉依达准则又称为 3σ 准则，是目前最常用的剔除异常值的方法，可对大量数据进行分析检验。该准则就是要求数据总体 x 要服从正态分布或接近服从正态分布，并且检验次数不能低于 10 次，否则该准则就会失效。具体内容如下所述。

首先对一组测定值 $x_i(i=1, 2, \cdots, n)$，求平均值为 $\overline{x}$，残余误差为 $U_i = x_i - \overline{x}$，根据式(8-15)算出该列测定值的标准偏差：

$$\sigma = \sqrt{\frac{1}{n-1}\sum_{i=1}^{n} U_i^2} \tag{8-15}$$

由式(8-15)计算得到的残余误差 $U_i(i=1, 2, \cdots, n)$的绝对值均要小于 3σ，如大于 3σ 就可判定为异常值加以剔除。

由表 8-13 可知，坡长、植被覆盖度和径流量主成分的特征值分别为 4.826、1.967 和 1.487，均大于 1，方差的贡献率为 48.256%、19.672%和 14.868%，三者的累计贡献达到 82.796%，可认为坡长、植被覆盖度和径流量已基本涵盖以上所有评价指标的信息，其中坡长对面源的影响贡献率最大，方差为 48.256%，其次为植被覆盖度，影响最小的是 N/P 和 C/N。又由于坡长对 N/P 和 C/N 的影响占主要地位。于是我们将不同坡长的径流中 C/N 和 N/P 变化作图 8-8。

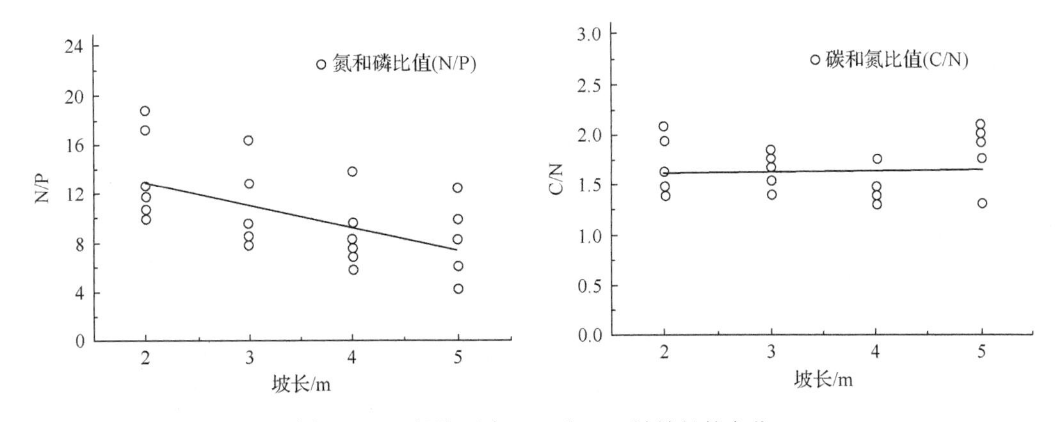

图 8-8　23 场降雨中 C/N 和 N/P 随坡长的变化

由图 8-8 可知，径流中各养分流失量大小遵循：TOC＞TN＞TP，径流中 N/P 的变化范围为 4.23～18.88，其中，随着坡长的增加，N/P 值多趋向于向小于 10∶1 的方向发展，说明坡长越长坡面径流中磷的流失量越大；其次，C/N 值的变化范围为 1.30～2.08，随着坡长的增加，C/N 值逐渐增加，可知坡长增加更利于碳的流失，根据相关的研究结果，低碳氮比的水质，因碳源不足脱氮效率更低，会使水体中硝酸盐氮含量严重超标，促使水中藻类等浮游生物的大量繁殖，水质进一步恶化，而坡长的增加，可使该状况得以缓解。同时，在坡面的养分流失中，磷是引起水体面源污染的关键指标之一，又由于 N/P 的变化结果表明坡长的增加更利于坡面磷流失，因此可得出结论：在防治红壤坡面菜地流域的水体富营养化问题上，首先应着手大力控制磷流失。

4. 结论

降雨过程中 N、P、C 的流失变化直接影响河流、湖泊的富营养化，因此，分析不同环境条件下，坡面菜地的 N、P、C 流失量及它们之间的比值变化具有十分重要的意义。出于这样的研究目的，本小节根据 25 场人工模拟降雨试验数据，进行 N、P、C 流失量数据建模及模型验证，所得结果如下所述。

(1) 首先选择了 15 场人工模拟降雨试验数据，统计分析得出 TN、TP 及 TOC 流失量的多元回归方程，并另外挑选了 10 场模拟降雨的数据加以验证，TN、TP 和 TOC 流失量的计算值和实测值之间的相对误差均小于 20%。因此拟合得到的多元回归模型适用于南方红壤坡面菜地 N、P、C 流失量的预测。

(2) N/P 和 C/N 是影响湖泊藻类暴发的重要影响因素，因此分析不同环境因子对 N/P 和 C/N 值的影响也十分重要，通过对坡长、植被覆盖度及土壤各养分含量下径流中 N/P 和 C/N 值变化进行统计分析，径流中各养分流失大小遵循：TOC＞TN＞TP。同时得到结论：磷是引起水体富营养化的关键指标之一，因此在防治红壤坡面菜地流域的水体富营养化问题上，首先应着手大力控制磷流失。

8.3　室内试验数据实际应用的转换模型

8.3.1　室内试验数据在生产实际应用中存在的问题——转换系数的提出

水土流失监测即通过定位监测、模拟试验及河流调查，收集基本资料，为分析、研究水土流失规律提供科学依据的测验工作，是建立小流域产流产沙数学模型、研究小流域治理优化模式、分析计算水土保持措施综合效益、规划设计水土保持工程的基础性工作。在水土流失监测的基础上，利用计算机技术、仿真技术及遥感技术得出土壤流失量估算模型，目前主要有统计回归模型(如美国的通用土壤流失方程)及参数演进模型(在模拟地表径流过程及泥沙输移过程基础上，建立的随时间、空间变化的土壤流失量数学模型)两种，从而预测无泥沙测验资料地区的土壤流失量(主要是水力侵蚀预测)。土壤流失量受气候、地形、土壤、植被、土地经营管理及水土保持措施等因子的制约，其数值通过实测或计算得到。而目前人工模拟降雨及径流小区监测是水土流失预测进而进行土壤流失量预测应用非常广泛的方法，但在野外进行降雨时由于受到多种不定因素的影响，结果误差较大，因此，研究者一般通过设计与野外相同降雨、土壤及坡度特征的试验条件(雷阿林和唐克丽，1995；雷阿林等，1999)，在室内进行人工模拟降雨试验的方法得出单位时间单位面积的土壤流失量[土壤侵蚀模数，t/(km^2·a)]来预测野外较大尺度面积下的土壤流失量，但在现实水土流失量估算过程中，室内模拟值与实际水土流失量不一定呈严格比例关系(张丽萍和张妙仙，2000)，如果室内模拟试验流失量大于野外实际流失量，则在实地水土流失治理中浪费工程建设费，反之，若试验数值小于实测值，则所设计的水保措施不足以预防该流域实际水土流失量。

因此，本节将野外与室内的土壤流失量及径流量进行对比，选用产流模数及产沙模数为参数，应用数学分析的方法，得出不同尺度面积范围内室内产沙模型及产流模型与野外实测值的修正系数，从而为红壤丘陵区水土流失预测提供一定的科学依据。

8.3.2　室内与野外土壤侵蚀产沙模数的换算

1. 坏值及其剔除

在试验过程中，由于误差的客观存在，所得到的试验数据总存在一定的离散性，把个别离散较远的数据称为坏值或可疑值，若保留了这些数据，由于坏值对测量结果平均值的影响比较明显，故不能以平均值作为真值的估计值。

本研究对野外与室内产流模数比值及侵蚀模数比值根据拉依达准则进行可疑数据的剔除(邱轶兵，2008)。该方法按正态分布理论，以最大误差范围 $3s$ 为依据进行判别。设有一组测量值 x_i (i=1, 2, ···, n)，其样本平均值为 $\overline{x}$ ，偏差 $\overline{x} = x_i - \overline{x}$ ，则标准偏差：

$$s = \sqrt{\frac{1}{n-1}\sum_{i=1}^{n}\left(\Delta x_i\right)^2} \tag{8-16}$$

若某测量值(1) $x_i \leqslant i \leqslant n$ 的偏差 $\left|\Delta x_i\right| > 3s$ 时，则认为 x_i 是含有较大误差的坏值，可以剔除掉。

2. 野外与室内不同尺度下产沙量的对比

雨强由 30mm/h 增大到 150mm/h 时，野外试验径流小区面积是室内径流小区面积的 8 倍(表 8-14)，将不同雨强及不同尺度径流小区内人工模拟降雨试验得出的产沙量数据进行对比(表 8-15)，实际得出的结果是，雨强 30mm/h 时，野外与室内产沙量比值随着径流小区面积的增大其比值大于 8 倍的数据占总数据的 80%，而雨强 60～150mm/h 时，野外与室内产沙量比值大于 8 倍的仅占 15%，其余 85%的数据显示其比值小于 8 倍，且雨强越大，野外试验实测值与室内模拟值的比例越小，如小区面积比值为 8($S_{野外}/S_{室内}$=8.0/1.0)时，雨强由 30mm/h 增大到 150mm/h，其产沙量比值由 13.2 减小到 2.1。由此，可以得出结论，在水土流失预测的过程中，不能简单地将室内人工降雨得出的产沙量结论乘以面积来进行实际小流域土壤流失量预测。

表 8-14　野外与室内径流小区特征对比

径流小区	坡度/(°)	坡长/m	坡宽/m	小区面积/m^2
野外	20	2	2.0	4.0
	20	4	2.0	8.0
	20	6	2.0	12.0
	20	8	2.0	16.0
	20	10	2.0	20.0
室内	20	1	0.5	0.5
	20	2	0.5	1.0
	20	3	0.5	1.5
	20	4	0.5	2.0
	20	5	0.5	2.5

表 8-15　不同尺度下野外与室内产沙量(kg)比值

雨强/(mm/h)	$S_{野外}/S_{室内}(m^2/m^2)$				
	4.0/0.5	8.0/1.0	12.0/1.5	16.0/2.0	20.0/2.5
30	3.0	13.2	45.2	38.1	23.0
60	1.9	9.6	10.0	8.9	5.5
90	2.8	6.9	5.6	3.4	3.4
120	4.3	2.8	4.9	2.8	3.0
150	3.2	2.1	3.3	2.4	2.1

3. 侵蚀产沙模数换算系数的求解

侵蚀模数是指单位时间、单位面积内产生的土壤侵蚀量[t/(km^2·a)]，是土壤侵蚀强度的一个量化指标，也常用于根据有实测土壤流失资料的参照区域来预测无实测资料或实测资料系列较短区域的水土流失。由于室内与野外试验土壤性质、降雨特性及径流小区坡度都比较类似，而野外径流小区面积是室内径流小区面积的 8 倍，但其土壤流失量并未呈 8 倍比例关系增加(表 8-15)。因此，本节用数学分析的方法将野外产沙模数与室内产沙模数进行对比，得出一个修正系数，对室内产沙模数随侵蚀面积的变化进行修正，从而可通过室内人工模拟降雨试验来预测不同尺度野外区域的土壤流失量，为预测南方红壤区坡面土壤流失量提供理论依据。

根据室内产沙模数对野外产沙模数进行修正，其方法是用野外产沙模数与室内产沙模数的比值，乘以室内产沙模数，得到修正后相同降雨条件及土壤特征下的野外产沙模数，计算公式为

$$E'_{野外} = E_{室内} \times \frac{E_{野外}}{E_{室内}} = E_{室内} \times \alpha \tag{8-17}$$

式中，$E'_{野外}$ 为修正后的产沙模数[kg/(m^2·min)]；$E_{野外}$ 为实测野外试验产沙模数[kg/(m^2·min)]；$E_{室内}$ 为实测室内试验产沙模数[kg/(m^2·min)]；α 为修正系数。

将雨强 30～150mm/h 下野外与室内产沙模数比值(表 8-16)取平均值得到修正系数α。表 8-16 显示，根据拉依达法除去 1 个坏值 5.66，$\frac{E_{野外}}{E_{室内}}<1$的数值个数占总数(24)的 75%，$\frac{E_{野外}}{E_{室内}}>1$的数值个数占总数的 25%，因此，将$\frac{E_{野外}}{E_{室内}}<1$的值总和赋予权重 0.75，$\frac{E_{野外}}{E_{室内}}>1$的值总和赋予权重 0.25，通过比值的加权平均法得到修正系数α，其计算公式为

$$\alpha=\frac{\sum\left|\frac{E_{野外}}{E_{室内}}<1\right|}{18}\times 0.75+\frac{\sum\left|\frac{E_{野外}}{E_{室内}}>1\right|}{6}\times 0.25 \tag{8-18}$$

计算得到修正系数α=0.86。

表 8-16　不同尺度下野外与室内土壤产沙模数[kg/(m²·min)]比值

雨强/(mm/h)	$S_{野外}/S_{室内}$(m²/m²)				
	4.0/0.5	8.0/1.0	12.0/1.5	16.0/2.0	20.0/2.5
30	0.38	1.65	5.66	4.77	2.88
60	0.23	1.20	1.25	1.11	0.69
90	0.35	0.86	0.69	0.42	0.42
120	0.54	0.35	0.61	0.35	0.37
150	0.40	0.26	0.42	0.30	0.27

应用回归分析的方法将野外及室内不同雨强下产沙模数与试验面积的关系进行分析，得出产沙模数与面积的关系可以用幂函数表达(表 8-17)，回归模型决定系数大部分在 0.80 以上，说明此回归模型能很好地表达南方红壤区产沙模数与侵蚀面积的关系，其通用方程可表示为

$$E=ax^b \tag{8-19}$$

式中，E 为产沙模数[kg/(m²·min)]；a 为系数；b 为幂指数；x 为试验区面积(m²)。

表 8-17　室内及野外试验产沙模数与面积的关系

	试验小区	雨强/(mm/h)	回归模型	R^2
产沙模数—面积	室内	30	$y=2\times10^{-5}x^{1.42}$	0.93
		60	$y=0.0002x^{0.98}$	0.89
		90	$y=0.0013x^{0.79}$	0.83
		120	$y=0.0046x^{0.73}$	0.75
		150	$y=0.0118x^{0.59}$	0.89

续表

	试验小区	雨强/(mm/h)	回归模型	R^2
产沙模数—面积	野外	30	$y=5\times10^{-8}x^{2.91}$	0.91
		60	$y=4\times10^{-6}x^{1.71}$	0.81
		90	$y=0.0001x^{0.82}$	0.62
		120	$y=0.0007x^{0.54}$	0.92
		150	$y=0.0017x^{0.42}$	0.81

因此，可以得出结论，在南方红壤丘陵地区，已知室内模拟降雨试验产沙模型，将修正系数α=0.86 代入式(8-19)得到修正后的野外坡面产沙模型：

$$E'_{野外}=\alpha E_{室内}=0.86ax^b \tag{8-20}$$

8.3.3　室内与野外产流模型的修正与转换

1. 坏值及其剔除

方法同 8.3.3 节。

2. 野外及室内不同尺度下径流量的对比

与产沙量的对比关系类似，尽管相应雨强下野外径流小区面积是室内径流小区面积的 8 倍，但在降雨条件、土壤条件及坡度相同的情况下，野外降雨径流量与室内径流量并非呈 8 倍关系增加，其比值有 88%小于 8 倍，只有 12%呈大于 8 倍的关系(表 8-18)，且试验小区面积越大(如野外小区 12～20m^2)，随着雨强的增加，其径流量比值越小，与产沙量呈相似的变化规律，而当面积较小时(野外小区 4～8m^2)径流量比值波动较大，基本上大部分都是呈小于 8 倍的关系。由此得出结论，在水土流失预测的过程中，不能简单地将室内人工降雨得出的径流量结论乘以面积来进行实际小流域径流量的预测。

表 8-18　不同尺度下野外与室内径流量(m^3)比值

雨强/(mm/h)	$S_{野外}/S_{室内}$(m^2/m^2)				
	4.0/0.5	8.0/1.0	12.0/1.5	16.0/2.0	20.0/2.5
30	1.00	1.83	9.35	11.16	7.57
60	2.47	2.58	7.07	5.06	5.07
90	4.99	3.13	5.27	4.85	3.70
120	8.82	3.95	4.30	5.22	4.26
150	5.59	4.67	3.91	5.33	4.59

3. 径流模数换算系数的求解

本研究用数学分析的方法将野外径流模数与室内径流模数进行对比，得出一个修正系数，对室内降雨坡面径流模数随面积变化的变化模型进行修正，从而可通过室内人工模拟降雨试验来预测不同尺度野外区域的坡面径流量，为南方红壤区坡面水土流失量预测提供科学依据。

根据室内坡面径流模数对野外坡面径流模数进行换算，其方法是用野外相应雨强下坡面径流模数与室内径流模数的比值乘以室内径流模数，得到换算后相同降雨条件及土壤特征下野外径流模数，计算公式为

$$Q'_{野外} = Q_{室内} \times \frac{Q_{野外}}{Q_{室内}} = Q_{室内} \times \beta \tag{8-21}$$

式中，$Q'_{野外}$ 为修正后的径流模数[$m^3/(m^2 \cdot min)$]；$Q_{野外}$ 为实测野外试验径流模数[$m^3/(m^2 \cdot min)$]；$Q_{室内}$ 为实测室内试验径流模数[$m^3/(m^2 \cdot min)$]；β 为修正系数。

将 30～150mm/h 下野外及室内坡面径流模数比值(表 8-19)取平均值得到修正系数 β。根据表 8-19 显示，根据拉依达准则检验，25 个数值无坏值，$\frac{Q_{野外}}{Q_{室内}}<1$ 的数值个数占总数(25 个)的 88%，$\frac{Q_{野外}}{Q_{室内}}>1$ 的数值个数占总数的 12%，因此，将 $\frac{Q_{野外}}{Q_{室内}}<1$ 的值总和赋予权重 0.88，$\frac{Q_{野外}}{Q_{室内}}>1$ 的值总和赋予权重 0.12，通过比值的加权平均法得到修正系数 β，其计算公式为

$$\beta = \frac{\sum\left|\frac{Q_{野外}}{Q_{室内}}<1\right|}{22} \times 0.88 + \frac{\sum\left|\frac{Q_{野外}}{Q_{室内}}>1\right|}{2} \times 0.12 \tag{8-22}$$

计算得到修正系数 β=0.63。

表 8-19　不同尺度下野外与室内坡面径流模数[$m^3/(m^2 \cdot min)$]比值

雨强/(mm/h)	$S_{野外}/S_{室内}(m^2/m^2)$				
	4.0/0.5	8.0/1.0	12.0/1.5	16.0/2.0	20.0/2.5
30	0.12	0.23	1.17	1.40	0.95
60	0.31	0.32	0.88	0.63	0.63
90	0.62	0.39	0.66	0.61	0.46
120	1.10	0.49	0.54	0.65	0.53
150	0.70	0.58	0.49	0.67	0.57

应用回归分析的方法将野外及室内不同雨强下坡面径流模数与面积的关系进行分

析，得出径流模数与面积的关系可以用幂函数表达(表 8-20)，回归模型决定系数大部分在 0.50 以上，说明此回归模型能较好地表达南方红壤区无植被生长的裸露坡面径流模数与面积的关系，其通用方程可表示为

$$Q = mx^n \tag{8-23}$$

式中，Q 为径流模数[$m^3/(m^2 \cdot min)$]；m 为系数；n 为幂指数；x 为面积(m^2)。

表 8-20　室内及野外试验径流模数与面积的关系

	试验小区	雨强/(mm/h)	回归模型	R^2
径流模数—面积	室内	30	$y = 5\times10^{-5}x^{1.61}$	0.85
		60	$y = 0.0002x^{1.28}$	0.69
		90	$y = 0.0004x^{1.05}$	0.53
		120	$y = 0.0006x^{0.77}$	0.62
		150	$y = 0.001x^{0.63}$	0.52
	野外	30	$y = 9\times10^{-8}x^{2.82}$	0.91
		60	$y = 6\times10^{-6}x^{1.51}$	0.87
		90	$y = 9\times10^{-5}x^{0.66}$	0.82
		120	$y = 0.0007x^{0.06}$	0.67
		150	$y = 0.0007x^{0.19}$	0.68

因此得出结论，在南方红壤丘陵地区裸露坡面，已知室内模拟降雨试验坡面径流模型，将修正系数 0.63 代入式(8-23)得到野外降雨条件下坡面径流模型：

$$Q'_{野外} = \beta Q_{室内} = 0.63mx^n \tag{8-24}$$

8.3.4　结论

在野外及室内人工模拟降雨试验数据的基础上，本节研究主要根据拉依达准则剔除离散较远的坏值，应用数学分析的方法将室内与野外坡面径流侵蚀径流模数及产沙模数进行对比分析，计算出野外与室内径流模数及产沙模数的修正系数，主要得出如下结论。

(1) 尽管野外试验小区面积是室内试验小区面积的 8 倍，但试验得出的野外与室内径流量及产沙量不呈 8 倍关系增加，说明不能简单地将室内试验结果乘以面积来预测野外水土流失量。

(2) 室内及野外产沙模数与面积及径流模数与面积的关系均可用幂函数表达。

(3) 相同降雨条件、土壤条件及坡度条件下，红壤丘陵区野外与室内裸坡面产沙模型修正系数为 0.86，径流模型修正系数为 0.63。

试验过程中，野外试验小区的土壤入渗可抽象地视为无限入渗条件，而室内试验受到边界设计条件的限制，降雨入渗量有限，面积越小误差越大，且在降雨过程中受到其他自然因素的影响，使得试验实测得到的有些数据出现异常。在计算径流模数及产沙模数的过程中，本节根据拉依达准则计算将异常的点剔除掉了。当然，也许这些异常值的出现是薄层径流复杂过程的内在表现，由于受到时间及分析手段的限制，本节未做探讨，还有待于进一步研究。

主要参考文献

陈雪峰, 陈立, 李义天. 1999. 高、中、低浓度挟沙水流挟沙力公式的对比分析. 武汉水利电力大学学报, 32(5): 1-5.

窦国仁. 1960. 论泥沙起动流速. 水力学报, (4): 44-60.

范成新. 1996. 太湖水体生态环境历史演变. 湖泊科学, 8(4): 298-304.

范家骅, 陈裕泰. 2011. 悬移质挟沙能力水槽试验研究. 水利水运工程学报, (1): 1-16.

丰茂武, 吴云海, 冯士训, 等. 2008. 不同氮磷比对藻类生长的影响. 生态环境, 17(5): 1759-1763.

付兴涛. 2012. 坡面径流侵蚀产沙及动力学过程的坡长效应研究. 浙江大学博士学位论文.

韩其为, 何明民. 1999. 泥沙起动规律及起动流速. 北京: 科学出版社.

黄才安, 杨志达. 2003. 泥沙输移与水流强度指标. 水利学报, (6): 1-7.

焦鹏, 姚文艺, 严军, 等. 2012. 基于 GRNN 的坡面径流输沙能力模型的试验研究. 中国水土保持科学, 10(1): 25-31.

雷阿林, 史衍玺, 唐克丽. 1999. 土壤侵蚀模型试验中的土壤相似性问题. 科学通报, 41(19): 1801-1804.

雷阿林, 唐克丽. 1995. 土壤侵蚀模型试验中的降雨相似及其实现. 科学通报, 40(21): 2004-2006.

李鹏, 李占斌, 郑良勇. 2006. 紫色土和红壤坡面径流分离速度与水动力学参数关系研究. 水利科学进展, 17(4): 444-449.

鲁克新, 李占斌, 张霞, 等. 2011. 室内模拟降雨条件下径流侵蚀产沙试验研究. 水土保持学报, 25(2): 6-14.

裴洪平, 王维维, 何金土. 1998. 杭州西湖引水后生态系统中磷循环模型. 生态学报, 18(6): 648-653.

钱婧. 2014. 模拟降雨条件下红壤坡面菜地产沙及土壤养分流失特征研究. 浙江大学博士学位论文.

钱宁, 万兆惠. 1983. 泥沙运动力学. 北京: 科学出版社.

邱轶兵. 2008. 试验设计与数据处理. 合肥: 中国科学技术大学出版社.

舒安平, 费祥俊. 2008. 高含沙水流挟沙能力. 中国科学 G 辑: 物理学力学天文学, 38(6): 653-667.

孙全敏, 王占礼. 2011. 坡面土壤分散—径流挟沙动力学模型及应用. 应用基础与工程科学学报, 19(6): 862-876.

王光谦. 2007. 河流泥沙研究进展. 泥沙研究, 2: 64-81.

王光谦, 薛海, 刘家宏. 2005. 坡面产沙理论模型. 应用基础与工程科学学报, (增刊): 1-7.

吴腾, 李远发, 洪建, 等. 2007. 聚类统计方法在高含沙水流挟沙力公式验证中的应用. 水利学报, 38(7): 852-865.

吴希媛. 2011. 红壤坡地菜园地表径流中氮磷流失模拟试验. 浙江大学博士学位论文.

杨具瑞, 方铎, 何文社, 等. 2003. 推移质输沙率的非线性研究. 水科学进展, 14(1): 36-40.

余新晓, 张晓明, 李建劳. 2009. 土壤侵蚀过程与机制. 北京: 科学出版社.

张光辉. 2000. 国外坡面径流分离土壤过程水动力学研究进展. 水土保持学报, 14(3): 112-115.

张红武. 2012. 泥沙起动流速的统一公式. 水利学报, 42(12): 1387-1396.

张建军. 2007. 黄土坡面地表径流挟沙能力研究综述. 泥沙研究, (4): 77-81.

张丽萍, 张妙仙. 2000. 土壤侵蚀正态模型试验中产流畸变系数. 土壤学报, 37(4): 449-455.

张锐波, 张丽萍, 付兴涛. 2017. 坡面侵蚀产沙与水力学特征参数关系模拟. 水土保持学报, 31(5): 81-86.

周志德. 2002. 20 世纪的泥沙运动力学. 水利学报, (11): 74-77, 83.

Einstein H A. 1950. The bed-load function for sediment transportation in open channel flows. Technical Bulletin, U S Dept of Agriculture, Soil Conservation Service, 1026: 71.

Fu X T, Zhang L P, Wu X Y, et al. 2012. Dynamic simulation on hydraulic characteristic values of overland flow. Water Resources, 39(4): 474-480.

Fu X T, Zhang L P, Wu X Y, et al. 2016. Dynamic simulation on hydraulic characteristic values of overland flow. Water Resources, 43 (3) : 478-485.

Isserman K. 1990. Share of agriculture and hosphorus emissions into the surface waters of Western Europe against the background of their eutrophication. Fertilizar Research, 26: 253-269.

Knisel W G. 1980. CREAMS: A field scale model for chemicals, runoff, and erosion from agricultural management systems. Washington U S: Department of Agricuture.

Lane L J, Foster G R. 1980. Concentrated flow relationships. *In*: Knisel W. CREAMS: Afield-scale model for chemicals, runoff and erosion from agricultural management systems, U.S. Department of Agriculture, Conservation Research Report, 26: 474-485.

Schindler D W. 1974. Eutrophication and recovery in experimental lakes: implication for lake management. Science: 184-189.

第9章 红壤坡地水力侵蚀的调控及系统优化设计

坡地侵蚀产沙过程和养分流失特性研究的目的是能科学合理地布设水土保持措施，使水土流失控制在允许范围之内。在红壤坡地水土流失治理的原则是：先防治水，分散坡面径流；伴随保土，改善土地生产力；优化水保措施，实现合理施肥和农业可持续经营。

从历史到现在，从理论到实践，人们把坡地水土保持措施归结为三大类：农业耕作措施、工程措施、生态措施；近十多年来，人们从流域生态学的角度实施水土流失控制，并取得了很好的效果，因此，生态措施是水土保持的重要方法之一。本章首先从坡面土地利用的具体差异着手，从控水开始，将拦蓄水工程、农作物和林果生长特性有机结合，优化配置坡面水土保持措施。接着从流域系统的角度，在宏观上采取流域分段设计水土流失防护体系。

9.1 坡面拦沙蓄水措施的多方位优化组合

基于上述试验所得结论，从坡面土地利用类型考虑，结合农作物的生态习性，将农业措施、工程措施和耕作措施进行优化组合，合理布设。

9.1.1 坡沟系统拦沙排水措施的优化组合

南方红壤区属于典型的亚热带东部湿润季风气候，水力侵蚀是主要的侵蚀方式，合理疏水是关键，坡沟系统的拦、蓄、排水措施的合理布设是水土保持的根本。在设计坡沟系统拦沙、蓄排水工程措施时，要依据上述坡面侵蚀产沙试验所得出坡长、坡度和植被覆盖度的临界阈值，以及坡面降雨径流的再分配原理，采用水文汇流计算的方法，设计出坡沟拦、排、蓄水、截水工程的几何尺寸。以蓄水池与截排水渠的组合设计为例。

南方红壤地区降水量较大，容易形成坡面径流，尤其是7～9月的暴雨和台风雨，坡面径流会很大，并随着坡长的加大而加大。为了减小坡面径流量，防治坡面水土流失，需要拦截和分流坡面径流。根据坡面汇流原理减小坡长，在坡长适当部位修建截排水设施，将坡面合理分段，这些工程统称为坡面沟渠工程。其主要功能是拦截坡面径流，排除多余来水，减少泥沙下泄，巩固和保护治坡成果。

根据《水土保持综合治理技术规范》规定的国家标准 GB/T 16453.1—1996～16453.6—1996，结合南方的暴雨坡面汇流的洪峰和土壤侵蚀量，设计截排水沟的几何尺寸。截排水沟的横断面一般为梯形，上宽下窄，内坡比一般为1∶1。横断面的面积可依据明渠均匀流公式计算：

$$A = \frac{Q}{C \cdot \sqrt{RJ}} \tag{9-1}$$

式中，A 为横断面面积(m^2)；Q 为设计坡面汇流洪峰流量(m^3/s)；C 为谢才系数；R 为水力半径(m)；J 为截排水沟沟底比降。

特定地区的洪峰流量可查阅当地的《水文手册》；谢才系数一般采用满宁公式计算 $C = \frac{1}{n} R^{1/6}$；水力半径 $R=A/x$，x 为截排水沟断面湿周；截排水沟沟底比降主要取决于沟沿线的地形和土质条件，一般与沟沿线的坡面坡度相近。

但是由《水文手册》查阅的洪峰流量是由流域面积、暴雨径流系数和地面坡度计算得来，如果具体到一个坡面，根据其计算会有误差，所以计算坡面汇流应采用 B.A.维里加诺夫从等流时线概念出发所推导出的径流成因公式(张丽萍和唐克丽，2001)：

$$Q_t = \int_0^{\tau_m} I(t-\tau) \frac{\partial \omega}{\partial \tau} d\tau \tag{9-2}$$

式中，Q_t 代表 t 时汇入到沟内的流量；$I(t-\tau)$ 代表净雨过程函数；ω 是面积；$\partial\omega/\partial\tau$ 是汇流曲线，其物理意义是面积分配曲线；τ 是汇流历时。

坡面截排水沟的条数要依据试验所得的临界坡长来确定。

虽然南方红壤区的降水量很大，但季节分配非常不均，伏旱是主要的农业限制因素。因此在坡面配合截排水沟修建蓄水池是非常必要的，能起到蓄丰补欠的作用。蓄水池可以拦蓄坡面径流，防止水土流失，还可以用于旱季灌溉。

蓄水池一般布设在坡面水汇流的低凹处，与截排水沟和沉沙池形成坡面人工水系网络。蓄水池的形状可以是圆形的，也可以是矩形的或方形的。蓄水池容积的大小要视汇水面积和排水沟的排水能力来定。具体计算过程：首先要根据汇流面积和当地出现的大概率暴雨强度计算最大汇水量；接着要计算所连接排水沟的排泄能力和沉沙池的容纳量；最后将最大汇水量减去排水量，根据这一剩余水量的值，设计蓄水池的容积。

9.1.2 不同开发利用情况下生态季节错位的农林复合措施优化设计

农林复合措施是一种以种植业和林果业为主体，在三维空间镶嵌配置，构成的一种土地利用和生产的复合体系。它利用植物多层次组合、多季节生长错位提高植被覆盖度的有效拦截降水功能，起到保持水土的作用；它利用系统组成存在的生态学和经济学方面的相互作用，能够取得更大的经济效益和保水保土效益。

“保护”和“开发”是生态和经济建设中两个联系紧密的关键词。针对我国人多地少的实际情况，低丘缓坡地的开发是必需的，25°以下坡地是主要的农耕地，尤其是 8°～15°的坡地是开发的主体，大面积种林种草的措施受到了限制。因此，采取农业耕作用地和林草地的有机复合不失为一种很好的水土保持组合模式。

1. 利用植物的季节性错位生长实现果农复合套种设计

该套种方式是指经济果园与农作物的垂直复合模式，在一些落叶经济林坡地，利用果树发芽和落叶的季节性，在林下种植耐寒而短生长周期的农作物，即利用果树与农作物光能利用的季节交叉，实行果树与农作物套种。这种模式的关键是要把握好果树的密度和树荫的季节覆盖度，充分利用光能。如果果树的密度太小，其保持水土的功能就弱，经济效益也差，起不到复合的作用；如果果树的密度和树荫的覆盖度太大，影响林下农作物的光照，使林下农作物光合效率下降。经验显示，最适宜的林木覆盖度应控制在10%～15%。

在坡面上修隔坡水平阶或梯田，在阶面和田面种植农作物，在隔坡段种植经济果树或茶树。这一模式与等高带状间轮作相似，区别在于不轮作。在果园坡地山顶和坡上部，栽植防护林；在防护林与果园交界处挖截水沟，拦截上部坡面径流，以增加果园土壤湿度。

在坡面地貌波动幅度较大的转折边缘或地貌界线种植林木，在其包围的坡面内配合各种水平阶、梯田等，作为农耕地。其主要是，通过拦截坡面径流，固持土壤、防治边坡崩塌等重力侵蚀，起护坡和保护耕地的作用。

2. 发挥农作物换季轮茬特性，提高植被覆盖率及覆盖历时

植被覆盖度拦截雨滴的作用和作物根系的固土作用是植物保持水土的实质，所以，农业耕作措施不仅要进行改变坡面形态和微地形的处置方法，植物种类和作物生长季节的合理组合也是非常重要的。南方红壤分布区的农作物一般是一年二季或三季，在作物季节轮茬时提高植被覆盖度至关重要。在春季，种植的农作物处于幼苗期，植被覆盖度和根系都比较小，若遇到大雨，其保持水土的功能效果很差。到了 6～9 月的雨季，由于雨强大、雨量多，一方面种植作物的密度和高度限制，拦截降雨和减少径流的功能有限，另一方面是两季作物的收割和幼苗期，植被覆盖度本来就很低，所以水土流失强度就大。鉴于此，采用农耕地少耕覆盖措施是可行的。一方面轮茬作物尽量缩短裸露时间，实行在前一轮作物的收获前就播种下一轮的作物，尽量提高植被覆盖率。另一方面在前茬作物收割后，不进行翻地整地，在前茬的基础上种植倒茬作物，作物出苗后 20～30d 铲草皮一次，同时用作物秸秆覆盖地面，直至收获不再进行中耕培土。

9.1.3 水土保持生态措施

水土保持生态措施是一个系统工程，它要将工程措施、农业耕作措施、生物措施合理组合配置，将坡面水沙层层拦截，有效地保持水土资源。采取有效的措施合理开发、利用和保护水土资源，是防止生态环境退化、维护生态安全的基本保障。

1. 水土流失控制是生态环境建设的主要内容

生态安全的涵义可概括为两个方面：其一是指防止生态环境退化对经济基础构成威胁，从而削弱经济可持续发展的支撑能力；其二是指防止生态破坏和自然资源短缺引起经济的衰退，影响人们的生存条件，特别是生态难民的大量产生，从而导致社会的动荡。生态安全兼有生态环境和社会环境的双重特点：一是整体性，生态系统在组成要素上，各环境要素相互作用、相互制约；在空间上是相互连通的，具有物质和能量的交换，任何一个局部环境的破坏，都有可能引发全局性的灾难，甚至危及整个国家和民族的生存

条件；二是不可逆性，生态环境的支撑能力有其一定限度，一旦超过其自身修复的“阈值”，往往造成不可逆转的后果，人力无法使其恢复；三是长期性，许多生态环境问题一旦形成，要想解决它就要在时间和经济上付出很高代价。

2. 水土保持措施的有机组合——生态系统工程

坡耕地是水土流失的主体，如何能够合理地利用保护好坡耕地，是水土保持面临的关键点。针对这一问题，一些山区居民总结出一套坡耕地水土流失生态修复模式：配套排灌工程措施的坡耕地生态农业修复模式。一是大力兴建截水沟、沉沙池、蓄水池等小型水利水保工程，加强沟头防护，制止沟壑发展，保护耕地不受侵蚀。二是对有条件修建梯田的园地和坡耕地，进行坡改梯建设，增加基本农田。三是按照“截、引、排、蓄”相结合的原则，综合配置坡面径流调控体系，拦蓄和排泄坡面径流，减少坡面水土流失。四是实施水土保持生态修复，加强林草植被的建设及农业耕作制的改进，减少人类对生态系统的干扰，依靠生态系统本身的自组织和自调控能力，使部分或完全受损的生态系统恢复到相对健康的状态。通过上述措施，大大降低坡面径流对土壤的侵蚀，保护土地资源，为经济可持续发展提供重要的支撑。

3. 以提高植被覆盖度为主的功能型水土保持生态措施

在水土流失地区加强林草植被建设是水土保持工作的重要内容之一，采用人工造林、封山育林等措施，建设乔、灌、草相结合的水土保持林草防护体系，提高植被覆盖度，增加降雨入渗，提高林地水源涵养能力。据调查，凡经治理的地方，一般植被覆盖度可提高 20%～40%，高覆盖率的林草植被对调洪缓洪有着非常显著的作用。一是通过高大乔木的林冠截留减少流域雨量；二是通过土壤入渗及储存、林木蒸散发作用，减少流域的地表径流；三是通过枯枝落叶层阻延流速，增加土壤入渗时间，使部分地表径流转化为土内径流，因而减缓了流速，延长汇流历时。另外，良好林草植被覆盖下的土壤对抗旱也能够发挥重要作用。在暴雨时它蓄积了大量降雨，成为一个天然的“水库”，一旦遇到干旱季节，它将以泉水的形式汩汩流出，增加有效灌溉水源。

4. 开发式人为辅助的生态修复模式

充分利用当地的自然条件优势，遵循自然生态演化规律，实行开发式的人为辅助的生态演化模式，符合我国的实际情况。在一些侵蚀劣地上，单纯地靠自然恢复需要时间长而且效果有限，在这些区域，通过人为整地、改良土壤、施肥，辅之以工程、套种绿肥等措施开发种植适合当地的经济林果，采取林下免耕、少施化肥、增施有机肥的管理方式，这样既可以减少水土和养分的流失，还有助于植被的生态恢复，同时可以增加经济收入，实现生态和经济的良性循环。

在一些地方偏僻、经济落后、人口较少、交通不发达的山丘地区，采取生态移民的封育措施，是最好的水土保持措施。在经济条件较好的盆地丘陵区，发挥当地经济优势，通过多部门协调，实行生态移民、确保水源供给、建设绿岛生态农业的多功能生态修复模式。

9.2　经济林坡地水土与养分流失控制措施优化设计

水土流失与农业的面源污染是一个紧密联系的过程，水土流失是农业面源污染的载体，防治水土流失是解决农业面源污染的根本途径。防治经济林坡地的水土流失关键在于防治坡面土壤侵蚀的发生，减少水土的损失才能真正行之有效地降低经济林所造成的面源污染，维持红壤丘陵区农业的可持续发展。

通过试验所得出的结果，以及对前人的相关研究的总结，本研究认为，要有效地防治红壤丘陵区经济林坡地的土壤侵蚀和养分流失，一定要对三个方面进行重点把握，即土壤侵蚀与养分流失的时间分布特点、空间分布特点和经济林地的农业管理措施。

防治经济林坡地的侵蚀和养分流失，要做到以“防”为主，“治”要做到标本兼治，所谓“标”指的是已经造成的土壤和养分的流失及已经形成的面源污染，“本”指的就是造成以上结果的根本原因，即已经形成的水土流失。土壤养分的流失一定是以水土为载体，减少与切断水土流失的途径就能从根本上遏制土壤养分流失所造成的农业面源污染问题，因此，防治红壤丘陵区经济林坡地的土壤侵蚀和土壤养分流失，保持山坡林地水土资源是解决问题的根本途径，即如何做好该地区经济林坡地的水土保持措施。

9.2.1　经济林坡地水土保持措施的空间布设

试验结果表明，红壤丘陵区经济林坡地的土壤侵蚀和养分的流失具有明显的空间分布特性，地形坡度是影响其分布的重要因素，针对该区域的水土保持措施布设时，有针对性的空间布设是十分必要的。经济林坡地的土壤侵蚀和养分流失多集中在平均坡度较大，或者地形区域内坡度有着较大变化的部分，在水土保持措施布设的时候应以这些典型的空间区域为重点。

研究结果显示，在水文年内相同的降水条件下，试验区的坡顶、凸坡和凹坡地形的土壤侵蚀程度随坡度增大而明显增大。对于丘陵区坡度偏大的凸坡和凹坡地形部位，宜采用横坡种植或者梯田改造等措施，减小耕作坡面坡度和坡长，从而减少坡面的土壤侵蚀和土壤养分流失。不仅如此，也可以根据实际的情况，在坡度有较大变化的部位采用植物篱等有效的拦截手段，或是在坡地径流出口处布设沉沙池，收集流失的径流和泥沙，以应对已经形成的水土流失，防止面源污染物质的扩散。

在水土流失过程中，坡地的土壤和养分迁移很大程度上是在坡面自身范围内完成的，径流对坡面土壤的搬运方式为悬移和推移，悬移和推移与水流流速、流量及土壤物质组成有关，且相互可以转换，当水流能量降低时搬运泥沙就会发生沉积现象，大量被搬运的土壤颗粒及土壤养分通过沉降和拦截等作用沉积在坡面的下部，而并没有通过径流进入水体循环。利用好这一养分的富集现象，可以有效地缓和土壤养分流失所造成的化肥过度依赖问题，提高土壤的利用效率，减少生产成本和化肥施加所造成的农业面源污染。

具体到水土保持措施，可以将经济林坡面分为流失区和富集区，流失区指的是坡面上部或者坡度较大容易发生土壤水力侵蚀和养分流失的部分，富集区指的是坡面下部或者坡面坡度较小容易形成土壤颗粒和养分物质沉积的部位。对于这一现象的利用方法主要可以分为两种：首先，可以在种植过程中有意识地多利用坡面土壤养分较为富集的部分，不仅可以增加经济林的产出，同时可以起到植被缓冲带的拦截效果，增加水土保持效益；其次，可以定期地对坡面土壤进行养分还原工作，即在雨季结束或者生产时节后，及时地将富集区的土壤颗粒进行人为的回迁，平衡经济林坡面的土壤肥力，维持平衡的坡面生产效率。

9.2.2　经济林坡地水土保持措施布设的时间设计

红壤丘陵区的独特降水条件明确了该地区经济林坡地在水土保持工作时间上的重点时段，即梅雨季节和台风季节。前文的统计结果显示，水文年内试验区 50%以上的土壤侵蚀和养分流失都发生这两个时段。

要做好这两个特殊时段的水土保持工作就一定要做到以防为主，“防”要做到提前布设、有针对性地布设，提前布设要做到在雨季来临前的布设工作，针对性的布设指的是要针对梅雨季节和台风季节的降水特点有针对性地加强保护措施。

梅雨季节的降水多连阴雨，雨强小，但总降水量很大，降水产流多以蓄满产流为主。若是单纯采用一般的植物篱等拦蓄措施，只能达到一定的拦沙效果，不能达到很好的保水效果。因此，在梅雨季节来临之前，应该针对具体坡面状况，提前做好沉沙池等有效的蓄水拦沙措施。

台风季节的降水多大雨暴雨，雨强较大，降水集中，且降水持续时间较短，降水产流多以超渗产流为主。要应对这一时期的水土流失问题，最好提前布设完备的地面草被覆盖措施和植物篱等拦蓄措施。这样不仅可以有效地增加土壤的蓄水持水能力，还可以有效拦截径流泥沙，达到良好的保土保水保肥的效果。

虽然其他时段的土壤侵蚀和养分流失状况偏少，但是同样不能忽视其他时段的水保工作，在进行水土保持措施布设时，要充分考虑不同时段的降水特性和季节性等因素，做到真正的防治结合。

9.2.3　经济林坡地土壤侵蚀和养分流失综合防治

对于红壤丘陵区经济林坡地的水土和养分流失的农业防治措施主要根据坡地的实际情况来实施，可分为水土保持的工程措施和农业管理措施，前者主要包括坡改梯、大横坡+小顺坡耕作模式、沉沙池布设及坡面整改等工程措施，后者则以合理用药施肥、保护性耕作(免耕、少耕等)、间作等为主。

针对坡面坡度较大的区域，应根据实地情况采用坡改梯、横坡种植等有效的坡面改造手段，减少坡面水土流失的风险。在进行坡面翻耕、施肥等农业生产时，应该尽量采用少耕和免耕等手段，若是存在必要的翻耕要求，应该以点耕、块耕为主，尽量避免大面积破坏地面的翻耕措施。施肥也应该以施用农家肥、有机肥等污染程度小的肥料为主，避免面施等粗犷的施用手段。翻耕和施肥最好不要选择雨季或雨季前进行，这样可以有效地增加土壤对肥料的含蓄，同时提高肥料的利用率，减少土壤和养分的流失。

研究结果证明，草被覆盖独有的水土和养分保持效果，在实际生产过程中，对经济林坡地的水土保持工作具有非常重要的实用价值。以往在南方红壤丘陵区经济林地中，为了耕作管理的便利，往往喷散除草剂或者人工清除坡面上的草被，不仅大大减少了坡面地被覆盖程度、增加了农药施用，还破坏了地表，极其容易加重坡地的土壤侵蚀和养分流失，对于含蓄土壤和养分极为不利。因此，在条件允许的情况下，尽可能地保持坡地的地面草被覆盖，采用留茬在地的种植模式，以改善南方红壤丘陵区经济林坡地的水土流失和面源污染的状况。

9.3　流域水土流失防护体系的设计

以流域为单元的综合治理，是我国近一个世纪以来水土保持中摸索和总结的一条控制水土流失的成功经验。是实现“山、田、水、林、湖、草”综合治理的基础。根据流域的地貌特征，从水平和垂直分带的宏观格局考虑，基于自然生态外貌和各生态要素特征演化的生态表现特征，设计出具有空间拓展规律的流域水土保持防护体系，并有针对性地提出不同地带区的水土保持防护措施(连琳琳，2015)。

9.3.1　流域水源地水土流失防护体系

流域水源地是以生态修复为主的地带，土地利用类型以林地为主，植被覆盖度高，这类地区的坡度以大于 25°为主，近、远期的人类生产和生活活动较少。因此，充分利用大自然自我调节和自我修复的能力，可以改善植被恢复和生态系统功能。通过采取封育保护、生态移民及 25°以上坡耕地退耕还林还草等措施，使林草植被覆盖度得到恢复和提高，水土流失程度大幅度减轻。采取生态保育措施，充分发挥树木的天然下种和萌芽萌蘖能力，对具备封育条件的疏林地、灌丛地、采伐迹地及荒山荒地等，采取限时封禁和相应的育林技术措施，是逐步恢复森林植被的一种人工促进天然更新的方式。与其他造林方式相比，封育治理具有投资少、适应面广、绿化效率高等优势。实施封育治理，充分利用自然力增加森林生物量，是实施水土保持生态修复的一项重点措施。

9.3.2　山前丘陵坡地水土流失防护体系

山前丘陵坡地为主要的农用地带，土地利用类型以经济林地、园地、坡耕地和建设用地为主。该地带农用地面积较大，是农业生产生活的集中区域，人为活动对环境的干扰最为强烈，自然植被覆盖度较低，最易发生水土流失。根据该区不同的土地利用方式和水土流失的发生特点，应采取不同的整治措施，但总体上应遵循“因地制宜”的原则，做到治坡与治沟、工程与生物、治理保护与开发利用相结合，使之协调发展，在实施顺序上采用先治坡面、后治沟壑；先治毛支沟壑，后治干沟；先治上游，后治下游，政策上则应考虑先易后难，并突出重点，那些投入少、见效快、收益大的应优先治理，实现最大效益。对 25°以上的陡坡耕地应采取有计划地退耕治理，可通过退耕还林或者植草、种植经济林果等措施进行治理；对于 25°以下的坡耕地，可根据土层厚度及土壤结构等方面的因素进行治理，土层较深厚、水源条件允许的情况下，可考虑将坡地修建成梯田，对那些土层浅薄的旱地，但交通较为便利的地带，可考虑开展坡改梯工程；对存在地质灾害隐患的地区，应引起各级领导的高度重视，联合水利、林业、地矿助管部门等相关单位开展工作。对取土、挖砂、采石及岸边养殖等容易造成水土流失及影响水质的活动，应加强管理和监督，采取水质监测预报、工程治理、生物治理等技术措施，优先治理那些投资少、效益高的地质灾害点。

9.3.3 滨河谷地水土流失防护体系

滨河谷地是农业的精华地带，土地利用类型主要是农地、居住用地和交通用地等。该地带是人类活动聚集区，根据实地调查，其水土流失方式主要为沟谷侵蚀、河岸坍塌。对于该地带的水土流失可采取修建水土保持护岸林的措施，对部分护岸坍塌、冲刷、沟蚀较严重的河道可通过建设生态护岸、抛石护岸、木桩护岸等措施进行治理，对岸边及河底采用生态材料进行保护，考虑在河道两岸大量种植柳树、枫杨等植物，以其发达的根系固堤护坡，同时可起到过滤和缓冲的作用，降低污染物的入河量。此外，对带内一些沟壑的治理考虑种植水土保持林，分沟头、沟坡、沟底三个部位，并与沟壑治理措施中的沟头防护、淤地坝等水保设施紧密结合，在沟壑密集区域，选取适当地段规划、修筑拦沙坝，以拦蓄下泄泥沙，在沟底下切严重的地段，则考虑建造一些谷坊工程，以抬高或固定侵蚀基准面，也可根据农田灌溉的需要，在局部地区修建小型山塘水库，拦截洪水泥沙，增加灌溉面积，减轻水流对沟壑的冲刷。总之，该带的治理应坚持“人水和谐”“生态水利”的治水理念。

主要参考文献

连琳琳. 2015. 基于水土保持的瓯江流域源头区生态健康评价. 杭州: 浙江大学硕士学位论文.
张丽萍, 唐克丽. 2001. 矿山泥石流. 北京: 地质出版社.